无线感知技术与应用

>>>>

张 锐 编著

Wireless Sensing Technology
and Applications

U0194470

化学工业出版社
·北京·

内容简介

本书全面系统地介绍了无线感知技术，包括基本理论、关键技术和案例应用。 以 WiFi 感知技术为例，首先详细探讨了其基础理论，然后介绍了数据采集、实验环境搭建和数据可视化的步骤。 同时，深入讨论了信号处理技术，包括信号去噪、转换和提取等。 进一步分析了五种无线感知理论模型，如空间统计模型、菲涅尔区模型等，并探讨了机器学习和深度学习在无线感知中的应用原理。 通过丰富的应用案例，详细分析了人工智能算法在 WiFi 感知中的实际应用。 最后，讨论了无线感知技术在发展过程中的挑战和未来的发展趋势。

本书内容系统全面，案例丰富，讲解深入，适合通信工程、电子信息等相关专业本科生、研究生以及无线感知领域的研究人员和工程技术人员参考学习。

图书在版编目（CIP）数据

无线感知技术与应用/张锐编著 . —北京：化学工业出版社，2024.8

ISBN 978-7-122-45706-6

Ⅰ.①无… Ⅱ.①张… Ⅲ.①无线电技术 Ⅳ.①TN014

中国国家版本馆 CIP 数据核字（2024）第 101516 号

责任编辑：于成成 李军亮　　　　　　　　　文字编辑：侯俊杰 温潇潇
责任校对：宋　夏　　　　　　　　　　　　装帧设计：王晓宇

出版发行：化学工业出版社（北京市东城区青年湖南街 13 号　邮政编码 100011）
印　　刷：北京云浩印刷有限责任公司
装　　订：三河市振勇印装有限公司
787mm×1092mm　1/16　印张 17¾　字数 406 千字　2024 年 7 月北京第 1 版第 1 次印刷

购书咨询：010-64518888　　　　　　　　　售后服务：010-64518899
网　　址：http://www.cip.com.cn

    无线感知技术是新一代信息技术中的关键技术之一，其通过分析和解释环境中的无线信号来获取信息，有望成为颠覆人类生产和生活方式的革命性技术。

    本书旨在全面介绍无线感知技术的基本概念、关键技术、应用场景以及未来发展趋势。全书共分为9章，每一章都对相关技术方向进行系统介绍，希望为读者提供一份全面而深入的无线感知技术指南。

    第1章介绍无线感知技术定义与基础理论，并从技术原理、发展背景、应用领域等出发介绍5种不同方案的无线感知技术，总结它们的优缺点，阐述每种方案的最佳应用领域。第2章全面探讨无线感知的基础技术，并深入介绍其传播原理及相关的关键要素。第3章介绍WiFi无线感知与数据采集，包括CSI（信道状态信息）、采集方法、实验环境搭建以及采集数据可视化等。第4章深入探讨信号处理这一关键技术，系统介绍了相关的信号去噪、信号转换和信号提取等技术。第5章介绍了空间统计模型、菲涅尔区模型、同心圆模型、感知范围模型和CSI商模型等5种典型的无线感知理论模型，帮助读者深入理解这些理论模型，并能够在实际应用中有效利用以设计和调整无线感知系统，满足各种复杂场景和要求。第6章深入讲解机器学习在无线感知技术的应用，介绍了决策树、贝叶斯算法、支持向量机和KNN算法等，并通过具体的实例讲解机器学习算法的应用。第7章讲解无线感知技术与深度学习中的DNN（深度神经网络）、CNN（卷积神经网络）、RNN（循环神经网络）和RNN的变体LSTM（长短时记忆网络）等神经网络结构的融合，揭示这一结合对无线感知技术的深远影响。第8章通过人体行为感知系统设计和夜间健康监护系统设计两个实例，从系统方案、关键技术、实验结果分析等方面全面讲解无线感知系统的设计与实现。第9章介绍无线感知技术发展中的挑战以及未来趋势。

    本书适合高等院校通信工程、电子信息等相关专业的本科生、研究生阅读学习，也可供无线感知领域研究人员以及相关企业工程技术人员参考。

    在编写本书的过程中，笔者遵循客观、准确、深入的原则，力求为读者提供一份系统全面的无线感知技术学习指南。通过阅读本书，读者将能够全面深入地了解无线感知技术的基本概念、关键技术、应用场景以及未来发展趋势，从而为在相关领域的学习、研究和工作提供有力支持。

全书由张锐编著并统稿。感谢王燕、周卫斌、游国栋和课题组成员李庚亮、韩宗磊、黄津川、付俊淋、刘婷婷、刘东恺、王永霞和刘庆奥在内容编写、资料搜集和图形绘制等方面做出的大量工作。另外，本书参考了一些相关的文献，从中受益匪浅，在此对这些文献的著作者表示深深的感谢！最后，要向所有为本书的编写和出版提供支持和帮助的人表示衷心的感谢！愿本书能够成为广大读者学习无线感知技术的重要参考资料，为推动无线感知技术的发展和应用作出积极的贡献！

由于笔者学识水平有限，书中不妥之处在所难免，恳请广大读者批评指正！

张　锐

2024 年 2 月于天津

目录
Contents

第3章

WiFi CSI 信号采集

045

第4章

无线感知信号处理与分析

073

第7章

深度学习在无线感知中的应用

154

第8章

无线感知技术设计实例

179

第9章
无线感知技术面临的挑战和未来发展趋势
247

参考文献
272

第 **1** 章

概论

　　本章介绍无线感知技术的定义、分类以及与之相关的基础理论，使读者对无线感知技术有一个初步的了解与认识。

1.1
无线感知技术的定义

　　感知技术即信息收集技术，指的是通过借助各种仪器和工具来感知物理世界产生的多种信号，反映物体所处的形态，并映射到数字世界，再进一步将这些数字信息转变为人们可认知的层次，也就是将感知到的状态信息通过不同的方式方法转换成常见的可利用的指标。现有的感知技术根据感知方式的不同可以分为三种：①基于计算机视觉的感知技术；②基于智能传感器的感知技术；③基于无线设备的感知技术。第三种基于无线设备的感知技术也就是本书研究的无线感知技术。

　　由于近年来视频感知设备（如摄像头）的大面积推广应用以及计算机视觉处理技术的逐步成熟，基于计算机视觉的行为感知技术在研究和应用上都取得了极大的进步。但是计算机视觉技术的局限性也很突出，包括要求设备无死角部署、被检测对象与摄像头之间无遮挡物、良好的光线环境、复杂的实时处理和存储能力等，而且视频监控带来的隐私问题也严重影响了其在一些场景如家庭环境下的使用。微电子技术和通信技术的进步促进了智能传感器的长足发展，而传感设备的低功耗、低成本、微型化使得可穿戴设备大量普及，如智能腕表、智能手环这样的较为普遍的设备。但基于智能传感器的感知技术要求每个感知对象均佩戴传感器，而且只能感知身体一部分的动作和行为，如智能手表主要感知手臂的动作，而无法很好地感知身体其他部位的运动。相比于计算机视觉和智能传感器，无线感知技术可以很好地解决以上问题，保护用户的隐私，在不需要用户佩戴设备的情况下感知用户的行为。

　　无线感知技术具有三个鲜明特点：①无传感器，感知人和环境不再需要部署专门的传感器，这有别于无线传感网中由传感器负责感知而无线信号负责通信；②无线，无须为通信及传感器部署有线线路；③无接触，相较于现在市场上的各种可穿戴式智能设备，无线感知无须用户佩戴任何设备。

　　环境中已有的无线信号（声、光、射频信号等）在完成本职任务（照明、通信等）的同时，还可以"额外"用来感知环境。以射频信号为例，信号发射机产生的无线电波在传播过程中会发生直射、反射、散射等物理现象，从而形成多条传播路径。这样一来，在信号接收机处形成的多径叠加信号就携带了反映信号传播空间的信息。无线感知技术就是通过分析无线信号在传播过程中的变化，获得信号传播空间的特性，以实现场景的感知。

　　无线感知技术在生活中使用到的地方很多，以感知人为例，无线感知技术可以用于非侵入式人员感知，"非侵入式"在这里指的是不需要采集现场的图像与视频，不需要人员携带任何电子设备，用来区别传统无线定位系统中，通过定位人所携带的电子设备来定位人员。非侵入式人员检测可广泛使用于各种普适计算的应用中，提供更好的基于用户位置的服务。

例如，博物馆中参观者接近某个展品时自动播放展品说明，超市统计近期最受关注的商品，或者在电梯及车厢中统计乘客数量等。无线感知技术还可以作为一种新型人机交互技术，通过识别人的行为（姿势、动作以及手势）来遥控电子设备（计算机、游戏机、智能硬件等），完成特定的功能或提供交互式体感游戏。此外，无线感知技术还契合安全保卫应用的需求，比如在涉密区域监控、人员入侵检测、灾难应急响应、重要物品保护等与安全相关的应用中都广泛使用，传统安防传感器中的摄像头或者红外传感器都受到可视角度的限制，只能在一个很有限的角度内监测目标，而且不能应对烟雾、遮挡乃至视觉欺骗的情况。在电影和生活中已经出现了针对传统安防传感器局限性的人员入侵方法，而基于无线设备的感知技术可以有效克服此类漏洞。

无线感知技术可以收集到的信息十分丰富，如人的动作行为，人的位置以及数量，甚至人的呼吸频率、心率，等等。无线感知技术能收集到的物理信号也十分丰富，如相位幅值、接收信号强度指示（received signal strength indication，RSSI）、多普勒频移（doppler frequency shift，DFS）、信道状态信息（channel state information，CSI）、电子标签编码（electronic product code，EPC）等，将这些采集到的物理信号通过不同的技术方法实现动作识别、呼吸睡眠监测、室内定位、目标成像、人数统计、材料识别、安全认证等应用。

1.2
无线感知分类

1.2.1　WiFi 感知

WiFi 感知指的是通过无线网络信号来感知周围环境或目标，通常用于室内定位、人体检测、运动跟踪等应用。WiFi 感知离不开 WiFi 技术，多输入多输出（multiple input multiple output，MIMO）技术的引入为 WiFi 带来了更高的吞吐量，使其能够有效地处理不断增加的无线数据传输需求，与正交频分复用（orthogonal frequency division multiplexing，OFDM）技术的结合则有效提升频谱的使用效率并增强了信号的有效性。目前随着 WiFi 第七代技术的问世，其提供更大的带宽和更快的传输速率，为基于 WiFi 感知工作奠定更好的物理基础。同时，MIMO 为每个载波频率的每个发射和接收天线对提供信道状态信息，并且 CSI 可以从特定的无线网卡中提取出来，这为 WiFi 感知提供了可能。同时 WiFi 感知技术也充分利用了作为无线通信基础设施的 WiFi 网络，"复用"环境中已有的 WiFi 信号，从以前单纯依赖部署专用传感器的方式升级为"专用"与"复用"相结合的方式，使得 WiFi 感知设备更容易安装并且费用较低。正是这些已有的可靠技术或设备使 WiFi 感知迅速发展。

早在 2000 年时，国外的学者们就率先开始对基于 RSS 的呼吸监测进行了深入的研究。通过使用 ZigBee 传输设备并结合先进的信号处理技术，他们成功从 RSS 的数据流中获取到了呼吸频率的信息。为了降低成本，Kaltiokallio 等人在他们的方案里只安装了一对 ZigBee

接收与发送装置以捕捉 RSS 流中的呼吸速度信息。尽管如此，由于呼气和吸气引起的相对过饱和度变化非常小，很容易被环境噪声淹没，因此发现相对过饱和度对于可靠地跟踪呼吸引起的微小胸部运动不敏感。尽管这些研究成功检测了生命体征，但存在硬件复杂且昂贵的缺点，阻碍了在普通家庭中的大规模部署。

为了得到更细粒度的无线信号信息，从 2011 年开始，研究人员开始获取无线信号中的物理层信息。2014 年，华盛顿大学的 Halperin 等人与英特尔公司合作，成功从 Intel 5300 无线网卡中提取出 30 条子载波的信息，掀起了基于通道状态信息的人体行为感知技术的研究热潮。与 RSS 相比，基于 CSI 的呼吸检测识别过程与基于 RSSI 的方法类似，但在传输速率高并可以进行高频采样的 WiFi 设备中的 CSI 更丰富、更灵敏，对用于检测人的呼吸，具有更强的多径分辨能力，能够呈现不同干扰程度下信号的波动趋势，从而扩大感知范围，提高感知灵敏度，并增加感知的鲁棒性。WiSleep 是第一个在商用 WiFi 设备中基于 CSI 检测人体呼吸频率进行睡眠监测的系统，相关研究工作迅速得到扩展，并进一步提出同时跟踪呼吸频率和心脏的生命体征。

WiFi 感知的应用主要在健康监控和智能家居领域。由于 WiFi 信号可以无接触地检测人体生命体征并且设备部署方便，WiFi 感知首先被考虑应用在很多健康场景中，例如人体呼吸检测、心跳检测、老人摔倒检测等。在智能家居领域，WiFi 感知可以让人们无接触地利用手势识别来操控电视等智能电器，或者智能家居可以根据人体的活动进行相应的判断。目前这一技术趋势也催生了一些创业公司，如 Aerial 和 Origin Wireless 等，其致力于将 WiFi 感知技术应用于商业化产品，推动着健康监测和智能家居领域的创新。

1.2.2　毫米波雷达感知

毫米波雷达感知是一种利用毫米波频段（30GHz～300GHz）的雷达技术，用于感知和识别目标、跟踪物体或者测量距离。毫米波雷达发射波长为毫米量级的信号，这种短波长一方面可以使天线的尺寸做得很小，另一方面可以提高检测的准确度，比如工作频率为 76～81GHz（对应波长约为 4mm）的毫米波雷达可以检测零点几毫米的移动。因此毫米波雷达在生命体征检测技术方面具有显著优势，其检测原理是通过向人体发射信号，感知胸腔壁因呼吸和心跳活动引起的微小位移。这一位移会调制发射信号并反射回雷达，通过接收和处理回波信号，即可获取被测者的呼吸和心跳频率等信息，其基本过程如图 1-1 所示。从原理上分析可以发现，毫米波雷达技术具有不受温度与光照影响、隐私保护性强、多目标定位能力等特点，这是毫米波雷达相对于传统感知技术（摄像头、红外传感器等）所具有的独特优势。其中高频段、大带宽、多阵元的毫米波调频连续波雷达更是具有高精度，能感知毫米级位移，且能获取多通道雷达信号，具有非视距、被动感知、分辨率高等优点。并且其成本低、功耗低、体积小、穿透能力强等优点可以让其硬件模组很好地集成在多功能终端平台下，更有利于产品化。由于近些年的快速发展，毫米波雷达也逐渐从专门的军事应用走向民用领域，如自动驾驶、医疗监护、人机交互等。

毫米波雷达可由调制方式划分为脉冲和连续波两种。脉冲雷达则是发射一系列矩形脉冲串。脉冲雷达具备发射功率人、探测距离较远的特点，一般适用于百公里覆盖范围的探索领

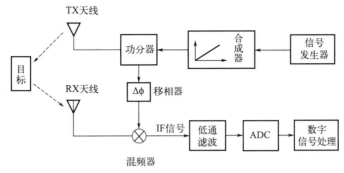

图 1-1　毫米波雷达的系统框图

域，其常见的应用场景有导弹预警、天气预报、无人机探索等。调频连续波（frequency modulated continuous wave，FMCW）雷达属于连续波雷达，其载频为调频连续波，具有发射功率低、高距离分辨率、易集成等特点，更适用于生命体征信号检测，因此针对室内人体感知，FMCW 技术在毫米波雷达中是目前使用最为广泛的。

FMCW 毫米波雷达结合了 FMCW 雷达和毫米波雷达的特点，它在毫米波频段内采用 FMCW 技术，既可以提供毫米波频段的高分辨率，又可以实现 FMCW 技术的距离和速度测量，还具备较强的抗干扰能力。

值得一提的是，随着硬件技术的发展，许多公司开始设计 FMCW 雷达集成芯片，如德州仪器公司研发的 IWR1443、IWR1642 等毫米波雷达芯片，并给出了相对简单且配套的生命体征信号处理方案，但仍然存在许多需要改进的问题。相关学者们也针对其中的随机体动、呼吸谐波、环境杂波等问题作出研究。FMCW 毫米波雷达研发成本低、体积小、易集成，其在智能家居、健康监护、睡眠监测、情绪检测、空巢老人以及婴幼儿的看护等领域有较强的应用潜力。但如果要实现毫米波雷达更广泛的应用，还需要不断提出更加可靠与鲁棒的算法。

毫米波雷达技术在室内人体感知方面的应用面临着很多挑战。一般小型化毫米波雷达使用的频段都是在 77GHz 以上的高频率波段，这就导致毫米波雷达的信号在空气中传播衰减快、室内多径效应明显、损耗大。另外也存在一些无线感知技术中的共同问题，如室内环境干扰因素多，存在大量的静态物体干扰和动态干扰，这些干扰会严重影响雷达的识别精度。综上所述，基于毫米波雷达的室内人体感知技术仍有待突破，进行基于毫米波雷达的感知理论研究，实现室内人体日常行为的精确感知和生命体征信息的实时监测具有非常重要的理论研究价值和社会应用价值。

1.2.3　蓝牙感知

蓝牙感知指的是利用蓝牙技术进行设备之间的感知和定位。这种技术通过设备之间的蓝牙信号交换，可以实现对周围蓝牙设备的检测、距离测量以及位置跟踪。蓝牙感知通常依赖接收到的信号强度以及设备之间的互动，例如蓝牙信标的广播和接收。蓝牙是一种短距离无线协议，它支持几米到几十米范围内的连接，这取决于天线增益、环境和所采用的特定

PHY。蓝牙及其低功耗版本（BLE）是最广泛采用的无线通信技术之一，它们的主要优点是低功耗，允许安装电池供电的节点，并且即使在需要特定基础设施的情况下，部署成本也相对较低，蓝牙技术最大的优势是对噪声和干扰的弹性，这些优势技术为蓝牙感知发展打下了基础。

为了更好地理解使用蓝牙感知技术进行人体检测和跟踪的优点和局限性，下面简述了一些相关的蓝牙知识。蓝牙连接有两种类型：包括异步无连接（asynchronous connection less，ACL）——一种单向通信，从设备（也称为 advertiser 或 broadcast）周期性地发送数据包，而主设备（也称为 hub 或 scanner）在等待数据包的同时不断地扫描通道；另一种面向同步连接——一种双向通信，通过专用通道建立主从机之间的连接。

蓝牙从技术上可分为经典蓝牙和 BLE 蓝牙。蓝牙经典协议也被称为蓝牙基本速率/增强数据速率（BR/EDR），在全球非许可的工业、科学和医疗 2.4GHz 短距离无线电频段中工作，该频段分为 79 个信道，间隔为 1MHz。蓝牙技术被设计成即使在非常嘈杂的环境中也能很好地工作，在复制时不会出现衰落和干扰。为此，蓝牙采用跳频扩频（frequency-hopping spread spectrum，FHSS）技术，该技术迫使两个连接的设备（主设备和从设备）频繁地改变专用通信信道，因此设备按照伪随机序列从一个信道跳到另一个信道。通道序列由主设备通过一个映射来维护，如果通道工作正常，则标记为"正在使用"，否则标记为"未使用"。在发现信道在给定的时间间隔内正常工作后，此映射将更新，并与辅助设备共享，以便在通信的两端具有相同的信息。

低功耗蓝牙（bluetooth low energy，BLE）的引入进一步降低了功耗，从而提高了电池供电设备的使用寿命。BLE 协议的第一个版本是在蓝牙 v4.0 中引入的，目前已更新到蓝牙 v5.3。与以前的版本相比，蓝牙 v5.0 中引入了重要的改进。首先，在室外环境下，覆盖范围从 50m 左右扩大到 200m 以上，而在室内环境下，覆盖范围从 10m 左右扩大到 40m 左右。此外，蓝牙 v5.0 引入了一种执行广告的新方法，称为扩展广告，它允许先前为数据通信保留的 37 个通道也用作次要广告通道。传统广告在三个主信道上传输相同的有效载荷，而扩展广告仅在一个辅助信道上传输一次有效载荷数据。这样传输的数据总量较低，因此占空比减小。扩展广告的另一个好处是使用辅助通道来传输有效负载，可以广播 255 字节长的数据包。在以前版本的协议中，只能广播 31 字节长的数据包。使用这个版本的 BLE，可以将数据包链接在一起，并在不同的信道上传输每个链接的数据包。

蓝牙 v5.0 还引入了周期性广告，它允许接收器与发送设备的时间表同步扫描数据包。在以前的版本中，广告过程在广告数据包传输的时间上包含一定程度的随机性，以避免重复的数据包冲突。然而，这意味着扫描器可能会丢失一些数据包，即那些在其扫描轮之外传输的数据包。在周期性发布中，扫描是在发送器的传输窗口内进行的，从而避免了数据包的丢失，因此以一种更节能的方式进行，蓝牙 v5.0 将允许的最小广告间隔从 100ms 减少到 20ms，从而允许快速识别广告信标，这也为蓝牙感知稳定性奠定了基础。

在蓝牙感知中，接收到的信号波动可能是由环境的变化、发射机或接收机状态的变化引起的，也可能是由设计引起的，例如因为协议要求采取产生这种波动的行动。为了利用信号波动进行被动人体感应，必须排除不必要的原因，或者至少找到一种方法，将其影响与目标人体的影响分开。与 WiFi 相比，蓝牙似乎更适合这一目的，因为由于 FHSS 技术，它受到电磁噪声的影响较小。但是，由于通信信道的切换，FHSS 本身在设计上就会产生接收信号的波动。

实际上，通过对蓝牙信标在广告模式下发出的信号在接收端进行测量，发现不同的信道具有不同的噪声和衰减特性。为了减少信道跳变对信号 RSSI 的影响，需要对每个蓝牙信道分别进行建模和处理。在大多数实验研究中使用了四个 BLE 信标，特别是修改了的三个信标，以允许对每个广告通道进行单独的 RSSI 测量，而不修改另一个信标。测量所有信标的RSSI 值后，计算每个信标的 RSSI 方差。修改后的三个信标允许计算每个信道的单独方差，而未修改的信标只允许计算由信道跳变引起的混合信号的方差。由于蓝牙协议不允许确定跳变发生的时间瞬间，也不报告当前的广告频道，因此无法过滤掉跳变产生的 RSSI 波动，所以跳跃对总体 RSSI 方差有贡献。正如预期的那样，在未修改信标传输的信号上计算的 RSSI方差明显大于修改信标获得的 RSSI 方差。

通过上述内容可知，FHSS 会导致 RSSI 波动显著增加，这将严重影响基于一组未修改的蓝牙设备的被动人体检测方法的可靠性。因此，该领域的大多数研究工作都依赖于对每个广告渠道进行单独管理的方法。

蓝牙室内信号传播和人体影响的研究大多集中在有源（或基于设备的）室内定位，待定位的人携带或佩戴蓝牙设备，该设备可以跟踪环境中的其他蓝牙设备，也可以被其他蓝牙设备跟踪。这种方法属于主动传感类，其中感知测量设备同时配备发射器和接收器，见图 1-2（a），或者目标携带有源设备，见图 1-2(b)。

图 1-2　蓝牙感知方案

蓝牙 v5.1 引入了一项新功能，允许蓝牙设备确定蓝牙传入传输的方向。通过在接收端或发送端配置天线阵列，接收端可以分别确定到达角（AoA）或出发角（AoD）来进行无线定位。在这些方法中，发射装置发射一个称为测向信号的特殊信号，接收装置用它来计算接收信号的方向，在理想情况下，这个方向与发射装置所沿的方向相对应。在 AoA 方法中，接收设备（连接到天线阵列）接收来自阵列中不同连续天线的相同信号的不同副本。由于接收天线到单个发射天线的距离不同，所接收的信号发生相移。到达角 θ 由相位差根据

式(1-1) 计算，

$$\theta = \arccos\left(\frac{\psi\lambda}{2\pi d}\right) \qquad\qquad (1\text{-}1)$$

式中，λ 为波长；ψ 为相位差；d 为阵列中两个连续天线之间的距离。

相反，在 AoD 方法中，发射装置配备有天线阵列，该天线阵列从每个天线发射信号。接收装置为单天线，设 λ 为波长，d 为发射阵列中两个连续天线之间的距离，根据接收到的两个信号确定相位差 ψ，并根据式(1-2) 计算方向 θ：

$$\theta = \arcsin\left(\frac{\psi\lambda}{2\pi d}\right) \qquad\qquad (1\text{-}2)$$

与 WiFi 相比，蓝牙技术也有一些优势如下：

① 蓝牙集成在大多数便携式设备（如平板电脑、智能手机、PDA 等）中，常用于个人健康监测。

② 节能（其功耗低于 WiFi），特别是在蓝牙 4.0 中引入蓝牙低功耗规范之后。

③ 在商业、工业和家庭环境中的部署简单而灵活，因为蓝牙设备体积小、微创且比其他解决方案更便宜。

但目前研究蓝牙在被动人体传感中的应用的研究数量明显少于基于 WiFi 的研究数量。蓝牙和 BLE 的主要缺点是它们目前不提供 CSI 和一种有效的方法来应对由于跳频而导致的 RSSI 突变，目前关于蓝牙人体传感的文献主要集中在室内被动人员检测、计数和近似运动跟踪，而缺少复杂的活动识别和生命体征传感方面的研究。

1.2.4　RFID 感知

RFID 英文全称为 radio frequency identification，也被称为无线射频识别技术。RFID 感知是一种通过使用射频识别技术来感知、识别和追踪物体的方法。这种技术基于无线通信，能够通过 RFID 标签（包含有关物体的信息）和 RFID 读写器之间的无线通信，识别出带有 RFID 标签的物体。射频识别是一种非接触式、短距离、双向的通信技术。作为物联网的核心技术，RFID 技术已经十分成熟，RFID 技术凭借着其成本低廉、低时延高效、抗污染能力强、穿透性强、无障碍屏障阅读等特点，较传统的感知技术有着很大的优势。RFID 被广泛应用于多个行业，如身份识别、资产管理、安全控制、物流管理、物品防伪等。RFID 技术还具有多目标识别、快速移动物体识别等优点，利用这些优点，研究人员将其应用于物体定位与轨迹追踪、产品监控、停车管理等。

RFID 技术主要用于标签检测和识别以及低数据量的短消息交换，能够检测和识别特定目标，而无需与目标直接接触。RFID 标签的成本较低，但 RFID 读写器非常昂贵，并且使用 RFID 进行被动人体传感范围很短。RFID 识别也存在着一些无线感知共同的问题，如数据采集时易受到外界的干扰，导致数据采集得不准确最终使得感知识别性能不佳。RFID 系统组成主要由阅读器、电子标签、RFID 中间件以及应用软件 4 部分构成。

阅读器作为 RFID 的核心设备，成为连接着应用层和射频标签的桥梁，主要负责与电子标签的双向通信，同时接收来自主机系统的控制命令，由数据协议处理器和物理层询问器组成。通过发射电磁波的形式为标签工作提供能量的来源，主要的工作方式为电磁耦合和电感耦合。阅读器可以工作在多个频率段中，低频、高频主要采用电感耦合的方式，从感性耦合中获取所需的能量，一般距离较近、通信速率低、存储量小，但高频阅读器可以做复杂的加密运算，在公交卡、门禁、电子门票、图书馆等非安全距离有着诸多应用。超高频阅读器主要的传输方式是反向散射，从电磁场中获取所需的能量，距离相对较大，通信速率适中，价格便宜，可同时多标签识别，常用于仓储物流、自动化管理等。特高频利用有源标签实现供电，能够进行自主收发的传输，工作距离远，常用于路桥收费或者停车场管理，常见的不停车收费系统（electronic toll collection，ETC）就是超高频的典型应用。

电子标签由天线和芯片组成，其主要功能便是接收来自阅读器发送的射频信号，将信号交由内部的芯片处理，在获取足够的能量之后将自己储存的信息以非接触式的方式发送给阅读器。标签也可工作于多种频率，低频标签呈现静磁场特性，读取稳定，标签尺寸小，通信速率慢，工作距离较短。高频标签可以工作于中近距离，可以不受铁氧体材料干扰继续工作，大多用于金融支付卡。超高频的工作距离一般较大，具有很好的抗冲突性和多标签特性，可以实现海量标签识别，但穿透力较差。超宽带（ultra wide band，UWB）在 RFID 中主要用于定位和数据传输，其频率和带宽都很高，但其标签价格相对较贵。标签根据能量来源可以分为有源标签、无源标签和半有源标签。有源标签的工作能量并不是完全依靠阅读器的电磁波，而是主要依靠自身携带的电池，所以受到电池寿命的限制，但有源标签在强电磁干扰的环境中，性能表现得比较好。无源标签主要依靠反射阅读器发射的载波能量获得工作的能量，无源标签因为没有电池，所以相对来说标签的尺寸较小，结构简单，成本低廉，因此在很多方面都是非常有利的。半有源标签是有源标签和无源标签的结合，会在集成电路板上存在电池，但主要的能量来源还是阅读器发射的载波，只有当吸收的能量不足以维持工作时，才会唤醒电池来进行供应电量。无源标签大多应用于物品统计、运输、跟踪以及医疗、防盗领域。

阅读器与标签之间通过射频方式进行无线电传播通信，从而能够识别目标。基于 RFID 的研究大多依赖相位、接收信号强度以及多普勒频移这些指标进行实验研究。基于接收信号强度的活动识别是通过从阅读器采集到的信号强度由于人的不同动作引起的不同变化来实现的。由于现在阅读器可以直接报告采集到的 RSSI，因此它可以很便捷地被获取，具有可操作性，因此 RSSI 也常被用来进行感知工作。多普勒频移反映了从源到移动接收机的波的频域变化。物体从接收器以速度 v 和 α 角移动，则多普勒频移可通过以下方式建模：

$$\Delta f = \frac{2v}{\lambda}\cos\alpha \tag{1-3}$$

利用目标动作对标签造成的频率偏移，通过相邻两个时间点的距离变动，得到标签的相移，实现感知。但多普勒频移易受到环境变化、噪声等干扰，多普勒频移的采集通常存在很大的误差，因此基于多普勒的研究相对来说较少。

1.2.5　超声波感知

超声波感知是一种利用超声波进行行为感知和距离测量的技术。基于超声波的行为感知的基本原理主要是依赖目标反射的超声波信号，麦克风接收到的信号是多条路径信号的叠加，包括直达路径、动态反射路径、静态反射路径等。声波由扬声器发射到被麦克风接收有可能会经过多个不同的路径，如图1-3所示。对于距离测量，通常麦克风会发射超声波脉冲，然后测量这些脉冲从麦克风到目标物体表面再返回的时间。根据脉冲往返的时间和超声波在空气中的传播速度，可以计算出麦克风到目标物体的距离。超声波的波长相对于常规声音更短，并且拥有优秀的方向性和穿透力。它能在不透明物质中传播得更远，这种特点已被广泛应用于超声探测、厚度测量、距离测定以及超声成像等领域。

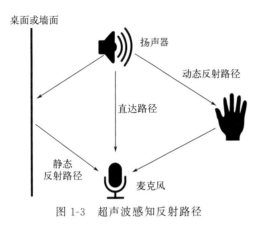

图 1-3　超声波感知反射路径

其中超声波雷达广泛应用于汽车雷达等行业，其工作原理类似于典型的雷达系统，但是它使用的是超声波而不是电磁波。超声波雷达的主要优势在于传播时能量消耗低，穿透性强，能够在介质中传播更远的距离，并且方法简单，实现成本低，在各类汽车的倒车系统中均可以看到超声波倒车雷达的存在。

在室内人体行为与环境的感知中，超声波感知被分为有设备感知和无设备感知。对于有设备感知，基于设备的手势识别需要在手上握持或添加额外物品，如握持带有麦克风的手机、佩戴戒指音源等。有学者们通过在室内布置一些扬声器节点发送超声波信号，手机接收这些节点的信号，利用接收的超声波进行人体室内定位。而美国得克萨斯大学奥斯汀分校将这一技术应用到了无人机追踪上，通过无人机发送超声波，手机接收超声波，使得无人机可以跟随手机移动。相比较而言无设备感知就更有优势了，无设备感知也被称为非接触感知，特点是手上无需佩戴或粘贴任何东西，直接利用手部对超声波的反射来对手势进行识别，主要感知近距离的室内的平面图估计和微小动作。美国纽约州立大学石溪分校利用手机超声波的反射实现了对室内墙面进行测量，绘制室内平面图和室内定位的功能。ApenaApp 利用 FM-CW 扫频波来检测人体的呼吸，从而判断人的睡眠质量。Acousticcardiogram 利用超声波相位实现了心跳的检测。唇语 AIM 通过移动手机，实现了近距离的物体成像。EchoPrint 利用超声波和单目摄像头结合的方式实现了基于人脸识别的认证系统。

在有设备的感知研究中，学术界一般使用声音达到时间（TOA）和到达时间差来定位人的手势和位置。一开始，学者们使用这些方式来实现设备之间的交互。但这些方法依赖于脉冲信号，且只能追踪设备的位置。2015 年 AAMouse 尝试使用基于设备的解决方案，将手机转换为空中无线鼠标，用于远程操控电视机等家电。该技术利用电视机或其他家电的扬声器发送多个 18kHz 附近的单频声波，在手机上采集对应声波的多普勒频移。将多普勒频移积分后获取相对移动距离，绝对位置需要通过人工校准过程获取，最终可以实现对手机的二维定位功能，精度在 1.4cm 左右。随后改用了 FMCW 信号并与加速度计等结合，精度略有提高。在这之后清华大学也利用游标卡尺的原理，实现了高精度的手势追踪。Soundtrak 利用佩戴戒指音源来实现了手指的追踪。这种感知技术需要人手持如手机、戒指等设备，因此给人们的交互带来了不便。基于设备的感知技术信号较强，因此作用距离较远，且不同设备的信号可以用编码方式进行区分，但是需要在手上额外佩戴设备，带来不便。除此之外，基于设备的感知由于音源和接收方的时钟不一定保持同步，有可能会因为采样时钟偏差带来持续的相位漂移。

相比较而言，无设备感知技术相对难度较大，其测量的手指反射声相对较弱，且难以区分多个发射音源。2016 年之前，大部分无设备超声波手势感知主要是依赖多普勒频移的，这一方法只能识别一些预先定义的手势，并且精度较低。2016 年，华盛顿大学开发了 Finger 系统，利用脉冲声反射来探测手指移动。该技术利用脉冲间隔为 5.92ms 的 OFDM 调制脉冲（频率在 18～20kHz）来测量手指距离，测量方式为将发射信号和接收到的反射信号进行互相关，然后按帧寻找互相关变化点。测量误差在 8mm 左右，可实现二维写字，作用范围为手机附近约 0.5m² 内。但是，由于直达峰较高，手指过于靠近手机时难以提取反射峰。经实测，该技术的稳定性较弱。得克萨斯大学奥斯汀分校将脉冲信号测量绝对距离与 LLAP 技术的相位测相对距离结合了起来。该技术发射调制到 18～22kHz 的 GSM 26bit 训练信号脉冲，脉冲周期为 12.5ms。在接收端下变频后，利用训练信号进行信道的时域响应估计，得到不同时延下的复数响应数据。该技术可以实现大约 3mm 的相对移动精度及 1cm 左右的二维跟踪精度。密西根大学安娜堡分校利用超声波的固体声实现了手机正面手指按压力度的测量。2018 年，Ultragesture 利用冲击相应形成的距离图通过卷积神经网络的方法进行预定义手势的识别。

1.2.6　感知技术优缺点比较

上面介绍了五种无线感知技术，这些无线感知技术在不同的应用场景中具有各自的优势与限制，具体如表 1-1 所示，可根据具体需求选择合适的技术来实现特定的目标检测、定位或跟踪任务。

表 1-1　五种无线感知技术的优缺点

无线感知技术	优势	缺点
WiFi 感知	基础设施广泛部署、成本低、高分辨率、可靠性强	并非所有网卡都能提取 CSI、存在隐私和安全方面问题
毫米波雷达感知	灵敏度高、远距离高分辨率	成本很高
蓝牙感知	设备部署方便、功耗低、成本低	感知范围小、感知精确度低
RFID 感知	抗射频噪声能力	感知范围非常小
超声波感知	成本低、功能简单	感知范围小、易受环境影响

WiFi 感知利用 WiFi 信号实现位置跟踪、人流分析、室内定位等功能，适用于室内环境，能够提供精细的位置信息，并且可部署在现有的 WiFi 基础设施上。毫米波雷达运用毫米波频段的雷达技术，提供高分辨率的目标检测和成像，在自动驾驶、安防监控等领域有广泛的应用。蓝牙感知通过扫描蓝牙信标或设备，实现室内定位、环境监测、物品跟踪等应用。蓝牙感知具有低功耗和较广的覆盖范围，适用于需要长时间运行并跟踪移动设备的场

景。RFID 利用射频识别技术进行标签识别和跟踪，常用于物流管理、库存追踪等场景。超声波感知利用超声波来探测物体位置、距离或移动。超声波感知技术被广泛应用于距离测量、障碍物检测和定位跟踪等场景中。

1.3
无线感知相关基础理论

无线感知涵盖广泛的基础理论，其中包括无线感知目标检测理论、目标定位理论和目标成像理论等。在这个领域中，目标检测理论旨在识别无线信号中的目标存在，通过信号处理和特征提取来实现对目标的敏感检测。目标定位理论致力于确定目标在空间中的位置，依赖多个感知节点之间的距离、方向或时间差等信息，实现对目标位置的准确估计。而目标成像理论则关注如何通过无线信号的特性生成目标的图像，借助波束赋形、多天线阵列等技术，实现对目标在空间中的高分辨成像。这些理论共同构建了无线感知系统的基础，使其能够在复杂环境中实现目标的快速、准确感知。通过综合运用目标检测、定位和成像理论，无线感知系统不仅能够探测目标的存在，还能提供目标的空间位置和形状信息，为各种应用场景提供了强大的环境感知能力。这种整合性的理论框架推动了无线感知技术的广泛应用，为构建智能化、高效能的无线感知系统奠定了坚实的理论基础。

1.3.1　无线感知目标检测理论

根据前面内容可知无线感知技术都依托于收集设备传来的一些物理信号，如相位、接收信号强度指示、多普勒频移、信道状态信息等，而 WiFi 和毫米波雷达感知技术能够利用大多数物理信号，在无线感知技术中具有独特的优势。与其他无线感知信号相比，WiFi 信号穿透力强，适用于复杂的室内环境，而雷达信号能够不受天气影响，适用于室外环境，这使它们在不同场景下都能表现良好。WiFi 和雷达都可以实现较高分辨率的目标检测，因此它们在研究中使用得最为广泛，接下来着重针对这两种无线感知技术进行详细讲解。

（1）WiFi 目标检测理论

WiFi 感知的目标检测理论离不开接收信号强度和信道状态信息，接下来会简单介绍两种指标，在后面的章节中会详细讲解。

RSS 表示接收的信号强度，该数据用来表示发送信号经过无线路径传播到达接收端时的信号的能量强度，由于信号是经过无线传播的，因此，信号强度的衰减与信号的传播过程息息相关。知道信号在传播时会受到周边环境的干扰，在一般情况下，环境的干扰是相对固定的，接收信号的强度相对固定不变，而人体的运动能够额外造成周边环境的变化，其能够改变信号在传播过程中的路径，从而影响到接收的信号的能量强度，不同的动作具有不同的特征，因而 RSS 也应当具有不同的变化规律，若能够找出此种规律，则可针对此规律完成人体行为的识别，这不仅是利用 RSS 研究人体行为识别的思路，而且同样是在无线领域中常用的研究思路。

RSS 数据的采集是非常方便的，市场上常用的网络设备，如 NIC、蓝牙、ZigBee、WiFi 等都可以提取 RSS 值。但在识别行为时，总体识别率很低，造成这个结果的原因在于 RSS 数据本身，远不如 CSI 获取的信息更多。

CSI 描述无线信号如何以特定的载波频率从发射机传播到接收机。CSI 幅值和相位受幅值衰减和相移等多径效应的影响。换句话说，CSI 可以捕捉附近环境的无线特性，在数学建模或机器学习算法的辅助下，这些特性可用于不同的传感应用。这就是为什么 CSI 可以用于 WiFi 传感的基本原理。

具有 MIMO 的 WiFi 信道通过 OFDM 划分为多个子载波。为了测量 CSI，WiFi 发射器在数据包序言中发送长训练符号（long training symbol，LTS），其中包含每个子载波的预定义符号。当接收到 LTS 时，WiFi 接收器使用接收到的信号和原始 LTS 估计 CSI 矩阵。对于每个子载波，WiFi 信道的模型为 $y = Hx + n$，其中 y 为接收信号，x 为发射信号，H 为 CSI 矩阵，n 为噪声向量。接收机通过去除循环前缀、解映射等接收处理后，利用预定义信号 x 和接收信号 y 估计 CSI 矩阵 H 和 OFDM 解调。估计的 CSI 是一个复值的三维矩阵。在实际的 WiFi 系统中，测量的 CSI 受到多路径信道、收发处理和硬件/软件错误的影响。测量的基带到基带 CSI 为

$$H_{i,j,k} = \underbrace{\left(\sum_n^N a_n e^{-\frac{j2\pi d_{i,j,n} f_k}{c}}\right)}_{\text{多路径通道}} \underbrace{e^{-j2\pi \tau_i f_k}}_{\text{循环移位多样性}} \underbrace{e^{-j2\pi \rho f_k}}_{\text{采样时间偏移}} \underbrace{e^{-j2\pi \eta \left(\frac{f'_k}{f_k}-1\right) f_k}}_{\text{采样频率偏移}} \underbrace{q_{i,j} \cdot je^{-j2\pi \zeta_{i,j}}}_{\text{波束成形}} \tag{1-4}$$

不同 WiFi 传感应用的信号处理技术、算法、输出类型和性能结果，会随着新的 WiFi 系统的开发和部署有更多的 WiFi 传感机会。

（2）毫米波雷达目标检测理论

目标发生位移时会在毫米波雷达的回波中得以体现，以感知人的呼吸心跳为例，FM-CW 雷达感知目标的系统框图如图 1-4 所示，该系统主要由收发两个模块组成，发射信号遇到胸腔壁后反射，被雷达接收天线获取，在混频器中与原信号混频，从而得到携带胸腔位移信息的中频信号，对该中频信号进行分析即可获得生命体征信号。

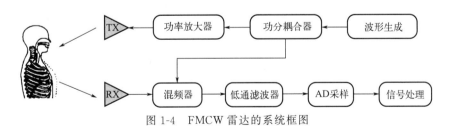

图 1-4　FMCW 雷达的系统框图

下面将推导从 FMCW 雷达获取中频信号的过程，FMCW 雷达发射的一个锯齿波信号常被称为一个 chirp 信号，一个 chirp 信号常见参数包括：在信号发射初始时刻的频率 f_c、从开始到结束的持续时间 T_c、在一个扫频周期 T_c 内扫过的带宽 B、频率随时间变化的斜率 $S = \dfrac{B}{T_c}$。

下面来构建中频信号模型，发射信号频率随时间变化的关系为

$$f(t) = f_c + \frac{B}{T_c}t \tag{1-5}$$

则其角频率可表示为

$$\omega(t) = 2\pi\left(f_c + \frac{B}{T_c}t\right) \tag{1-6}$$

在一定时间内对角频率进行积分可以得到相位，由此可得 t 时刻发射信号相位表达式为

$$\theta(t) = \int_0^t 2\pi\left(f_c + \frac{B}{T_c}\tau\right)\mathrm{d}\tau = 2\pi f_c t + \pi\frac{B}{T_c}t^2 \tag{1-7}$$

在发射过程中，由于器件本身非线性特性会引入相位噪声 $\varphi(t)$，相位噪声叠加在瞬时相位上可得：

$$\phi_T(t) = \theta(t) + \phi(t) = 2\pi f_c t + \pi\frac{B}{T_c}t^2 + \varphi(t) \tag{1-8}$$

则发射信号表达式为

$$x_T(t) = A_r\cos[\phi_T(t)] = A_r\cos\left[2\pi f_c t + \pi\frac{B}{T_c}t^2 + \varphi(t)\right] \tag{1-9}$$

式中，A_r 代表发射信号幅度。

接收信号可视为发射信号进行了时延，其表达式为

$$x_R(t) = A_R\cos\left[2\pi f_c(t-\tau) + \pi\frac{B}{T_c}(t-\tau)^2 + \varphi(t-\tau)\right] \tag{1-10}$$

式中，A_R 代表接收信号的幅度；τ 代表电磁波传播时延，其表达式为

$$\tau = \frac{2R(t)}{c} \tag{1-11}$$

式中，$R(t)$ 代表目标和雷达的距离，其表达式为

$$R(t) = R_0 + x(t) \tag{1-12}$$

式中，R_0 为人体和雷达相对静止的距离；$x(t)$ 为呼吸和心跳活动引起的体表微动。接收信号和本振信号混频可得中频信号，混频过程可理解为两信号相乘，然后使用低通滤波器去高频、留低频。将发射信号作为本振信号，由式（1-8）可得接收信号的瞬时相位为

$$\phi_R(t) = 2\pi f_c(t-\tau) + \pi\frac{B}{T_c}(t-\tau)^2 + \varphi(t-\tau) \tag{1-13}$$

发射信号与接收信号相位作差，即可得到中频信号相位：

$$\phi_{IF}(t) = \phi_\tau(t) - \phi_R(t) = 2\pi\frac{B}{T_c}\tau t + 2\pi f_c\tau - \pi\frac{B}{T_c}\tau^2 + \Delta\varphi(t) \tag{1-14}$$

式中，$\Delta\varphi(t)$ 为剩余相位噪声，即发射机与接收机相位噪声之差：

$$\Delta\varphi(t) = \varphi(t) - \varphi(t-\tau) \tag{1-15}$$

将 $\tau = \dfrac{2[R_0 + x(t)]}{c}$ 代入式（1-14）中得：

$$\varphi_{IF}(t) = \left\{\frac{4\pi B[R_0 + x(t)]}{cT_c}\right\}t + \frac{4\pi[R_0 + x(t)]}{\lambda_c} - 4\pi\frac{B}{T_c}\left[\frac{R_0 + x(t)}{c}\right]^2 + \Delta\varphi(t) \tag{1-16}$$

分析发现，第三项由于分母含光速 c 的平方项可以忽略。由于距离相关效应的存在，第四项 $\Delta\varphi(t)$ 在短距离雷达中可忽略处理。再将 $\dfrac{I}{Q}$ 两路的中频信号表示成复数形式，可得到中频信号的最终表达式为

$$
\begin{aligned}
y(t) &= A_{IF}\exp\left\{\frac{4\pi B[R_0+x(t)]}{cT_c}t+\frac{4\pi[R_0+x(t)]}{\lambda_c}\right\}\\
&= A_{IF}\exp\left[\frac{4\pi BR(t)}{cT_c}t+\frac{4\pi R(t)}{\lambda_c}\right]\\
&= A_{IF}\exp\{j[2\pi f_b t+\varphi_b(t)]\}
\end{aligned}
\tag{1-17}
$$

式中，A_{IF} 为中频信号幅度；f_b 为中频信号频率，可表示为 $f_b=\dfrac{2BR(t)}{cT_c}$；$\varphi_b(t)$ 为中频信号相位，可表示为 $\varphi_b(t)=\dfrac{4\pi R(t)}{\lambda_c}$。

根据式(1-17)可得，中频信号的频率和相位都被雷达与目标间的相对位移 $x(t)$ 调制，两者均含有呼吸和心跳信息，但相较频率变化，相位变化的灵敏度更高，因此可以通过分析 FMCW 雷达中频信号相位进行生命体征信号检测。

1.3.2　无线感知目标定位理论

在日常生活中，位置信息起着至关重要的作用。现阶段最普遍的获取位置坐标的手段是通过 GPS 获取。但是在室内信号会受到很大的影响，定位精度大大降低，并不能满足用户的需求。随着无线传感器和局域网技术的发展，室内专用定位技术得到了很大的发展。现有的室内无线定位系统主要采用蓝牙定位、RFID 定位、超声波定位、毫米波雷达定位、WiFi 定位等短距离无线技术。

（1）蓝牙定位

蓝牙定位方面的代表如苹果公司于 2013 年 9 月发布的 iBeacon 蓝牙定位系统，以及谷歌公司 2015 年 7 月推出的开源蓝牙信标平台 Eddystone。蓝牙定位技术需要在应用场地中建立大量的蓝牙标签，这些蓝牙标签应用了 BLE 技术，其自身所携带电量可供正常使用 2～8 年之久。定位时，移动终端接收到多个蓝牙标签发射的特殊协议报文，这些报文被发送到定位服务器解析所代表的各标签坐标，然后就可以计算得到终端的到达角进而解得其位置。蓝牙定位所应用的频段与 WiFi 相同，均为 2.4GHz，它工作时可能会占用 WiFi 频段，其定位精度可以到达分米级别。然而蓝牙定位所需的大量蓝牙标签价格昂贵，使得其应用规模增长缓慢。同时，蓝牙定位要求蓝牙标签和待定位的设备之间不存在遮挡，使得其应用场景十分有限。

（2）RFID 定位

该定位技术也是由大量的 RFID 标签实现，但是单个 RFID 标签价格极其低廉，且已经有了相关的较为成熟的应用。RFID 标签本身不发射无线信号，它感应到读卡器产生的特殊磁场之后，会产生一个感应电流，在这个感应电流的作用下将标签内存储的数据发射给读卡

器。移动终端最后通过解析多个 RFID 组成的传感器阵列，计算出自身的坐标位置。RFID 的定位精度很高，能够达到厘米级定位。例如 RFIDraw 系统实现了 7cm 的定位精度。Tag-oram 与 MobiTagbot 通过假设标签与读卡器以匀速移动，在这样的场景下取得了更高的定位精度。然而单个 RFID 的感应距离通常在 1m 以下，这使得 RFID 定位很难适用于需要更大定位范围的场景。

（3）超声波定位

传统的超声波定位技术通常是先建立一个测距系统，通过多个超声波信号锚点对定位目标进行多次测距，最后根据三边测量法进行定位，也有部分应用利用超声信号提供范围感知服务。使用高频率（>40kHz）的超声波其测距精度能够达到毫米级别。相对其余媒介，超声波定位系统在系统的布设上更加简单，由于其本身属于机械波，相较电磁波可以实现房间内信号无泄漏，但需避免产生信号污染，超声波在室内的多路径效应不能像电磁波那样被利用，反而应当尽量避免。

（4）毫米波雷达定位

毫米波雷达定位可以从测距、测速和测角三个方面研究。分析雷达的混频过程，可以得到目标物体的距离表达式：

$$f_{IF} = S\tau \tag{1-18}$$

$$\tau = \frac{2R}{c} \tag{1-19}$$

$$R = \frac{c\tau}{2} = \frac{cf_{IF}}{2S} \tag{1-20}$$

由式(1-20) 可以发现，目标距离和频率成正比，分析距离分辨率可以从频率分辨率入手，假设进行谱分析的信号时间长度，即信号的观测时间为 T_c，则频率分辨率：

$$\Delta f_{IF} = \frac{1}{T_c} \tag{1-21}$$

根据式(1-18) 和式(1-19)，中频信号用距离表示为

$$f_{IF} = S\frac{2R}{c} \tag{1-22}$$

可以得到距离分辨率与频率分辨率的关系为

$$\Delta f_{IF} = S\frac{2\Delta R}{c} \tag{1-23}$$

联立式(1-21)~式(1-23)，并利用斜率关系，得到：

$$\Delta R = \frac{c}{2ST_c} = \frac{c}{2B} \tag{1-24}$$

分析式(1-24) 可以发现，距离分辨率由信号带宽决定。当 $T_c = NT_s$，T_s 为脉冲采样时间，距离分辨率也可以表示为

$$\Delta R = \frac{c}{2SNT_s} \tag{1-25}$$

根据前面公式的推导，中频信号表达式为

$$y(t) = A_{\text{IF}} \exp\left\{ j\left[\frac{4\pi B R(t)}{c T_c} t + \frac{4\pi R(t)}{\lambda_c} \right] \right\} \tag{1-26}$$

角频率为信号在斜坡重复间隔时间 T_{RRI} 内的相位变化量，即：

$$\Delta\phi = \omega = \frac{4\pi\Delta R}{\lambda} = \frac{4\pi v T_{\text{RRI}}}{\lambda} \tag{1-27}$$

当如图 1-5 所示，雷达不断发射多个 chirp 信号时，如果目标按照速度 v 运动，那么中频信号的相位会随着时间按照一定的角频率 ω 旋转。通过测量 ω，并进行一定的数学处理可以计算出目标速度。目标速度计算公式为

$$v = \frac{\omega\lambda_c}{4\pi T_{\text{RRI}}} \tag{1-28}$$

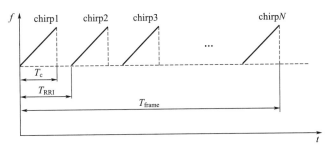

图 1-5　雷达连续发射的 N 个 chirp 信号

当场景中存在多个人体目标时，方位角的测量尤为重要。FMCW 雷达方位角测量原理，是通过中频信号相位在空间维度的变化，即目标与不同天线之间的距离变化来获取目标信息，因此方位角测量至少需要两个接收天线。

人体目标与接收天线的距离差，会造成多个接收天线对应的中频信号相位的相位差，这些相位差可用于估计目标方位角。FMCW 雷达测角示意图如图 1-6 所示。

图 1-6 所示中 TX 和 RX 分别表示发射天线和接收天线，两个相邻接收天线的波程差为 $d\sin\theta$。理想情况下，假设目标与发射天线和第一个接收天线的距离都是 R_0，则在时刻 t，第 i $(i=1,2,\cdots,N)$ 个接收天线与目标的距离为 $R_0 + d_i\sin\theta$，其中 $d_i = (i-1)d\sin\theta$，则信号经过的总距离为 $2R_0 + d_i\sin\theta$，由此可得多个接收天线的中频信号表达式：

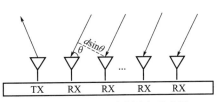

图 1-6　FMCW 雷达测角示意图

$$y(t) = A_{\text{IF}} \exp\left\{ j\left[\frac{2\pi B(2R_0 + d_i\sin\theta)}{c T_c} t + \frac{2\pi(2R_0 + d_i\sin\theta)}{\lambda_c} \right] \right\} \tag{1-29}$$

相邻接收天线的中频信号相位差为

$$\Delta\phi = \omega = \frac{2\pi d\sin\theta}{\lambda_c} \tag{1-30}$$

则目标方位角表达式为

$$\theta = \arcsin\left(\frac{\lambda_c\omega}{2\pi d} \right) \tag{1-31}$$

以上公式中 d 与 λ_c 均为常数，故使用一定算法获得角频率 ω 后，可以计算目标方位角。在实际测量角度时一般采用超分辨角度估计算法。

（5）WiFi 定位

室内环境中的 WiFi 网络定位技术已经得到了很多商业化的应用。WiFi 网络定位主要分为位置指纹定位以及三角定位两种方式。指纹定位与信号强度定位类似，手机对接收到的 WiFi 信号强度进行记录并将其与 MAC 地址绑定。通过对比数据库中存储的信号强度概率，计算出终端的当前位置。该方案的缺陷是不支持 IOS 设备，并且定位精度很低。另外一种方案是在指纹定位的基础上，利用三个以上的 WiFi 热点，通过三角定位计算出终端的位置。现有的商业化 WiFi 定位系统通常能达到约 $5\sim15\mathrm{m}$ 的精确度范围。学术界对 WiFi 追踪定位的研究也层出不穷，近年来更多的研究聚焦在信道状态信息的定位应用，CSI 反映了 OFDM 各个子载波的强度信息，可以提供比传统 RSSI 技术更高的精度。

① 位置指纹定位　位置指纹定位是基于各种物理信号特征与区域不同位置之间的映射关系，指纹定位方法的流程如图 1-7。对于无线电磁信号，信号传播的路径结构和信号本身的衰减程度在空间的每个位置都是不同的。这种差异形成了每个定位点不同于其他点的"指纹"特征。因此，在定位前获取空间中不同位置的无线电信号特征并绘制无线电地图，相当于绘制了无线电信号强度分布的电子地图。当然，地图越精细，定位精度越高。但这将大大增加数据采集和数据库建设的工作量，并使定位操作变得复杂和冗长。

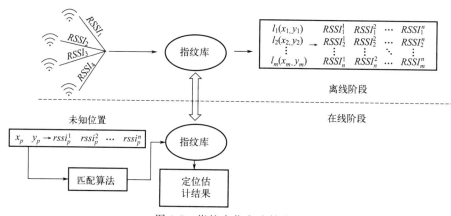

图 1-7　指纹定位方法的流程

基于 WiFi 传播信号强度的室内定位方法就是指定位环境中所有参考点与每个 AP 信号强度之间的唯一映射关系。预先采集每个采样点接收到的 AP 信号的 RSSI 值，映射到参考点的物理坐标上。位置指纹识别的过程主要分为离线信号采集阶段和在线定位阶段两个阶段。离线采集阶段的任务是采集每个参考点接收到的每个 AP 的 RSSI 值，将每个参考点的 RSSI 值与物理坐标组合成向量形式作为该点的位置指纹，取接收到的信号强度和坐标作为指纹特征的参考点。

考虑环境中的 WiFi 热点即接入点 AP 的个数为 n，可以表示为集合 $A=\{a_1,a_2,\cdots,a_n\}$，离线位置共有样本点 m 个，表示为集合 $L=\{l_1,l_2,\cdots,l_m\}$，每一个位置 l_i 一一对应其位置坐标 (x_i,y_i)，即 $l_i\leftrightarrow(x_i,y_i)$。每一个点的 RSSI 指纹为 n 维行向量，表示为

$S=\left[s_1,s_2,\cdots,s_n\right]$。这样离线的 RSSI 指纹数据库就可以表示成 $m\times n$ 维的矩阵形式：

$$
\begin{array}{llllll}
l_1(x_1,y_1) & RSSI_1^1 & RSSI_1^2 & \cdots & RSSI_1^n \\
l_2(x_2,y_2) \rightarrow & RSSI_2^1 & RSSI_2^2 & \cdots & RSSI_2^n \\
\vdots & \vdots & \vdots & \ddots & \vdots \\
l_m(x_m,y_m) & RSSI_n^1 & RSSI_n^2 & \cdots & RSSI_m^n
\end{array}
\tag{1-32}
$$

在线阶段为 0 到 t 时间段内，每隔 ∇t 时间进行一次 RSSI 测量并定位，得到一系列测量值 $s(0)\cdots s(t)$ 并以此测量为依据结合离线 RSSI 指纹库来确定相应的位置轨迹 $1(0)\cdots i(t)$。

② 三角定位　三角定位包括 TOA、DTOA 和 AOA 定位算法，TOA 算法通过无线信号从发射端传输到接收端的时间计算两者间的距离。其定位原理如图 1-8。

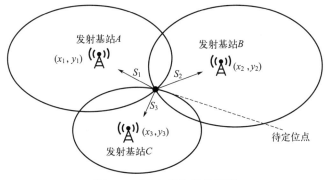

图 1-8　TOA 算法定位原理

假设在待定位区域存在 3 个无线信号发射基站 A、B、C，它们的位置坐标分别是 (x_1,y_1)，(x_2,y_2)，(x_3,y_3)，接收端接收到基站信号的时间分别为 t_1、t_2、t_3，则接收端到这三个基站的距离可通过公式 $s=vt$ 求得，分别为 S_1,S_2,S_3。

将距离与基站坐标联立方程组得：

$$
\begin{aligned}
(x-x_0)^2+(y-y_0)^2=S_1^2=vt_1 \\
(x-x_1)^2+(y-y_1)^2=S_2^2=vt_2 \\
(x-x_2)^2+(y-y_2)^2=S_3^2=vt_3
\end{aligned}
\tag{1-33}
$$

理想状态下，TOA 算法能够求解出待定位目标坐标，但是 TOA 算法要求接收端与发射端高度同步，很难在实践中实现。非视距传输和时钟不同步导致实际传输路径远于理想路径，以传输路径为半径构成的圆无法交于一点。实际环境中，三个圆交于 A、B、C 三个点，根据前文求出 A 坐标为 (x_A,y_A)，B 坐标为 (x_B,y_B)，C 坐标为 (x_C,y_C)，取 A、B、C 三点组成的三角形质心为所求目标的坐标，即目标坐标为

$$
x=\frac{x_A+x_B+x_C}{3},y=\frac{y_A+y_B+y_C}{3}
\tag{1-34}
$$

DTOA 算法不再以接收端与发射端间距离作为参数，而是利用接收端信号的时间差作为参数，这样只需发射设备时钟同步即可获取待定位点坐标。

已知基站 A、B、C 坐标分别为 (x_1,y_1)，(x_2,y_2)，(x_3,y_3)，接收端收到基站 A 与

基站 B 的时间差表示 $t_{A,B}$，到基站 A 与基站 C 时间差为 $t_{A,C}$，基站 B 与基站 C 时间差 $t_{B,C}$，由几何关系可知：

$$
\begin{aligned}
d_{A,B} &= d_A - d_B = t_{A,B}v \\
d_{A,C} &= d_A - d_C = t_{A,C}v \\
d_A &= \sqrt{(x_1-x)^2+(y_1-y)^2} \\
d_B &= \sqrt{(x_2-x)^2+(y_2-y)^2} \\
d_C &= \sqrt{(x_3-x)^2+(y_3-y)^2}
\end{aligned}
\tag{1-35}
$$

式中，$d_{A,B}$ 表示基站 A 与基站 B 之间的距离差，经化简为矩阵形式，整理得待定位点的位置坐标为

$$
\begin{bmatrix} x \\ y \\ d_A \end{bmatrix} = \frac{1}{2}A^{-1}B
\tag{1-36}
$$

AOA 定位算法利用角度信息代替距离信息作为参数求解待定位目标位置坐标，图 1-9 为 AOA 定位算法原理图。已知发射基站 A、B 的坐标分别为 (x_1,y_1)，(x_2,y_2)，基站 A 与待定位目标间的夹角为 θ_1，基站 B 与待定位目标间的夹角为 θ_2。

设待定位点的位置坐标为 (x,y)，由图 1-9 的几何关系可知：

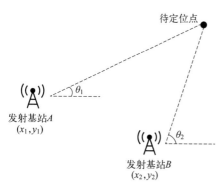

图 1-9　AOA 定位算法原理

$$
\begin{aligned}
\tan\theta_1 &= \frac{y-y_1}{x-x_1} \\
\tan\theta_2 &= \frac{y-y_2}{x-x_2}
\end{aligned}
\tag{1-37}
$$

通过求解方程，得到待定位点的位置坐标为

$$
\begin{aligned}
x &= \frac{y_2-y_1+x_1\tan\theta_1-x_2\tan\theta_2}{\tan\theta_1-\tan\theta_2} \\
y &= \frac{y_2\tan\theta_1-y_1\tan\theta_2+x_1\tan\theta_1^2-x_2\tan\theta_1\tan\theta_2}{\tan\theta_1-\tan\theta_2}
\end{aligned}
\tag{1-38}
$$

AOA 算法需要知晓发射基站与待定位目标间夹角，实际定位中信号非视距传输导致角度存在较大误差，AOA 算法没有得到广泛推广。

1.3.3　无线感知目标成像理论

无线成像技术在已有的商用系统的基础上开发成像功能，然后依托商用系统已有的庞大规模，可以迅速让成像技术惠及日常生活。然而，现有的无线成像技术仍然没有广泛在商用系统上部署。从高层次上看，普及受限的原因在于无线成像技术依赖设备强大的信息采集能

力。成像的结果是一张二维的图片,每一个像素点都代表一定的信息量。具体而言,研究者们通常用无线信号扫描探测空间各个位置的信息,每个位置相当于图片上的一个像素点。将所有结果汇总后,可以描绘出空间哪些位置存在物体,哪些位置不存在物体,这个过程即为成像。成像的像,其实是像素点的集合,而对于像素点的研究,位置最为重要,从这个角度看,定位是成像工作中的一个像素点。无线定位的发展,一定程度上促进着成像技术的发展,下面继续针对毫米波雷达和 WiFi 两种先进新颖的成像技术进行理论分析。

(1) 毫米波雷达成像

毫米波雷达成像通过获取目标表面特征形成目标点云图像,为了方便确定点云位置,通常使用直角坐标系表示点云位置。对于雷达点云成像,主要用到的方法是恒虚警检测(constant false alarm rate detector,CFAR)算法,通过 CFAR 检测可以判别是否为目标信息,有利于提取实际目标参数转化为点云数据。通过对点云数据进行坐标转换,生成适合笛卡尔直角坐标系的点云图,更符合实际视觉感知习惯。对于使用点云图像进一步生成目标三维轮廓图像,需要对点云数据进行插值处理,比如双线性插值、最近邻插值等,使点云中所有数据点平滑过渡,从而可以得到更加清晰准确的三维轮廓图像。下面对恒虚警检测、点云成像进行介绍。

恒虚警检测主要是通过对所有信号进行处理后确定功率阈值,超过阈值的所有信号视作目标信号,反之则当作杂波信号处理。阈值的设定决定了有用信号与杂波信号的界限,如果阈值设置得太低,则更多的信号将被检测到,但是增加了误报率,导致误报的信号数量增多。如果阈值设置得太高,则更多的信号将不被检测到,检测的目标数会减少,但同时误报的信号数量也会减少。在大多数雷达的工作场景中,环境噪声和干扰信号具有随机性,会在空间中随着时间的变化而发生改变。在这种情况下,阈值可以设置为动态变化值来实现一个恒定的误报概率。

在点云成像中,对于二维成像,只需要得到目标的距离和方位角或俯仰角,即可生成目标的位置等高线图或热图,从而实现二维成像。对于三维成像,则同时需要待测目标的距离、方位角和俯仰角,通过在直角坐标系中以点云形式表示出目标的具体位置。

雷达接收到的回波信号包含了目标的距离、速度、角度等信息,通过对回波信号进行信号处理可以得到上述参数,但是直接获取的目标参数都是在球坐标系下以雷达位置为坐标原点所表示的目标距离和角度。对于使用雷达进行三维成像,球坐标系并不适合描述目标在现实中的具体位置。相对于待测目标进行直接成像,球坐标系更适合描述待测目标的地理坐标位置。因此,使用雷达进行三维点云成像需要将得到的距离、角度等参数进行坐标转换,使其在三维笛卡尔直角坐标系显示目标位置。与球坐标系相比笛卡尔直角坐标系更符合人的直观视觉,使用笛卡尔直角坐标系得到的目标三维点云图,可以更加清晰地显示目标具体位置和轮廓。球坐标系和笛卡尔直角坐标系示意图如图 1-10 所示。

球坐标系转换为笛卡尔直角坐标系的转换公式可以

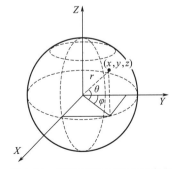

图 1-10　球坐标系与笛卡尔直角
坐标系示意图

表示为

$$x = r\cos\theta\sin\varphi$$
$$y = r\cos\theta\cos\varphi \qquad\qquad (1\text{-}39)$$
$$z = r\sin\theta$$

式中，r 为目标距离；θ 是俯仰角；φ 是方位角。

（2）WiFi 成像

WiFi 成像使用 WiFi 信号来探测追踪障碍物背后的运动目标，原理是发射器发送信号到空间中，信号遇到人体时会将信号反射回天线。当人在运动时，反射信号的起点也在变化，每个时刻的位置组成了一个虚拟天线阵列。分析该天线阵列上信号的发射角度，正如虚拟天线阵列对接收方进行成像，可以得到虚拟天线阵列和信号接收方的位置关系，因此实现了追踪的作用。

WiFi 成像模型的信号测量是通过 WiFi 发送端和接收端之间的相互通信完成的。基于 WiFi 信号的成像系统由 3 个主要组件组成：参考天线、WiFi 发送端和扫描天线阵列。参考天线和扫描天线阵列均作为接收端获取感兴趣区域散射的 WiFi 信号。其中，参考天线保持固定，用于提供参考信号，其作用类似于光学全息成像中的参考光束随着目标物在采样点轨迹上移动，扫描天线阵列与移动轨迹构成一块虚拟平面-观察平面，其作用类似于相机底片，用于承接扫描天线阵列-采样点对应像素处的 WiFi 信息。在观察平面上，扫描天线阵列和采样点对应的每个位置——成像图上的像素点位置，参考天线和扫描天线阵列会同时收集数据。

WiFi 成像过程类似于相片的曝光，数据来自时间尺度，所以无论是参考天线还是扫描天线阵列均采集相应的连续信道状态信息序列数据，并且两者在时间尺度上保持一致。接收端信号在时间尺度上可以表示为

$$\boldsymbol{X} = [x_1, x_2, \cdots, x_n, \cdots, x_N]^{\mathrm{T}}, n \in N \qquad\qquad (1\text{-}40)$$

式中，x 表示 n 时刻所有子载波的 CSI 数值。

CSI 揭示了信号如何通过信道传播。信号由于多径、阴影和散射而受到的影响被如实反映在 CSI 中。因此，接收端接收到的信号可以写成：

$$\boldsymbol{I}_{\mathrm{re}} = \boldsymbol{U}\boldsymbol{I}_{\mathrm{em}} \qquad\qquad (1\text{-}41)$$

式中，$\boldsymbol{I}_{\mathrm{re}}$ 是接收端接收到的信号；$\boldsymbol{I}_{\mathrm{em}}$ 是发送端发送的信号；$\boldsymbol{U}$ 是传播算子，代表了相位的偏移、幅度的衰减等信号影响，如式（1-42）所示：

$$\boldsymbol{U}_i = \begin{pmatrix} CSI_i^{11} & CSI_i^{12} & \cdots & CSI_i^{N_t} \\ CSI_i^{21} & CSI_i^{22} & \cdots & CSI_i^{2N_t} \\ \vdots & \vdots & & \vdots \\ CSI_i^{N_r1} & CSI_i^{N_r2} & \cdots & CSI_i^{N_tN_t} \end{pmatrix} \qquad\qquad (1\text{-}42)$$

式中，CSI_i^{mn} 是第 m 个接收端天线和第 n 个发送端天线之间路径的第 i 个子载波的 CSI。

但对于使用者而言，发送端相当于是黑箱，对于发送信号，使用者知之甚少。正源于这种考量，引入了全息成像中参考光束的概念。参考天线的类参考光束提供了一种归一化消除

发射天线相位随机性的方法。在与扫描天线阵列接收到的信号相互比对后，依据式（1-43）可以获得整个观察平面像素点的复振幅：

$$E(f)\mathrm{e}^{\mathrm{i}\varphi(x,y)}\big|_{x,y}=\frac{U(x,y,f)I_{\mathrm{em}}(f)}{U(x_{\mathrm{r}},y_{\mathrm{r}},f)I_{\mathrm{em}}(f)}=\frac{F\{I(t)\big|_{x,y}\}}{F\{I(t)\big|_{x_{\mathrm{r}},y_{\mathrm{r}}}\}} \tag{1-43}$$

式中，(x,y) 表示扫描天线阵列所在的位置；$(x_{\mathrm{r}},y_{\mathrm{r}})$ 表示参考天线所在位置；f 表示子载波频率；F 表示傅里叶变换。为方便表达，$E(f)\mathrm{e}^{\mathrm{i}\varphi(x,y)}$ 简写成 $E(x,y,z,f)$。鉴于 CSI 存在多个子载波频率，需要在频率的角度上进行区分，直观上可以理解为在观察平面上每一个像素位置实际有多个复振幅 E，但彼此之间频率不同。

频率 f_i 下，对应观察平面某一像素的复振幅为 $E(x,y,z_0,f)$，角谱衍射公式：

$$I(x,y,z,f_i)=F^{-1}\left\{\exp\left[\pm\mathrm{i}\frac{2\pi(z-z_0)}{\lambda_i}\sqrt{1-(\lambda_if_x)^2-(\lambda_if_y)^2}\right]\times F\big[E(x,y,z_0,f_i)\big]\right\}$$

$$\tag{1-44}$$

式中，$I(x,y,z,f_i)$ 表示要重建的目标平面的像素；F^{-1} 表示傅里叶逆变换；z 表示观察平面到目标平面的距离；λ 表示波长；f_x、f_y 表示 X 轴和 Y 轴的空间采样率，为了防止指数爆炸，当 $1-\lambda^2f_x^2-\lambda^2f_y^2$ 大于 0 时取负，否则取正。

可以求出单频 f_i 状态下单个像素对应的断层扫描效果。以此类推，当逐点逐列像素点被一一还原时，就可以按照与实际物理空间的对应关系拼接成一幅单频 WiFi 成像图。

单频子载波图像的像素点要进行融合补齐。这个过程本质上利用 WiFi 辐射是白光的事实来抑制散斑干扰，将所有子载波对应频率下的目标物体单频像素进行叠加，形成最终的成像结果，如式（1-45）所示：

$$I(x,y,z)=\frac{1}{M}\sum_{f_i=1}^{M}|I(x,y,z,f_i)|^2 \tag{1-45}$$

式中，$I(x,y,z)$ 表示最终成像结果；M 表示所有子载波数量。

WiFi 可以扩展人类的感官，使大家能够透过墙壁和关着的门看到移动的物体。特别是可以利用这种信号来识别一个封闭房间里的人数和他们的相对位置。还可以识别墙后的简单手势，并将一系列手势组合起来，在不携带任何传输设备的情况下将信息传递给无线接收器，既保护了隐私又满足了需求。

本章小结

本章首先介绍了新颖的无线感知技术定义，接着从技术原理、发展背景、应用领域出发，介绍了五种不同方案的无线感知技术。并比较了它们优缺点，阐述了每种方案适合应用的领域。最后介绍了无线感知技术的基础理论，其可分为三种，包括无线感知目标检测理论、目标定位理论和目标成像理论。因此无线感知系统不仅能够探测目标的存在，还能提供目标的空间位置和形状信息，为各种应用场景提供了强大的环境感知能力。

第 **2** 章

无线感知技术基础

　　信号在空间中的传播是无线感知技术的基石，本章将深入研究不同种类的信号，包括模拟信号和数字信号，以及它们在无线感知任务中的应用。通过对信道特性的理解，帮助读者更好地把握信号在传播过程中的变化，从而为感知系统提供更可靠、准确的数据基础。同时讲解不同环境下信号的传播所呈现的多种多样的特征，包括基本的传播机制、无线信道的衰减问题以及信号的传播模型等。通过结合传播原理，无线感知技术能够更好地适应各种场景，提高感知的鲁棒性和可靠性。此外，还介绍了正交频分复用和多输入多输出作为两项关键技术在无线环境中的作用，包括它们如何影响信号的传输、接收和解释。

2.1
电磁波与无线电波

　　电磁波是一种由电场和磁场相互耦合而形成的波动现象，它在真空或其他介质中以波动的形式传播。无线感知系统恰恰是利用电磁波穿越空气或其他媒体，以感知目标、环境变化或其他信息，而无需实际的物理连接。电磁波的频率和波长是其基本特性，电磁波根据频率的不同被划分为不同的波段，包括无线电波、微波、红外线、可见光、紫外线、X 射线和 γ 射线等。这些波段在电磁谱中覆盖了极大的频率范围，不同频率的电磁波在无线感知中具有不同的应用。

　　一般来说，频率在 3THz 以下的电磁波都可称为无线电波，无线感知就是运用无线电波进行传播的，其分类和特征如图 2-1 所示，根据频率可分为微波、毫米波和太赫兹波，不同无线电波的传播特性和能够承载的信号量各不相同。

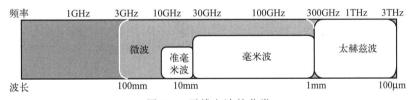

图 2-1　无线电波的分类

2.2
天线

　　自从 1873 年，麦克斯韦（Maxwell）通过理论预言了电磁波的存在，至 1897 年，马可尼（Marconi）首次获得完整的无线电报系统专利，这一时期标志着电磁波和无线通信领域的重要突破。这些里程碑的取得极大地推动了科学技术的迅速发展，为无线感知、无线通信、电磁波传播等领域的研究奠定了坚实基础。

天线在无线感知领域中是不可或缺的关键组件。不同类型的天线设计适用于不同频率和应用场景，例如：WiFi通常采用的天线设计包括全向性天线、定向天线和扇形天线；毫米波雷达通常需要用到具有较高频率的天线设计；FID系统常用的天线设计包括螺旋天线、贴片天线和波束天线等。这些应用都依赖天线来实现信息的传递。电磁波在空间中的传播以及对其产生和接收的过程都直接涉及天线的设计和性能，其作用主要体现在接收来自环境中目标的无线信号，或者将感知设备采集的信息以无线方式传输到其他设备。本节将对天线以及其分类进行简单概述。

2.2.1 天线的概述

在无线感知系统中，天线充当了信息传输的关键桥梁。不论设备的具体任务是什么，天线的基本功能都是相似的。具体而言，发射机产生的振荡能量通过传输线传送到发射天线，然后由发射天线将其转换为电磁波能量，并在特定方向上辐射出去。这些电磁波通过传输媒介传播，最终到达接收天线。接收天线将接收到的电磁波能量转换为导向电磁波，然后通过传输线传送到接收机，完成整个无线电波的传输过程。

为了成功实现这一目标，天线需要具备高度方向性的转换效率，并同时满足系统正常工作的频带宽度要求。天线的质量直接影响着整体性能，其性能受多种因素的影响，其中包括频率响应、方向性、增益以及形状和结构等因素。频率响应要求天线在规定的频带内工作，以实现有效的感知，天线的方向性指的是其辐射模式的指向性，可以是全向的、定向的或其他特定方向性的，而其增益表示在某个方向上的辐射功率相对于理想点源天线的增加，远距离感知往往需要较高的增益。

各种天线类型如偶极天线、方向性天线、螺旋天线和微带天线等在不同场景和应用中发挥各自的优势。由于应用领域的多样性，对天线的要求也各式各样，因此天线种类繁多，功能多样。

2.2.2 天线的分类

（1）天线按照外观分类

按外观分类包括多种类型，其中包括板状天线、帽形天线、鞭形天线和面状天线等。这些外观特征直接影响天线的性能和用途。

（2）按照电磁波的辐射方向分类

按照电磁波的辐射方向分类，可分为定向天线和全向天线。

① 定向天线：定向天线是设计为在特定方向上集中辐射或接收信号的天线，也就是平常所说的有方向性。这种天线具有较高的增益，并且在特定方向上有更强的信号强度。定向天线常用于需要远距离感知或在特定方向上集中信号的应用。常见的定向天线有两种，一种是八木天线，它是一种常见的定向大线，具有单一主辐射方向。另一种是抛物面天线，通过

反射器形成定向的辐射模式，常用于雷达系统。

② 全向天线：全向天线是一类在水平方向上辐射或接收信号的天线，其辐射模式呈现出类似圆形或球形的图案。这种天线通常被用于需要覆盖整个 360°范围的场景，因此被描述为无方向性，WiFi 路由器就是典型的应用场景之一。

（3）按照极化方向分类

按照极化方向分类，可以分为单极化和双极化两类。

① 单极化天线：单极化天线是指天线在传输或接收信号时，电场的振荡只沿一个特定方向。单极化天线通常具有简单的结构，例如天线的电场振荡沿垂直方向的垂直极化或天线的电场振荡沿水平方向的水平极化。

② 双极化天线：双极化天线是指天线在传输或接收信号时，同时具有两个正交方向的振荡，可以是垂直和水平、左旋和右旋等组合。双极化天线通常用于提高信号的可靠性和多路径传播的性能。

（4）按照天线实现方式

按照天线的实现方式分类，包括导线天线、PCB 天线、芯片/模块天线。

① 导线天线：这类天线是在 PCB 上延长到自由空间中的一段导线，并被放置在接地层上，它是一个三维（3D）的结构，其中天线高出 PCB 4～5mm，并伸出到空间内。它通常由金属导线构成，例如铜线或金属棒。典型的导线天线包括半波偶极天线、全波偶极天线和螺旋天线。

② PCB 天线：这些天线是直接印刷在印刷电路板上的。它们可以将其画成直线形走线、反转的 F 形走线、蛇形或圆形走线，或者基于天线类型和空间限制的摆动曲线等。它们常见于小型设备中。

③ 芯片/模块天线：这是一种带有导体的天线，天线和导体都被组装在小型的 IC 封装中，常以小型化、集成化的形式出现，例如贴片天线、螺旋天线或其他微型化的结构，常常作为芯片或模块的一部分直接集成到设备中。它们广泛应用于诸如智能手机、物联网设备和其他小型便携设备中。

2.3

信号与信道

在无线感知技术中，理解信号与信道的概念至关重要，因为它们构成了无线感知中信息的核心传输和传播过程。信号是指通过空间传播的电磁波，携带着各种信息，可呈现多种形式，如电磁波、声波等。信号主要通过传播的电磁波传递特定信息，系统需要能够识别、分析和解释不同信号的特征，例如信号的频率、幅度、相位和调制方式等。信号质量直接影响感知系统对周围环境的准确理解。信道作为信息传输的媒介负责承载信号的传输，可定义为信号在传播过程中经过的介质或媒介，可能涵盖空气、水等。

本节将深入探讨信号和信道的概念，包括信道概念、模拟信号和数字信号、时域和频域、波特率和比特率等，为后续章节的传播原理、信号处理和系统优化等的学习奠定理论基础。

2.3.1　信道的概念

通俗地理解信道，就是一个信号从发送端通过一定的媒介到达接收端。在通信系统中，信道是信息传递的关键路径，类似于一根水管、一条公路、一座桥梁或者一条隧道。考虑一个通信系统，如果发送端是一个城市的水池，接收端是另一个城市的水池，信息就像水流，通过信道连接着这两个水池。信道的质量直接决定了信息传输的效率和可靠性，就像水管的直径决定了水流的速度和流量。如果信道是一条公路，信息就是车辆，而信道的状态就像道路的质量一样重要，畅通无阻的道路可以确保车辆快速、顺畅地到达目的地，而拥堵或损坏的道路可能导致信息传输延迟或失败。如果信道是一座桥梁，信息就是穿越桥梁的行人，稳定的桥梁能够确保人们安全地到达目的地，而不稳固的桥梁可能导致信息丢失或扭曲。

信道是任何一种感知系统中必不可少的组成部分。任何一个感知系统都可以视为由发送、信道与接收三部分组成。信号在信道中传输，可能遇到的影响主要有信道加性噪声、信号幅度衰减和相位失真、信道特性的非线性、带宽限制和多径失真等。实际感知系统中，通过调整系统参数可以减小信道对信号失真的影响，但由于传输媒介的物理特性和实际感知系统中所采用的电子元器件的限制，使系统参数的调整范围受到限制，导致了在任何可靠信道中的信息传输速率的大小是受限的。

信道可以分为狭义信道和广义信道两类。

（1）狭义信道：信号传输的通道是信号从发射端传输到接收端所经过的传输媒质。

按照传输媒质来划分，可以分为有线信道、无线信道和存储信道三类。

① 有线信道：包括架空明线、对称电缆、同轴电缆和光导纤维。

② 无线信道：包括地波传播、短波电离层反射、超短波或微波无线电视距传输、卫星中继以及各种散射信道等。

③ 存储信道：磁带、磁盘等数据存储媒质也可以被看作是一种通信信道。将数据写入存储媒质的过程即等效于发射机将信号传输到信道的过程，将数据从存储媒质读出的过程即等效于接收机从信道接收信号的过程。

按传输媒质的变化特性，狭义信道又可分为恒参信道和随参信道。

① 恒参信道：传输媒质性质稳定从而使得信道特性稳定。比如有线信道、卫星中继等。

② 随参信道：传输媒质性质的随机变化使得信道特性也随机变化。比如短波电离层反射、超短波、微波信道。

（2）广义信道：除了传输媒质，广义信道还包括与之相关的转换设备，例如发送设备、接收设备、天线、调制解调器等。如图 2-2 所示，按照信道功能的不同，可以将广义信道分为调制信道和编码信道两类：

① 调制信道：是指信号从调制器的输出端传输到解调器的输入端的整个传输过程。调

制和解调中大家往往关注信号在这一过程中经过的传输媒质和各种变换设备对信号进行的变换，关心这些变换的输入和输出之间的关系，而对于实现这一系列变换的具体物理过程并不过多关心，研究焦点在于了解输入信号与输出信号之间的关系。

② 编码信道：是指数字信号从编码器输出端传输到译码器输入端的传输部分。编码和译码中主要关注编码器输出的数字序列经过编码信道上的一系列变换后，在译码器的输入端形成另一组数字序列，主要关心这两组数字序列之间的变换关系，而对于这一系列变换具体的物理过程并不过多关注，甚至对信号在调制信道上的具体变化并不关心，主要关注于理解输入序列与输出序列之间的变换关系。

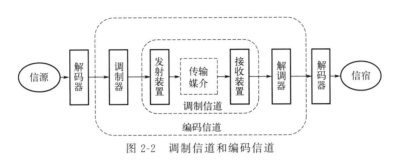

图 2-2　调制信道和编码信道

2.3.2　模拟信号和数字信号

（1）模拟信号

模拟信号一般是指从自然环境或感知系统中获取的、用于表示物理量的信号。这些信号呈现出连续变化的特性，其幅度、频率或相位在时间上持续变动。这种连续性使得模拟信号能够更准确地反映环境的真实变化，因为它们不受离散化的限制，能够在一个连续的时间范围内提供更为精细和详尽的信息。

模拟信号可以源自多种物理现象，包括电磁波的传播、环境参数的变化，甚至是目标的运动。通过对这些信号的持续监测和分析，感知系统能够实时获取环境的动态信息。

（2）数字信号

数字信号被定义为在时间上仅在特定点上具有数值的离散信号。通常，数字信号的生成是通过对模拟信号进行采样和量化。在这个过程中，采样通过在时间轴上均匀取样来捕捉模拟信号的瞬时值，而量化则将每个采样点的模拟信号幅度转换为近似的离散数值，通常采用有限位数的二进制表示。

这种数字化的过程带来了多个优势。一方面，数字信号的离散性使得信号表示和处理更加简便，便于利用数字系统进行存储、传输和处理。由于数字信号在时间上仅在离散点上有定义，这简化了信号的表示和操作，有助于提高系统的鲁棒性和稳定性。另一方面，数字信号的离散性也为信号的传输和存储提供了便捷性。因此，数字信号的离散性和数字化处理为无线感知系统提供了灵活性和高效性，使得信号的分析、处理和传输更为可行和便利。

2.3.3　时域和频域

（1）时域

时域涉及信号随时间变化的方面。时域分析专注于研究信号在时间轴上的动态变化和特性。时域表示是一种描述信号随时间演变的方式，通常通过绘制信号的波形图或时域图来实现，其中时间沿水平轴，信号的幅度沿垂直轴。

时域分析的关键是提取信号的各种特征，例如峰值、持续时间、周期等。这些特征主要作用体现在感知系统中的事件检测、信号分类和决策制定方面。通过观察信号在时间上的变化，能够获得关于环境或信道动态性的重要信息。

时域处理涉及对信号在时间上的操作和变换。常见的时域处理方法包括平滑、滤波和时域变换等。这些处理操作有助于调整信号的时域特性，以满足特定应用的需求，例如滤波可用于去除噪声，时域变换则使信号在不同的时间尺度或频率范围内更易于分析。

时域分析的结果为感知系统提供了关键的信息，使其能够更有效地理解和响应环境中的变化。通过精细调整信号的时域特性，无线感知系统能够更准确地感知和识别各种信号，从而提高系统的性能和可靠性。

（2）频域

频域涉及描述信号在频率上的特性和变化。频域分析专注于研究信号在不同频率上的成分和分布，采用了多种表示方法，如功率谱密度图和频谱图，用于展示信号在不同频率上的能量分布。

频谱分析有助于深入了解信号在频域上的组成和性质，提取关键的频域特征，包括主要频率、带宽和谱形等。这些特征对于理解信号的频率特性、调制方式以及在频率上的分布至关重要。

常用的频域处理工具包括功率谱密度估计、快速傅里叶变换（FFT）和滤波器设计等，尤其是滤波操作，它是一种常见的信号处理技术。通过在频域上对信号进行滤波，可以去除特定频率范围内的干扰，或者选择特定的频率成分，以满足特定需求。这些工具在分析和处理信号在频域上的特性方面发挥着关键作用，为无线感知系统的设计和优化提供了必要的支持。

2.3.4　信号传输与信号特征

（1）信息传输特性

信息传输速率是在感知设备间传递信息的速度指标，通常以比特每秒（bit/s）为单位来度量，即在 1s 内传输的二进制比特数。信息传输速率往往是系统数据传输效率和实时性的关键性能指标。这一速率受到多种因素的综合影响，包括频段、信道条件以及设备特性等方面的因素。在实际应用中，常用的信息传输速率单位有 bit/s、Mbit/s 和 Gbit/s，它们的关系如下：

$$1kbit/s = 10^3 bit/s, \ 1Mbit/s = 10^3 kbit/s, \ 1Gbit/s = 10^3 Mbit/s$$

（2）关键信号特征

在处理和分析接收到的信号时，需要关注多个重要的信号特征，以获取对环境和通信链路状态的深刻理解。这些信号特征涵盖了频率、幅度、相位、能量、功率等多个方面，提供了关于信号强度、方向和其他属性的重要信息，它们在不同的应用场景中都扮演着关键角色。这里将详细介绍这些信号特征，重点结合无线感知的背景和应用，探讨它们在感知系统中的重要性、应用和相互关系。

频率：频率代表了信号波形中的周期性振荡次数，通常以赫兹（Hz）为单位。频率特征还有助于感知系统对信号传播的环境进行评估，比如多径传播或信道干扰的影响程度。

幅度：振幅是指信号的振动幅度或大小，它反映了信号相对于基准线的偏移程度。幅度信息可被利用来量化信号的强度，这有助于判断信号源的距离和位置。通过监测信号幅度的变化，感知系统能够快速识别潜在的障碍物或信号衰减现象，从而提高定位准确性和优化信号质量。在实际应用中，通过跟踪信号幅度的波动，能够实时掌握信号的变化趋势。

相位：相位是指信号波形相对于某一参考点的偏移量，通常用角度来表示，相位信息对于理解信号的时序特性和相邻信号之间的关系至关重要，尤其在多径路径的情况下，因为不同路径上的信号可能具有不同的相位偏移。通过精确测量相位，可以更准确地判断信号的传播路径，从而提高定位精度。

能量：能量是衡量信号在特定时间内所携带的能量量度，其通常与信号的振幅和持续时间密切相关。能量特征可提供关于信号强度和功耗的重要信息。

功率：功率是信号携带的能量与时间的乘积，是衡量信号强度的重要指标。在无线感知系统中，功率信息可用于评估信号的强度和影响范围。

2.4

传播原理

无线感知技术的核心原理在于利用无线信号的特性，通过信号处理、机器学习和数据分析等技术，获取环境中物体、人员或其他物体的位置、运动状态等相关信息。当人体在室内移动时，其运动会引起周围无线信号强度的变化，无线感知系统通过监测这些信号变化，可以计算出人的位置和运动速度。同样，通过分析无线信号的传播路径和反射情况，系统能够确定障碍物的位置和形状。通过对数据的分析，可以得到很多信息，这些信息在生命体征检测、追踪和安防报警等领域有着重要的应用。

由 2.1 节已经了解到，无线信号实质上是一种电磁波，类似人眼无法看见的光。这种"电磁波光"遵循光学中的特性，包括反射、衍射和折射。与此同时，无线信号具有很强的穿透能力，能够穿过空气、玻璃等物体，例如 WiFi 设备发射的无线信号通过反射、衍射、折射、穿透墙体等到达另一房间，从而对信号进行利用。

由 2.3 节已经了解到，无线信道是指用于传输电磁波信号的媒介，连接了信号的发射端和接收端。接收到的信号强度在很大程度上受到无线信道传播环境的影响。由于接收端和信号源可能在不同位置移动，电磁波在传播途中会经历各种复杂的衰减和反射现象，导致信号传输的特性变得多样化和复杂化。为了更准确地描述电磁波在无线信道中的传播特性，无线感知技术采用统计分析方法建立信道模型和衰减模型，以提高对传播环境的适应性和准确性。这包括详细的传播机制、信号衰减的过程以及室内无线信道衰减模型，从而能够更好地理解和利用环境中的无线信号特性。

2.4.1　基本传播机制

电磁波的传播是无线感知的基础，它涉及电磁波与周围环境相互作用的多种现象，其中包括反射、绕射、衍射和散射。这些现象对信号的传播特性产生重要影响，而它们的表现取决于波长和具体的障碍物。以下是对这些现象的详细描述和扩展。

反射：反射是一种常见的现象，当电磁波遇到介质边界或障碍物时，一部分波能量会被反射回原来的介质，而另一部分则可能折射并传播到新的介质中。反射的角度由入射角和介质界面法线的关系决定，遵循反射定律。

绕射：绕射是一种在电磁波遇到障碍物或边缘时发生的现象。当波传播到障碍物边缘时，波会发生曲线，并在障碍物后方产生传播。这使得波能够绕过障碍物，进入原本无法直接到达的区域。绕射是一种常见的现象，特别是在声波和光波的传播中。

衍射：衍射是波动现象，当波通过一个小孔或尺寸与波长相近的障碍物时，波前会扩散和变形。这会导致波在障碍物后方产生阴影区域，允许信号传播到原本无法直接到达的区域，适用于光波和声波等波动信号的传播。

散射：散射是当电磁波与不规则表面或小尺寸的物体相交时，波会以不同的方向散射。这导致波的能量在各个方向上分散，产生多个反射波。散射在通信中经常出现，特别是在城市环境中，因为建筑物、车辆和其他物体会导致信号散射到各个方向，影响信号的多径传播。

综上所述，反射、绕射、衍射和散射是无线感知技术中不可忽视的现象，它们直接影响电磁波的传播特性。

2.4.2　无线信道衰落

（1）大尺寸衰落

在无线信道传播过程中可以把信号衰减分为路径损耗、阴影衰落、穿透损耗、多径效应和多普勒效应五种，其中前三种往往属于随着传播距离的增加，所造成的损耗和电磁波遇到障碍物而发生的衰减引起较大尺度衰落，可以把它们理解为在几个波长的距离内，观测到的接收信号功率随距离的变化。下面将分别从路径损耗、阴影衰落和穿透损耗三部分进行介绍。

① 路径损耗　在室内环境中，无线信号会与物体发生多种相互作用，包括反射、折射等，导致接收端接收到的信号来自多个不同路径的叠加。其中，来自直射路径的信号通常具

有最大的能量，而通过反射或折射路径传播的信号，由于传播距离的增加，其能量会明显减小。这种信号能量减小的现象被称为路径损耗。路径损耗受到阴影效应的影响，当信号在传播过程中遇到较大的障碍物时，路径损耗会更加显著。路径损耗与传播距离关系的模型叫对数路径损耗模型，假设发送端和接收端之间的距离为 d，无线信号在传播过程中的平均路径损耗可用公式(2-1)表示：

$$\overline{L}_p(d) = \overline{L}_p(d_0) + 10\eta \lg\left(\frac{d}{d_0}\right) \tag{2-1}$$

式中，$d \geqslant d_0$，d_0 为室内参考距离，通常为 1m；η 为路径损耗因子，指路径损耗随距离衰减的速率，其取值和环境有关，如在 Friis 自由空间❶中 η 一般为 2，在室内环境中一般取值为 3。当加入阴影效应的影响时，路径损耗的表达式为

$$\overline{L}_p(d) = \overline{L}_p(d_0) + 10\eta \lg\left(\frac{d}{d_0}\right) + \varepsilon \tag{2-2}$$

式中，ε 是表示阴影效应的变量，通常服从均值为 0，标准差为 σ 的高斯分布。假设发送端的发送功率为 P_t，根据式(2-2)，接收端接收到的信号功率 $P_r(d)$ 表示为

$$P_r(d) = P_t - L_p(d) = P_t - \overline{L}_p(d_0) - 10\eta \lg\left(\frac{d}{d_0}\right) - \varepsilon \tag{2-3}$$

式中，P_t 和 $\overline{L}_p(d_0)$ 是常数。式(2-3)可以简化为

$$P_r(d) = 10\eta \lg\left(\frac{d_0}{d}\right) + \varepsilon' \tag{2-4}$$

式中，ε' 服从均值为 μ，方差为 σ^2 的高斯分布，μ 与发送功率和路径损耗等因素有关。

由于室内环境中墙壁、天花板、地板等均会对无线信号产生反射，造成信号衰减，因此在式(2-1)中引入了墙壁、天花板、地板的衰减因子，表示为

$$\overline{L}_p(d) = \overline{L}_p(d_0) + 10\eta \lg\left(\frac{d}{d_0}\right) + \sum_{i=1}^{N_w} W_i + \sum_{i=1}^{N_c} C_i + \sum_{i=1}^{N_f} F_i \tag{2-5}$$

式中，N_w、N_c、N_f 分别表示无线信号穿过的墙壁数、天花板数、地板数；W_i、C_i、F_i 分别表示不同墙壁、不同天花板、不同地板的衰减因子。

② 阴影衰减　在信号传播路径中，各种物体的存在可能导致电波形成所谓的阴影区域。这些区域表现为信号场强的中值缓慢变化，这一现象通常称为阴影效应，它导致信号缓慢衰减，这种衰减被称为阴影慢衰落。阴影衰减主要由发射机和接收机之间的障碍物引起，例如墙壁、家具和人体，这些障碍物通过吸收、反射、散射和绕射等方式影响信号功率，有时甚至会完全阻断信号传输。阴影衰减的程度通常由障碍物的规模和距离决定，在室外环境中通常涵盖 $10 \sim 100\text{m}$ 的距离范围，而在室内环境中通常更小。

自由空间传播模型是在理想条件下建立的，不考虑由信道环境引起的传播损耗。因此，在实际的传播环境中，更适用于描述阴影效应的模型是对数正态阴影模型。这个模型考虑了

---

❶　Friis 自由空间传播公式是用于描述无线电波在自由空间中传播时的信号强度衰减的数学模型。该公式是由丹麦工程师卡尔·吉尔斯特·弗里斯（Karl G. Jansky Friis）于 1946 年提出的，常用于无线通信和射频工程领域。

环境中的随机性，并通过引入对数正态分布来描述阴影衰减。对数正态阴影模型表达式为

$$p(\Psi_{dB}) = \frac{1}{\sqrt{2\pi}\,\sigma\Psi_{dB}} \exp\left[-\frac{(\Psi_{dB} - \mu_{dB})^2}{2\sigma\Psi_{dB}^2}\right] \tag{2-6}$$

式中，Ψ_{dB} 和 μ_{dB} 分别是正态分布的均值和标准差。考虑到阴影衰减的影响，即在相同的传播距离 d 下，不同接收位置的路径损耗不同，收发距离值为 d 时的损耗值为随机的正态分布对数分布，其表达式为

$$PL(d)[dB] = PL_F(d_0) + 10n\lg\left(\frac{d}{d_0}\right) + X_\sigma \tag{2-7}$$

式中，X_σ 为均值为零，标准差为 σ 的高斯分布随机变量，单位为 dB。经过大量统计和研究，无线信号在传播过程中会因为无线信道的多样性发生反射、绕射、散射等造成信号的衰落。下面简要介绍反射损耗、绕射损耗和散射损耗的内容。

反射损耗：反射损耗在无线感知技术中是一个关键考量因素。当信号在传播过程中遇到边界或物体表面时，一部分信号会反射回传播介质，这个过程中能量会有所损失。这种损耗是信号传播中的一个重要因素。

绕射损耗：绕射损耗是一种与电磁波传播和衍射相关的现象，它通常在信号穿越障碍物或通过孔隙时发生。绕射是指当信号波前遇到物体边缘或孔隙时，部分信号波会绕过这些物体并以弯曲的方式传播到物体的背后，但在这个过程中信号强度会减小。即使在没有明显可视路径的情况下，绕射也可以创造出非可视路径，绕射的强度取决于信号的波长，通常情况下，无线电波的波长越长，绕射的能力越强。

散射损耗：散射损耗是指当无线信号遇到不规则的表面或物体时，信号会在多个方向上反射，导致信号强度的损失。这一现象在电磁波或其他波动传播中常见，尤其是在非均匀或粗糙的表面上，因为它可以导致信号的散射到多个方向，使信号强度在传播过程中衰减。

③ 穿透损耗　在封闭建筑内，当信号接收点位于室内而发射机位于室外时，就会出现穿透损耗，常见的例子有基于 WiFi 穿墙检测人体行为，穿透损耗可被表示为建筑外部接收信号强度与建筑内部信号强度的比率。这种损耗取决于建筑物材质、发射机位置以及信号的入射角度。

为降低穿透损耗，通常采取一系列方法，包括但不限于优化信号频率、采用合适的天线设计、增加发射功率、改善信号传输路径，以及选用具有较低吸收特性的材料等。这些方法有助于优化信号传输，减少因建筑物结构而引起的信号衰减，提高室内的接收信号强度。

（2）小尺度衰落

径向信号干扰是无线感知技术中一个影响接收功率的重要变量，其影响范围通常受到波长相近距离的限制，因此被归类为小尺度传播效应。这意味着这种类型的信号干扰主要在与波长相近的相对短距离范围内对信号传播产生显著影响。径向信号干扰主要由两个方面的效应引起，即多径传播和多普勒频移。

① 多径传播　多径传播是指无线信号从发射器传播到接收器时，通过不同的路径传播并以不同的时间抵达接收器。这在小尺度范围内引起的信号衰减和相位变化，是径向信号干扰的重要来源。多径传播是无线感知环境中常见的现象，无论是在室内还是室外都会出现。

如室内环境中不仅有发送端到接收端的直接路径，还有墙壁、天花板和地板对信号的反射路径，人体对信号的衍射路径等。

② 多普勒频移　多普勒频移是由于波源和接收者之间的相对速度差异而引起的信号频率变化。当波源和接收者相对远离时，波的频率降低，这被称为红移，而当它们相对靠近时，波的频率升高，这被称为蓝移。当波源保持静止，接收端以恒定的速率 v 在长度为 d，端点为 X 和 Y 的路径上运动时收到来自波源 S 发出的信号，无线信号从波源 S 出发，在 X 点与 Y 点被接收端接收时所走的路径差可近似表示为

$$\Delta l = d\cos\theta = v\Delta t\cos\theta \tag{2-8}$$

每个波长对应 2π rad 的相位变化，由于路程差造成的接收端信号相位变化值为

$$\Delta\varphi = 2\pi \times \frac{\Delta l}{\lambda} = 2\pi \times \frac{v\Delta t}{\lambda} \times \cos\theta \tag{2-9}$$

求相位和时间的导数，可得到相位随时间的变化率，即角频率 w 为

$$w = \frac{\Delta\varphi}{\Delta t} = 2\pi \times \frac{v}{\lambda} \times \cos\theta \tag{2-10}$$

多普勒频移与角频率的关系为 $w = 2\pi f_d$。

$$f_d = \frac{1}{2\pi} \times w = \frac{v}{\lambda}\cos\theta \tag{2-11}$$

波长与频率之间的关系式为

$$c = \lambda f_t \tag{2-12}$$

所以多普勒频移的关系式也可以是这样：

$$f_d = \frac{1}{2\pi} \times w = \frac{f_t v}{c} \times \cos\theta \tag{2-13}$$

2.4.3　室内无线信道衰减模型

室内无线信道衰减模型是一种数学模型，用于描述室内无线通信中信号传播的过程。这些模型旨在模拟和预测室内环境中的无线信号衰减、传播和多径效应。这些模型主要分为两类：确定性模型和经验性模型。确定性模型采用电磁波传播的物理理论，虽然预测准确率很高，但需要消耗大量计算资源，并且需要精确的环境参数。经验性模型通过理论分析来预测信号在传输过程中所受到的路径损耗回归模型。经验模型具有公式简单、运算快速和易于理解的特点，因此被广泛应用。室内经验性模型多种多样，常见的经验模型有自由空间传播模型、对数距离路径损耗模型。

（1）自由空间传播模型

自由空间传播模型描述了电磁波在理想化的空间环境中的传播情况。在这种理想化的情况下，电磁波以球面波的形式从发射天线传播到接收天线，没有受到任何障碍、衰减或多径效应的影响。尽管在实际无线感知中很难满足这种理想条件，但自由空间传播模型提供了一个基本的参考框架，用于理解无线信号传播的基本特性。

在自由空间传播中，电磁波在传播过程中不会吸收能量，但由于电波以球面波的形式扩

散，传播距离增加时会发生扩散性损耗。即使在没有障碍物的情况下，信号沿直线传播，电磁波的能量也会以距离的平方衰减。这个现象可以用著名的自由空间传播公式（也称为弗里斯传输公式）来描述。信号的功率衰减与传播距离的平方成正比，数学表达式如下：

$$P_r(d) = \frac{P_t G_t G_r \lambda^2}{(4\pi)^2 d^2} \tag{2-14}$$

弗里斯传输公式是一个理想的传输模型，通常不太适用于实际无线通信情况，因为它没有考虑到许多现实世界中的复杂影响因素，例如地形、建筑物、障碍物等。因此，在实际应用中，通常采用更常见和实用的自由空间路径损耗模型，以更准确地描述无线信号的传播特性，它考虑了距离和频率对信号衰减的影响。这个模型通常以以下形式呈现：

$$P_r = P_t G_t G_r K \left(\frac{d_0}{d}\right)^\gamma \tag{2-15}$$

其中 $K = \frac{\lambda^2}{(4\pi)^2 d_0^2}$，$d_0$ 是天线远场的参考距离（室内是 $1\sim10$m，室外是 $10\sim100$m），λ 是路径损耗指数。

（2）对数路径损耗模型

对数路径损耗模型是一种用于描述无线信号传播的统计模型，特别适用于室内和城市环境中的情况。该模型假设接收信号功率在信道衰落、多径效应和阴影衰落的影响下呈正态分布。这个模型通常用以下方式表示：

$$P_r(r) = L_p P_t(r) P_\psi(r) \tag{2-16}$$

式中，L_p 表示平均路径损耗；$P_t(r)$ 表示发射功率；$P_\psi(r)$ 表示影效应的随机过程。假设收发功率的比值 $w = P_r(r)/P_t(r)$ 是随对数正态分布的，其概率密度函数可以表示为

$$p(\psi) = \frac{1}{\sqrt{2\pi}\sigma} \exp\left[-\frac{(\psi-\mu)^2}{2\sigma^2}\right], \psi > 0 \tag{2-17}$$

上式表示服从均值为 μ、标准差为 σ 的正态分布，σ 的变化范围是 $5\sim12$dB。根据上述原理，用对数路径损耗模型来模拟信号随距离衰落的情况，该模型的表达式如下：

$$P(d) = P(d_0) - 10n\lg\frac{d}{d_0} + X \tag{2-18}$$

式中，$P(d)$ 代表接收机的功率；$P(d_0)$ 则指实验环境中实际接收的功率（$d_0 = 1$）；此外，n 指的是实验环境中路径损耗指数；d 是接收机和发射机之间的距离；X 则是高斯随机变量，其平均值为 0。在实际应用中，可以将衰落模型简化为

$$P(d) = P(d_0) - 10n\lg\frac{d}{d_0} \tag{2-19}$$

2.4.4 WiFi 信号的传播模型

（1）WiFi 信号的静态传播模型

通过上述分析，已经了解到了基本的传播机制，这里继续以 WiFi 信号的传播为例进行深入的探讨。WiFi 信号的静态传播模型如图 2-3 所示，从信号发射端到接收端有多条路径

组成,主要包括视距路径(简称 LOS 路径)和非视距路径(简称 NLOS 路径),其中 LOS
路径是主路径,信号由发射端直接到达接收端,而 NLOS 路径是由周围建筑物如天花板、
桌椅、墙壁、地板等障碍物反射所形成的路径。

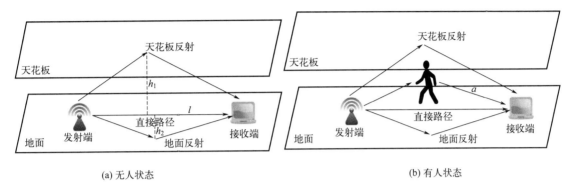

(a) 无人状态　　　　　　　　　　　　　　　　(b) 有人状态

图 2-3　WiFi 信号的静态传播模型

在图 2-3(a)所示的无人状态中,假设发射端和接收端之间的传播路径长度为 l,天花
板和地面反射点到直接路径之间的距离为 h,根据自由空间传播方程可以得到:

$$P_r(l)=\frac{P_t G_t G_r \lambda^2}{(4\pi)^2(l+4h)^2} \tag{2-20}$$

式中,P_t 为发射功率;P_r 为接收功率;G_t 为发射增益;G_r 为接收增益;λ 为波长。
如图 2-3(b)所示,当有人存在时,会改变信号的传播路径,对信号的传播造成散射,对应
在接收端的接收功率变为

$$P_\Gamma(l)=\frac{P_t G_t G_\gamma \lambda^2}{(4\pi)^2(l+4h+a)^2} \tag{2-21}$$

式中,a 是人体处于环境中所增加的反射路径。

(2)WiFi 信号的动态传播模型

WiFi 信号的动态传播模型如图 2-4 所示,在频域中接收信号与发射信号的关系表示为

$$Y(f,t)=H(f,t)X(f,t) \tag{2-22}$$

式中,$Y(f,t)$ 为接收信号;$X(f,t)$ 为发射信号;
$H(f,t)$ 为信道频率状态响应,也是信道状态信息 CSI。
当信号经过 N 条路径达到接收端时,$H(f,t)$ 表示为

$$H(f,t)=e^{-j2\pi\Delta ft}\sum_{k=1}^{N}a_k(f,t)e^{-j2\pi f\tau_k(f,t)} \tag{2-23}$$

式中,$a_k(f,t)$ 为第 k 条路径的初始相位与衰减;
$e^{-j2\pi f\tau_k(f,t)}$ 为第 k 条路径的相位偏移;$\tau_k(f,t)$ 为时延;
$e^{-j2\pi\Delta ft}$ 为发射端与接收端的相位差。

当人体运动时,信号的传播路径可以分为两部分:一

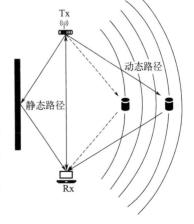

图 2-4　WiFi 信号的动态传播模型

部分是没有受到人体影响的静态路径，另一部分是受到人体位置和动作变化影响的动态路径。静态路径和动态路经的信道频率状态响应分别表示为 $H_s(f,t)$ 和 $H_d(f,t)$，其中：

$$H_d(f,t) = \sum_{k=P_d} a_k(f,t) e^{-j2\pi d_1(t)/\lambda} \tag{2-24}$$

将式（2-24）代入式（2-23）后，总的信道频率响应表示为

$$H(f,t) = e^{-j2\pi\Delta ft} \left[H_s(f,t) + \sum_{k\in P_d} a_k(f,t) e^{\frac{-j2\pi d_k(t)}{\lambda}} \right] \tag{2-25}$$

式中，P_d 表示所有的动态路径，当信号传播的动态路径受到人体位置和动作的影响而变化时，对应的 CSI 也会变化，通过分析和检测 CSI 的变化特征，就可以感知到人体的行为状态。

2.5
正交频分复用（OFDM）

20 世纪 60 年代初，正交频分复用技术首次亮相。日本通信工程师藤田秀藏提出了一项名为离散多音调（discrete multitone，DMT）的技术，该技术融合了子载波调制的概念。随后，20 世纪 70 年代，韦斯坦（Weistein）和艾伯特（Ebert）等人采用了离散傅里叶变换（DFT）和快速傅里叶变换（FFT）方法，成功研制出了一个完整的多载波传输系统，即 OFDM 系统。然而直到 80 年代初，OFDM 才逐渐在实际应用中崭露头角。

OFDM 通过将信号分成多个子载波进行传输，以其高效利用频谱、强大的抗干扰能力、抗多径衰落以及利用快速傅里叶逆变换和快速傅里叶变换实现调制解调等优点，成为了实际通信、感知系统中的重要技术。本节将详细讨论 OFDM 技术的原理、性质等。

2.5.1　OFDM 的原理

正交频分复用是数字通信领域中一项关键的调制技术，OFDM 通过将单一信道划分为多个互相正交的子信道，实现了高效的数据传输。该技术将高速数据信号分解为多个低速子数据流，并通过并行传输到各个子信道，以提高频谱利用率和抗干扰性能。在 OFDM 中，"正交"表示子信道之间相互正交，防止它们之间的相互干扰。同时，"频分"指的是将信号分割成多个子载波信号进行信息传输，而"复用"表示在一定频率范围内多次使用频谱资源。

传统多载波技术（FDM）要求在接收端确保各个载波的频带不重叠，导致频谱利用率相对较低。与此不同的是，OFDM 信号的载波频段部分重叠，使得无法简单地使用一组离散的带通滤波器提取每个通道的信号。由于 OFDM 信号中的载波之间具有正交性，因此可以有效提取各个信道的信号，而不会出现相互干扰。如图 2-5 所示，可以更加形象地将传统

多载波技术与可频分复用的 OFDM 技术进行对比。

与传统的 FDM 技术不同，OFDM 技术具有更高的频谱利用率。它在感知系统中的应用大大减缓了频率选择性衰落对信号质量的影响，同时降低了子载波之间的相互干扰。与串行单载波系统相比，采用并行的 OFDM 系统能够显著提高频带利用率，约为其两倍。

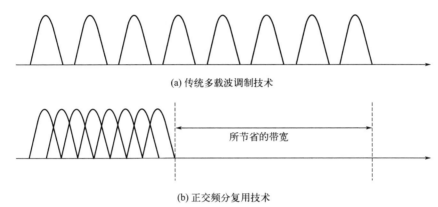

(a) 传统多载波调制技术

所节省的带宽

(b) 正交频分复用技术

图 2-5　正交频分复用技术和传统多载波调制技术

2.5.2　OFDM 调制与解调

在传统的单载波系统中，信号传输过程中容易受到各种干扰，这导致了单载波信号的功率、相位和振幅等发生不同程度的变化，从而引起信噪比的降低。这样的干扰影响了接收端对信号的准确检测和解调，可能导致传输失败。为了应对这些问题，越来越多的感知系统采用正交频分复用技术。

在多载波调制传输中，OFDM 将信号分成多个子信道，这些子信道通常不会同时受到深衰落的影响。这是因为 OFDM 系统具有强大的抗多径衰落和窄带干扰的能力。通过在频域上分割信号，OFDM 允许各个子信道在传输过程中独立地受到影响，而不会像单一载波系统那样受到整体信号衰落的影响。

将高速数据流分割成多个低速子数据流，这样的分割和调制使得信号在频域上得以展开，有效地提高了频谱利用率和抗干扰能力。在 OFDM 解调过程中，接收端采用相应的解调器对每个子信道进行解调，最终将它们合并还原为原始高速数据流。离散时间的基带 OFDM 信号可以表示为

$$x[n] = \left\{ \frac{1}{N_{sc}} \sum_{s \in Z} \sum_{k \in I} X_s[k] \mathrm{e}^{\mathrm{j}2\pi \frac{i}{N_x}(n-sN_x)} \right\} \tag{2-26}$$

式中，N_{sc} 为子载波总数，$X_s[k] \in C$，是映射到第 s 个 OFDM 符号的第 k 个子载波上的线性调制符号。对于第 s 个 OFDM 符号而言，其表达式为

$$x_s[n] = \frac{1}{N_{sc}} \sum_{k=0}^{N-1} X_s[k] \mathrm{e}^{\mathrm{j}2\pi kn/N_x}, n = 0, 1, \cdots, N_{sc} - 1 \tag{2-27}$$

忽略噪声和信道的影响，离散时间接收信号的第 k 个子载波上的调制符号表示为

$$
\begin{aligned}
Y_s[k] &= \sum_{n=0}^{N_{sc}-1} y_s[n] \mathrm{e}^{-\mathrm{j}2\pi kn/N_{sc}} \\
&= \sum_{n=0}^{N_{sc}-1} \left\{ \frac{1}{N_{sc}} \sum_{i=0}^{N_{sc}-1} X_s[i] \mathrm{e}^{\mathrm{j}2\pi in/N_{sc}} \right\} \mathrm{e}^{-\mathrm{j}2\pi kn/N_{sc}} \\
&= \frac{1}{N_{sc}} \sum_{n=0}^{N_{sc}-1} \sum_{i=0}^{N_{sc}-1} X_s[i] \mathrm{e}^{\mathrm{j}2\pi(i-k)n/N_{sc}} \\
&= X_s[k]
\end{aligned}
\tag{2-28}
$$

OFDM 调制解调利用子载波的正交性可以有效地恢复调制信号，OFDM 的调制解调流程如图 2-6 所示。在工程实践中，常常采用快速傅里叶逆变换和快速傅里叶变换来实现 OFDM 的调制和解调。

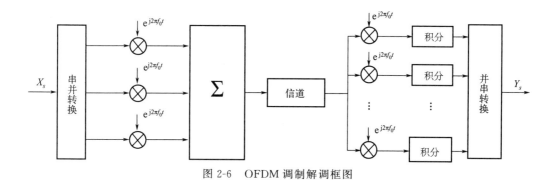

图 2-6　OFDM 调制解调框图

2.5.3　OFDM 的实现过程

OFDM 系统的发射机和接收机框图如图 2-7 所示。

加扰编码：在 OFDM 中，加扰编码是一种关键技术，它将数据与伪随机序列进行异或操作。这引入了噪声，增加了数据的随机性，从而提高了系统的抗干扰性。在接收端，相同的伪随机序列被用来还原原始数据，从而减小干扰并降低误码率。

交织：交织是一种重要的数据重新排列技术，它将数据以特定的方式重新排列并存储在不同的子载波上。这有助于减小连续错误传输的影响，提高系统的可靠性，降低由信道衰减引起的误码率。

映射器：OFDM 系统中的映射器用于将数字数据符号映射到特定的子载波上。通常，调制技术如 QAM（正交振幅调制）或 PSK（相位偏移调制）被使用，以将数字数据编码成特定的符号。然后这些符号在不同的子载波上传输，以实现高效的频谱利用。

IFFT：在 OFDM 中，频域数据通常被转换为时域信号，这是通过逆快速傅里叶变换实现的。数据被映射到不同的子载波上，形成 OFDM 符号，这有助于在宽带通信中传输数据。同时，IFFT 也有助于频谱的高效利用以及抵御多径干扰。

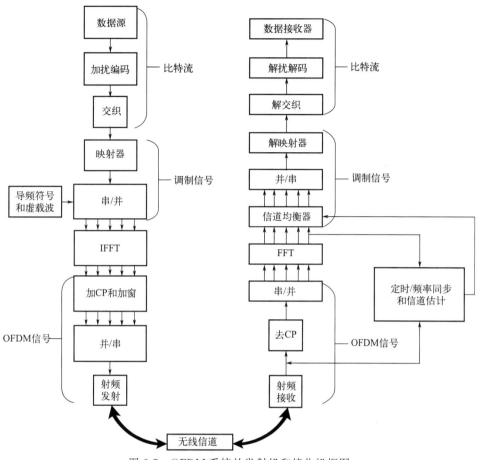

图 2-7　OFDM 系统的发射机和接收机框图

串并转换：OFDM 中的串并转换是一种技术，用于将并行数据流转换为串行数据流。这个过程将多个并行数据流，如各个子载波的符号数据，转化为一个连续的串行数据流，以便在通信系统中进行传输。通常，这种转换是通过使用并行-串行转换器来实现的，有助于有效处理和传输 OFDM 系统中的数据。同样地，串并转换则是将串行数据流转换为并行数据流的过程。

射频发射：OFDM 的射频发射是指将数字 OFDM 信号转换为射频信号的过程。这一过程包括数字数据的调制，频率变换和功率放大等步骤，以便将基带 OFDM 信号映射到适合进行无线传输的射频频段，从而可以通过空气传播。

加 CP 和加窗：加 CP 时在 OFDM 系统中，由于多径传播等因素导致的符号间干扰会对系统性能产生影响。为了减少这种干扰，通常在每个 OFDM 符号的开头添加一个循环前缀，这样可以将多径信号延迟并对其进行补偿。加窗则是为了减少 OFDM 符号边缘处的频谱泄漏，从而提高频谱利用率。

去 CP：是指去除 OFDM 符号中的循环前缀部分，这一部分通常用于消除多径干扰。

FFT：FFT 用于将时域信号转换为频域信号。在 OFDM 系统中，FFT 用于将 OFDM 符号中的子载波从时域映射到频域，从而实现数据的调制和解调，以便在不同频率上传输数据。

　　信道均衡器：信道均衡器是 OFDM 系统中的重要组件，其主要任务是对抗信道衰减和多路径干扰，从而提高接收信号的质量。信道均衡器通过调整各个子载波的幅度和相位，对失真信号进行恢复。这有助于减少信号中的干扰，从而提高数据传输的可靠性。

　　导频符号和虚载波：在 OFDM 中，导频符号是已知值的特殊子载波，用于信道估计和均衡。它们允许接收端估计信道特性，以校正数据符号的失真。虚载波是未携带数据的子载波，通常用于频谱填充和维护符号同步。

　　定时/频率同步和信道估计：定时同步确保接收端正确采样数据符号，而频率同步有助于消除接收端和发送端之间的频率偏移，从而实现准确解调。信道估计利用导频符号来推断信道特性，帮助补偿多路径衰减和相位扭曲，以确保数据解调的准确性和可靠性。这两方面的工作协同进行，以确保 OFDM 系统的性能最佳。

2.5.4 　OFDM 的保护间隔

　　无线感知中的信号通常会经历多路径传播，即信号以不同的路径到达接收端，这导致了信号的时延和多个版本的信号同时到达接收端。这时，相邻符号之间的能量可能会相互干扰，称其为符号间干扰（inter symbol interference，ISI）。为了避免 ISI，OFDM 引入了保护间隔。这是一小段额外的数据，插入到每个 OFDM 符号的前面，确保相邻符号之间有足够的间隔，以防止它们相互干扰。OFDM 的保护间隔分为两种不同的添加方式：一种是循环前缀（cyclic prefix，CP），在 OFDM 中，一部分已调制的数据符号会被复制并附加到 OFDM 符号的前面，形成循环前缀，这个循环前缀的长度通常被设置为足够长，以覆盖信号的多径延迟，使其不会相互干扰；另外一种是用零填充（zero padding，ZP）来实现保护间隔，在这种情况下，额外的零值数据插入到 OFDM 符号的前面，确保相邻符号之间的分隔，零填充的长度可以根据信道条件进行动态调整。下面对两种不同的方法分别进行分析，首先零填充方法中信号的公式可以表达为

$$x(n) = \begin{cases} 0 & n = 0, 1, \cdots, N_g - 1 \\ \dfrac{1}{N}\sum_{k=0}^{N-1} X(k) \mathrm{e}^{\frac{j2\pi k(n-N_g)}{N}} & n = N_g, N_g + 1, \cdots, N + N_g - 1 \end{cases} \tag{2-29}$$

　　式中，N_g 为保护间隔的大小。然后添加循环前缀方法中信号的公式表达如式（2-30）所示：

$$x(n) = \begin{cases} \dfrac{1}{N}\sum_{k=0}^{N-1} X(k) \mathrm{e}^{\frac{j2\pi k(n+N-N_g)}{N}} & n = 0, 1, \cdots, N_g - 1 \\ \dfrac{1}{N}\sum_{k=0}^{N-1} X(k) \mathrm{e}^{\frac{j2\pi k(n-N_g)}{N}} & n = N_g, N_g + 1, \cdots, N + N_g - 1 \end{cases} \tag{2-30}$$

　　为了解决符号间干扰和载波间干扰，OFDM 符号在传输之前需要添加循环前缀，在接收端为了将传输信道和 OFDM 数据的线性卷积转变为循环卷积，则要求循环前缀的长度大于信道最大延时的长度，即 OFDM 符号定时同步的位置 T_θ 需满足下面公式：

$$T_{\max} \leqslant T_{\theta} \leqslant T_g \tag{2-31}$$

式中，T_g 是循环前缀的大小；$T_{\max}$ 是最大多径时延的大小，当 $T_{\theta}=0$ 时表示得到了准确的符号起始时刻。

OFDM 系统使用循环前缀作为保护间隔对于性能的提升至关重要，但是会造成有效数据的传输速率减小，因为添加循环前缀就会占用 OFDM 数据符号的空间，与此同时也导致了系统功率的亏损，式（2-32）为亏损的功率定义：

$$P_c = 10 \lg\left(1+\frac{L}{N}\right)\varepsilon = \frac{f_{\text{offset}}}{\Delta f} \tag{2-32}$$

如式（2-32）所示，虽然系统的传输效率因添加循环前缀有所减小，但是消除了 ISI 对系统的影响。而且循环前缀还能有效克服多径衰落对系统的影响，以付出极小的系统性能损失换来更大的系统性能提高是值得的。

2.6
多输入多输出（MIMO）

MIMO 是多输入多输出系统，指的是在发射端和接收端同时使用多个天线的感知系统，在不增加宽带的情况下成倍地提高感知系统的容量和频谱利用率。早在 1908 年，马可尼就提出用它来抗衰落，在 20 世纪中期，雷达系统的发展启示了 MIMO 技术的潜在应用，雷达系统开始采用多天线配置以改善目标检测性能。从 20 世纪 90 年代初开始，对天线阵列的研究不再仅限于军事领域，学术界和工业界开始将 MIMO 技术引入通信系统。研究者们认识到，多天线系统可以提高无线感知的容量和可靠性。20 世纪 90 年代中后期，贝尔实验室的一系列研究成果推动了 MIMO 技术的发展，开启了无线通信领域的新技术革命。

MIMO 系统中的发射端和接收端都有多个天线，通过多个天线的复用技术，系统的信道容量可以随着天线数的增加而线性增加，MIMO 的系统原理图如图 2-8 所示。

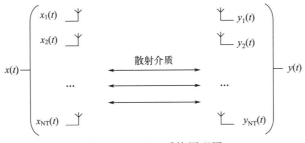

图 2-8　MIMO 系统原理图

MIMO 技术以多个天线在发射端和接收端的配置，提升通信与感知的系统性能。通过引入多个天线，MIMO 系统能够利用空间多样性，使信号通过各种路径传输至接收天线，包括反射、折射和散射等自然过程。这样的多路径传输引入了时间和空间上的差异，从而显著提高了信号的可靠性。即便某一路径受到干扰或衰减，其他路径仍可用于数据传输，极大地增强了通信与感知的可靠性。

MIMO 技术的一大优势是其能够同时传输多个独立的数据流，这被称为空间复用。每个发射天线可以独立地传输不同的数据流，而每个接收天线也能够独立地接收这些数据。

在 MIMO 系统中，关键的挑战在于有效地利用多个发射和接收天线之间的相位和幅度差异。通过巧妙地调整不同天线上信号的相位和幅度，可以实现信号的线性组合，从而在接收端有效地分离和识别不同的数据流。这一技术手段是 MIMO 系统实现其功能的关键所在。

本章小结

本章全面探讨了无线感知技术的基础知识，并深入介绍了其传播原理及相关的关键要素。首先，详细阐述了电磁波与无线电波、天线、信号与信道等相关概念，强调了无线感知技术中的传播原理。这一部分为读者提供了对无线感知技术起源和基本原理的全面了解。

之后在基础知识的基础上，进一步深入研究了无线感知技术中的多个关键技术，包括常用的高效传输技术如正交频分复用和多输入多输出。这些技术在无线感知中扮演着重要角色，为提高传输效率和性能起到关键作用。

本章为读者介绍了无线感知技术的核心理念与原理，了解这些关键要素和技术将为读者在后续章节中更深入地理解无线感知技术的应用和发展奠定基础。

第 **3** 章

WiFi CSI信号采集

　　本章将深入探讨 WiFi 无线感知的数据采集，包括对信道状态信息的介绍、各种采集方法的综述、如何搭建合适的实验环境以及采集数据可视化的方法等。通过深入了解这些关键步骤，能够更好地理解 WiFi 信号的特性，并为后续的信号处理和应用奠定坚实的基础。

　　WiFi 信号不仅是日常生活中普遍存在的一种通信手段，同时也是无线感知技术的重要数据源。CSI 作为 WiFi 信号中蕴含的关键信息之一，记录了信号在传播过程中的种种变化。从理论上讲，CSI 包含了多径衰减、多路径效应等复杂信息，为研究者提供了深入了解信号行为的窗口。本章的开始先对 CSI 进行一番深入的解读，揭示其在 WiFi 感知领域的重要性和应用潜力。接下来，本章探讨了 WiFi 感知领域常用的几种 CSI 采集方法，包括但不限于通过专业硬件设备、基于商用 WiFi 设备的采集等，以期为读者提供全面的视角，更好地选择适用于其研究的采集方法。除了数据采集的技术层面，本章还讲解了如何有效地对采集到的数据进行可视化。数据可视化是理解复杂信息的关键步骤，它能够帮助研究者直观地观察信号变化的模式和规律。本章介绍了一些常用的数据可视化技术，帮助读者更好地理解和分析 WiFi 感知数据。

3.1
CSI 的介绍

3.1.1　CSI 的概述

　　CSI，即信道状态信息，是在无线通信中用于描述信道状态的重要参数。它提供了关于信号的相位和幅值等详细信息，对于了解信号在传输过程中的特性至关重要。CSI 主要用于 WiFi 和其他无线通信系统中，通过收集和分析信道状态信息，可以更好地理解和优化通信系统的性能。

　　在无线通信中，信道是指信号从发送端传输到接收端的媒介，而信道状态信息就是描述这个媒介状态的信息。CSI 包含了多个子载波上的相位和幅值数据，形成了一个复杂的矩阵，反映了信号在时域和频域上的变化。这些数据是通过 WiFi 设备的硬件获取的，通常通过 802.11n/ac/ad 等 WiFi 标准中的一些扩展实现。

　　CSI 的获取通常依赖于硬件的支持。通过 WiFi 芯片的硬件扩展，设备可以在接收信号的同时获取更多的信道信息，包括相位和幅值。这与传统的信号强度（RSSI）测量不同，CSI 提供了更为细致的信道状态信息，使得大家能够深入了解信号的特性。

　　CSI 由多个子载波上的相位和幅值信息组成。每个子载波都代表了信号在不同频率上的特性，而相位和幅值则反映了信号的传播过程中发生的变化。通过分析这些数据，可以获取关于信号传播路径、多径效应等信息，为无线通信系统的优化提供支持。

　　信道状态信息 CSI 与信道冲击响应 CIR 和信道频率响应 CFR 关系密切。

　　• CSI 中的相位和振幅信息实质上可以通过 CIR 傅里叶变换得到，从而获得频域上的信息，进而得到 CFR。

- CIR 是时域上的响应，而 CFR 是频域上的响应，CIR 和 CFR 之间的关系也可以通过傅里叶变换建立。
- CSI 和 CFR 之间的关系可以通过频率选择性信道的特性来解释。CFR 反映了信号在频域上的衰减和增益，而 CSI 通过时域和频域的信息展示了信道状态的全貌。在频率选择性信道中，CFR 和 CSI 相互制约，共同揭示了信道的特性。

下面将详细介绍 CIR、CFR、CSI。

3.1.2　信道冲击响应（CIR）

无线信号在传播过程中遇到室内环境的物体时，如图 3-1 所示，会发生反射、折射等现象，如接收端接收到的无线信号是来自多条不同路径的叠加，其中直接路径的信号能量最大，而经过反射、折射的信号，由于传播距离的增加导致接收端接收到的信号能量大大减小。在阴影效应的影响下，传播过程中遇到的物体越大，信号能量衰减就越大，这种现象称为路径损耗。

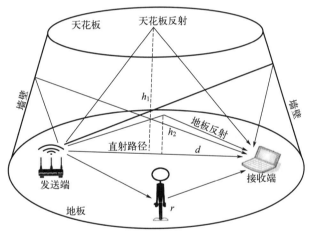

图 3-1　无线信号多径传播示意图

因此信道对单位脉冲信号的影响通常体现在两方面：

- 由于路径损耗和阴影衰落造成脉冲信号的能量发生衰减；
- 由于信道中存在多个传播路径，导致在接收端先后收到多个不同脉冲信号副本的叠加。

即多径使单位冲激信号产生延迟，路径损耗和阴影衰落导致其产生幅度的衰减。通过信道冲击响应 CIR 对无线信号进行建模来表示信号的多径传播，CIR 表示为

$$h(\tau) = \sum_{i=1}^{N} a_i e^{-j\theta_i} \delta(\tau - \tau_i) \tag{3-1}$$

式中，N 为多径分量的总数；a_i 为第 i 个多径分量的幅度衰减，其值与大尺度路径损耗和阴影衰落相关；θ_i 为第 i 个多径分量的相位偏移；τ_i 为第 i 个多径分量的时间延迟。从式(3-1) 中可以得出，接收端接收到的信号经过多径传播造成信号的幅度和相位衰落，其中不同频率的信号会产生选择性衰落或一致性衰落，并且多径衰落还会使多径信号到达接收端

的时间不同。

3.1.3 信道频率响应（CFR）

信号的多径传播在时域上表现为时延扩展，信道的冲击响应通常就代表了这一信息。信道的这些影响在频域上带来的影响是选择性衰退。直观上看这是由于信道中有不同延时的路径，通过不同路径的信号在接收端叠加增强或相消，使不同的频率的信号发生不同的衰减。例如：当两路多径信号到达接收端的时间差恰好为某频率的半周期，则对应频率的信号在接收端发生明显衰减；如果正好是整数倍的周期，则对应频率的信号是叠加增强的（这里涉及反射引起的半波损失）。

因此，通常也用信道的频率响应 CFR 从幅频特性和相频特性来分别描述信道对信号传播的影响。在带宽无限的条件下，CFR 与 CIR 互为时域和频域的等效参数，也就是通过傅里叶变换和逆变换能够转化这两个结果。将 CIR 进行傅里叶变换得到 CFR 可以用来描述多径传播。当信号经过 N 条路径达到接收端时，CFR 表示为

$$H(f,t) = e^{-j2\pi\Delta ft} \sum_{k=1}^{N} a_k(f,t) e^{-j2\pi f\tau_k(f,t)} \tag{3-2}$$

式中，$a_k(f,t)$ 为第 k 条路径的初始相位与衰减；$e^{-j2\pi f\tau_k(f,t)}$ 为第 k 条路径的相位偏移；$\tau_k(f,t)$ 为时延；$e^{-j2\pi\Delta ft}$ 为发射端与接收端的相位差。频域的信道响应也是物联网定位和感知研究工作的重要信息来源，借助特定信号的信道频率响应，可以计算不同多径路径的传播特征，从中分析出对定位和感知有用的信息。

3.1.4 信道状态信息（CSI）

CSI 与 CFR 一样，都从频域描述信道对传输信号的影响。它们的差异在于，CFR 作为一般化的参数可以描述任意频率处的信道影响，而 CSI 通常用于 OFDM 系统中描述各个子信道的信道属性，即信道增益矩阵 $\boldsymbol{H}$（有时也称为信道矩阵，信道衰落矩阵）中每个元素的值。假设发送端装备 M 根天线，接收端装备 N 根天线，通信时使用 K 个子载波，则每次采样得到 CSI 矩阵的元素数量为 $M \times N \times K$，每个元素以复数形式 $a_i e^{-j\theta_i}$ 出现，对应每个子载波的幅度和相位。CSI 可以使通信系统适应当前的信道条件，在无线通信系统中为高可靠性高速率的通信提供了保障。CSI 可以看作 CFR 的一种离散采样的形式，采样的频率点为 OFDM 对应的不同载波频率。

WiFi 信号采用多输入多输出 MIMO 技术和正交频分复用 OFDM 技术，使得每个天线独立传输数据，并且每个天线有若干个子载波，子载波中心频率各不相同，且相互独立、互不干扰，因此 CSI 能够抵抗多径效应对信号整体的影响。在 OFDM 系统中 WiFi 信号在频域内建模如下：

$$Y = HX + N \tag{3-3}$$

式中，$\boldsymbol{Y}$ 为接收端的信号向量；$\boldsymbol{X}$ 为发射端的信号向量；$\boldsymbol{H}$ 表示信道状态矩阵；$\boldsymbol{N}$ 代表高斯白噪声。CSI 也就是每个子载波信道信息的集合矩阵：

$$H = \left[H_1, H_2, \cdots, H_n \right]^T \tag{3-4}$$

式中，n 为子载波个数，对于单条子载波 CSI 的形式如下：

$$H(k) = \| H(k) \| e^{j \angle H(k)} \tag{3-5}$$

其中 $\| H(k) \|$ 与 $\angle H(k)$ 分别为 CSI 的幅值信息与相位信息，$H(k)$ 的表示形式为复数，则其幅值和相位分别计算如下：

$$\| H(k) \| = \sqrt{a^2 + b^2} \tag{3-6}$$

$$\angle H(k) = \arctan \frac{b}{a} \tag{3-7}$$

CSI 属于物理层，是细粒度的物理信息，描述每个子载波的信号从发射端到接收端的传播方式，能够提供不同子载波详细的幅度和相位信息。不同的子载波对环境中的信号散射、路径损耗、多径衰落的敏感度不同，对环境中微小的活动更加敏感。并且不同子载波中心频率各不相同，相互独立，互不干扰，有较高的稳定性。利用普通 IEEE 802.11n 标准的商用无线网卡（如 Intel 5300）以及微调过的驱动程序，便能从普通的 WiFi 设备中获取 CSI。

CSI 可以分为瞬时 CSI 和统计 CSI。瞬时 CSI 意味着当前信道状态已知，因此可以调整发射信号来优化接收信号以达到空间复用或减少比特错误率。统计 CSI 表示信道的统计特性，如衰落分布的类型、平均信道增益、空间相关性等，这些信息也能用来进行传输优化。在某些快衰落系统中，信道状态在 symbol 级别都会发生极速的变化，此时应该使用统计 CSI。另一方面，在慢衰落系统中，可以在合理精度内得到瞬时 CSI 估计，在该估计过时前可被用来进行传输适应。

3.1.5　CSI 的应用领域

无线通信系统优化：CSI 在无线通信系统的优化中发挥着关键作用。通过实时监测信道状态的变化，可以动态调整传输参数，优化信号的传输质量和覆盖范围，提高通信系统的性能。

室内定位与导航：由于 CSI 能够提供高度详细的空间信息，它在室内定位和导航方面有着广泛的应用。通过分析信号的传播路径，可以实现在室内的高精度定位，为室内导航提供支持。

人体活动监测与健康应用：WiFi 感知和 CSI 可用于监测人体活动，包括姿态识别和步态分析。在健康应用中，这些技术可以用于实时监测老年人或患有慢性病的患者，提供远程医疗和健康管理服务。

多路径效应分析：多路径效应是指信号在传播过程中经过多个路径到达接收端，导致信号相位和振幅的变化。CSI 可以准确地反映出这些多路径效应，帮助大家更好地理解和处理信道中的干扰，提高通信系统的稳定性。

环境感知与智能控制：CSI 不仅可以感知信号的传播路径，还可以感知周围环境的变化。在智能控制领域，CSI 的应用可以实现智能设备对环境变化的感知，从而实现自动调整和优化。

随着无线通信技术的不断发展，CSI 的应用领域将继续拓展。未来的发展方向可能包括提高 CSI 数据的空间分辨率、扩大频谱覆盖范围，以及与其他领域的技术融合，创造更多的创新应用。总的来说，CSI 作为无线通信领域的重要参数，对于优化通信系统、提高定位精度、分析多路径效应等方面都具有重要意义。随着技术的不断进步，CSI 的应用前景将更加广阔。

3.2
不同的 CSI 采集工具

3.2.1　Linux 802. 11 WiFi CSI Tool

Linux 802. 11 WiFi CSI Tool 是一款用于采集和分析 WiFi 信道状态信息的工具，通过分析 CSI 数据，可以获得更详细的无线信号特征，如信号强度、信道质量、多径效应等。它是一个开源项目，是由美国加利福尼亚大学伯克利分校发起的，旨在利用通用的 802.11 无线网卡实现非标准 CSI 读取和处理，并能将 CSI 信息反馈给用户或开发缺乏硬件抽象层处理的数据。它提供了一种开箱即用的机制，可以快速地解析 CSI 数据，并评估无线信号的稳定性和可靠性，优化无线网络的部署和配置，检测无线信号干扰和攻击等。它还提供了一些可视化工具和图形界面，方便用户对采集到的 CSI 数据进行可视化展示和分析，用户可以通过此工具来观察无线信号的时域和频域特征，进行波形分析、频谱分析等。

Linux 802. 11 WiFi CSI Tool 工具运行在 Linux 环境下，并包含三大部分：用户空间应用程序、内核模块、硬件抽象层。其中，用户空间应用程序是 CSI 工具的关键所在，可执行各种事件的抓取与解析，并输入相关数据到 Matlab 或 Python 程序进行离线处理，同时还支持用户编写脚本进行实时数据收集与处理。

该工具的优势如下：

• 多硬件支持：既支持各品牌 USB 无线网卡，也支持 Atheros 无线网卡。

• 广泛的应用场景：可用于 WiFi 信道诊断、可行性分析、预测无线网络性能的实时和离线分析。

• 免费的开源工具：完全免费的开源产品，且得到了众多开发者的支持和改进，高质量可靠。

• 数据可视化：工具支持多种数据格式的使用，可以通过 Matlab、Python 等开源工具进行进一步的统计分析和图形化反馈，用户十分方便。

除去优势，它也存在一些需要注意的地方。使用 CSI 工具需要一定的基本知识，包括 Linux 操作系统相关的知识，无线网络基础知识以及 Matlab 等数据处理工具的基础使用。此外，CSI 工具与设备相关，如果硬件设备的驱动或抽象层不支持 CSI 功能，则工具的使用会受到限制。

3.2.2　Atheros CSI Tool

Atheros CSI Tool 是一种开源的 802.11n 测量和实验工具。它能够从 Atheros WiFi NIC 中提取详细的 PHY 无线通信信息，包括信道状态信息，接收的数据包有效载荷和其他附加信息（例如时间戳，每个天线的 RSSI、数据速率等）。Atheros CSI Tool 适用于各种 Linux 发行版，如 Ubuntu、OpenWRT、Linino 等。不同的 Linux 发行版适用于不同的硬件：Ubuntu 适用于笔记本电脑或台式机等个人电脑；OpenWRT 适用于嵌入式设备，如 WiFi 路由器；Linino 适用于物联网设备，如 Arduino YUN。

Atheros CSI Tool 建立在 ath9k 之上，这是一个支持 Atheros 802.11n PCI/PCI-E 芯片的开源 Linux 内核驱动程序，因此理论上这个工具应该能够支持所有类型的 Atheros 802.11n WiFi 芯片组。与英特尔工具不同，Atheros 工具对每个子载波提取的数据提供更精细的量化，因为实部和虚部都在整数范围 $[-512, 512]$ 内取值。

Atheros CSI Tool 最为简略的配置为两台路由器，但是由于路由器的性能有限，因此并不推荐此种方案。相比之下，一台可以连接 Qualcomm Atheros 系列网卡的 PC 和一款基于 Qualcomm Atheros 的路由器是更为推荐的选择。使用 PC 和路由器的选择，需要对路由器刷 OpenWRT 固件，同时在 PC 上搭建 Linux 环境，并且替换与 Atheros CSI Tool 相符的内核版本。除此之外，也可以使用两台 PC。

安装 Atheros CSI 工具的 OpenWRT 版本，必须拥有能够运行 OpenWRT 系统的设备。OpenWRT 是一个基于 Linux 的嵌入式操作系统的开源项目，主要用于嵌入式设备上路由网络流量。在日常生活中使用的大多数 WiFi 路由器都可以使用 OpenWRT 系统进行刷新，尽管其原始系统由不同的供应商提供。

这里要注意的是：

- 确定路由器硬件与 OpenWRT 是否兼容：需要检查 TableOfHardware。
- 确定硬件的网卡能够计算 CSI：WiFi 卡必须是 Atheros 802.11n WiFi 卡。
- 确定工作模式：802.11ac SoC 必须工作在 802.11n 模式下才能提取 CSI。
- 确定 802.11ac SoC 与 Atheros CSI 工具是否兼容：在 802.11n 模式下使用 ath9k 驱动程序的 802.11ac SoC 才能与 Atheros CSI 工具兼容。

Atheros CSI Tool 提供了一种简单而强大的方式来捕获和处理 CSI 数据。它支持多种硬件平台和无线接口，包括 WiFi 和蓝牙。用户可以使用该工具来捕获 CSI 数据，并对其进行可视化、分析和解释。除此之外，Atheros CSI Tool 工具还具备以下优势：

- 它提供了一系列分析工具，用于从 CSI 数据中提取有用的信息。用户可以进行信道估计、多径传播分析、干扰检测等操作，以深入了解无线信道的特性。
- 它提供了对 CSI 数据进行解释和解码的功能。用户可以了解 CSI 数据中的各个字段和参数的含义，从而更好地理解和利用这些信息。

总的来说，Atheros CSI Tool 是一款功能强大的工具，可以帮助用户提取、分析和解释无线信道状态信息。它对于无线通信研究、网络优化和无线设备开发等领域都具有重要的应用价值。

3.2.3　Nexmon CSI Extractor

Nexmon CSI Extractor 是一个用于提取 WiFi 信道状态信息的工具。它是由 Nexmon 团队开发的，旨在帮助研究人员和开发者更好地理解和分析 WiFi 信道的特性。该工具可以通过监测 WiFi 信号的物理层信息来提取信道状态信息。它可以获取到信道的信号强度、信噪比、载波频率等参数，并将这些信息以可视化的方式呈现出来。这些信息对于分析 WiFi 信道的质量、干扰情况以及网络性能优化都非常有帮助。

Nexmon CSI Extractor 支持多种硬件平台和操作系统，包括常见的 WiFi 芯片和 Linux 系统，表 3-1 为 Nexmon CSI Extractor 的芯片、固件版本及设备对应表。它提供了简单易用的命令行界面，用户可以方便地进行信道状态信息的提取和分析，帮助用户深入了解 WiFi 信道的特性和性能，从而优化网络连接和提升用户体验。

表 3-1　Nexmon CSI Extractor 芯片、固件版本及设备对应表

WiFi 芯片	固件版本	可应用设备
bcm4339	6_37_34_43	Nexus 5
bcm43455c0	7_45_189	Raspberry Pi B3+/B4
bcm4358	7_112_300_14_sta	Nexus 6P
bcm4366c0	10_10_122_20	Asus RT-AC86U

Nexmon CSI Extractor，是一种用于 802.11ac Broadcom 芯片组的流行 CSI 提取平台，是迄今为止最全面的 CSI 分析工具之一，可以在广泛的 Broadcom 芯片组上从 802.11ac 帧（支持 VHT PHY 和 4×4 MIMO）中提取 CSI。

通过 Nexmon CSI Extractor 平台可以使用 Google Nexus5 智能手机、Google Nexus 6P 智能手机、Raspberry Pi B3+/B4、Asus RT-AC86U 路由器等设备安装对应的固件版本进行 CSI 的接收。Nexmon CSI Extractor 提供了丰富的选项和参数，可以根据用户的需求进行灵活的配置和调整，用户可以根据自己的研究目标进行定制化的数据采集和分析。

3.2.4　ESP32 CSI Toolkit

ESP32 CSI Toolkit 工具包可让研究人员直接从 ESP32 微控制器访问通道状态信息。ESP32 是由乐鑫（Espressif Systems）开发的一款低功耗 WiFi 和蓝牙双模的芯片，它具有强大的处理能力和丰富的外设接口，因此在物联网和嵌入式系统开发中非常受欢迎。使用该工具包刷新的 ESP32 可以从任何计算机、智能手机甚至独立设备上提供在线 CSI 处理。ESP32 CSI Toolkit 允许开发者利用 ESP32 芯片的功能来捕获 WiFi 通信的 CSI 数据，编写特定的代码可以控制 ESP32 的 WiFi 模块，并将 CSI 数据存储或传输到其他设备进行后续分析和处理。通过获取这些数据，可以分析 WiFi 信号在信道中传播的情况，例如多径效应、信号衰减等，这对于定位、运动追踪和环境监测等应用非常有用。这些功能以及 ESP32 的小尺寸使研究人员能够以全新的方式利用 CSI 执行 WiFi 感测和定位等任务，不需要复杂的固件破解过程。相较于当前常用于获取 CSI 信息的 Intel 5300 NIC 或 Atheros 9580，使用乐鑫公司的 ESP32 系列芯片可以相当便捷地获取 CSI 信息。

3.2.5　PicoScenes

PicoScenes 是由西安电子科技大学蒋志平教授团队开发创建，用于现代 WiFi 集成传感和通信（WiFi ISAC）研究的强大中间件，可解决该领域的两个关键障碍：硬件限制和软件功能。

① 硬件端　PicoScenes 兼容各种 CSI 可提取设备，包括商用现成 WiFi NIC 和软件定义无线电设备（SDR）：支持的 COTS NIC 型号包括 Intel WiFi 6E AX210、Intel WiFi 6 AX200、Qualcomm Atheros AR9300 和传统的 Intel Wireless Link 5300；支持的 SDR 设备包括 HackRF One 和所有型号的 USRP 设备。对于 COTS WiFi 网卡，PicoScenes 提供了许多专有的硬件功能。

• PicoScenes 是可使用商用 WiFi 硬件对 802.11ax 格式帧进行 CSI 提取的公开平台。它支持所有 WiFi 格式（802.11a/g/n/ac/ax）的 CSI 提取和高达 160MHz 的带宽。此外，它还可以在监控模式下对所有偷听帧进行 CSI 测量，利用周围的 WiFi 设备作为 ISAC 研究和应用的激励信号。

• PicoScenes 是可使用 AX210 NIC 在 WiFi 6 GHz 频段中实现数据包注入和 CSI 测量的公开平台。它解锁了从 5945MHz 到 7125MHz 的总共 1.18GHz 频谱，为全球研究人员提供了用于 WiFi ISAC 研究的连续频谱可用性。

• PicoScenes 可对载波频率和基带采样率进行任意调谐，从而提供 2.4GHz 宽频谱可用性和 2.5～80MHz 带宽。它还包括 0 至 66dB 的手动 Rx 增益控制。该平台支持 QCA9300 到 IWL5300 的 CSI 测量，以及 Tx/Rx 无线电链控制和额外空间探测 LTF 的传输。

• PicoScenes 是可将 SDR 设备转换为基于 SDR 的 WiFi 网卡的平台，即像全功能 WiFi 网卡一样发送/接收 WiFi 帧并实时测量其 CSI。它有四大亮点：完全符合协议、丰富的 PHY 层控制、完整和全阶段的 PHY 层信息、高性能。

② 软件方面　PicoScenes 是一个多功能的 WiFi ISAC 研究平台。它支持多网卡并发 CSI 测量的平台，大大简化了基于阵列的 CSI 测量。除此之外，它还具有实时 CSI 图、各种低级控制以及全格式和全带宽的数据包注入，从而保证了固定速率的 CSI 测量。作为 WiFi ISAC 研究中间件，PicoScenes 将每个 NIC 的底层硬件控件封装到一组统一的 API 中，并将它们暴露给上层插件层。通过 PicoScenes 插件机制，可以以任务为中心的方式轻松构建复杂且交互式的 CSI 测量任务原型。

3.3
Linux 802.11 WiFi CSI Tool 环境搭建

CSI 有上述多种采集工具，这一节以使用最多的 Linux 802.11 WiFi CSI Tool 工具为例，介绍 CSI Tool 环境的搭建。

3.3.1　软硬件环境

通常一个完整的采集环境包括硬件和软件两部分，Linux 802.11 WiFi CSI Tool 通过硬件设备进行 WiFi 信号的收发，软件环境进行 WiFi 信号种 CSI 信息的获取。

（1）硬件环境

① 路由器设备：用于路由 WiFi 信号，作为信号发射装置。

② INTEL WIFI LINK 5300 AGN 网卡：如图 3-2 所示，分为全高工和半高工网卡，根据电脑网卡接口进行匹配，主要用于 WiFi 信号的接收。

③ 全向天线（包括线）：用于增强网卡的接收信号。

④ 计算机设备：笔记本和台式计算机，用于搭建 CSI 解析环境。

（2）软件环境

Ubuntu 系统，内核版本 3.2～4.2，对应发行版 Ubuntu12.04～Ubuntu14.04.4。

图 3-2　全高工和半高工无线网卡

3.3.2　安装过程

（1）安装系统

安装 Ubuntu12.04-14.04.4 版本之间的 64 位系统，因为后续数据处理需要用到 Matlab，32 位 Matlab 资源获取难度较大。这里选择的是 Ubuntu 14.04 版本系统，安装好 Ubuntu 系统后，首先要进行换源，切换到国内的源，加快下载的速度。可以用命令行操作打开 source.list 换源，但是容易出现问题，建议使用图形界面换源。

如图 3-3，点击侧边栏左侧设置按钮，选择 "Software&Updates"，点击 "Download from" 下拉菜单选择 "Other..."，进入换源界面，找到 "China" 点击 "Select Best Server" 按钮查找最好的源，然后点击 "Choose Server" 选择该源。

（2）打开终端（CTRL＋ALT＋T）安装依赖

安装环境配置过程中所需的软件依赖。

```
sudo apt-get-y install git-core kernel-package fakeroot build-essential ncurses-dev
sudo apt-get-y install libnl-dev libssl-dev
sudo apt-get -y install iw
```

（3）下载编译内核

下载编译 5300 适配的内核：intel-5300-csi-github-master.tar.gz。

官方教程通过 git clone 操作克隆一个庞大的 CSI Tool，极为耗时，但只需下载一个精简版的内核：intel-5300-csi-github-master.tar.gz（只有完整 CSI Tool 的十分之一大小，但是收数功能完全相同）。

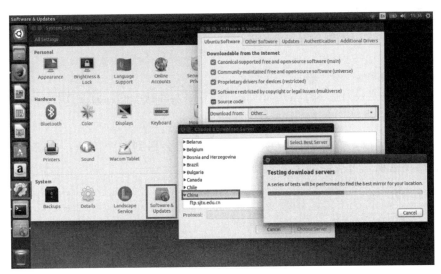

图 3-3　换源界面

下载成功后，将 intel-5300-csi-github-master. tar. gz 进行解压。

```
tar-xvf intel-5300-csi-github-master. tar. gz
cd intel-5300-csi-github                    # 解压后进入该文件夹
make oldconfig                              # 根据当前系统的配置文件生成新的配置文件
# 输入完 make oldconfig 需要一直按回车
make menuconfig                             # 弹出一个窗口,Save 后 Exit,生成一个 .config 文件
#  如图 3-4 所示
make-j3                                     # 整个流程中最为耗时的一步,机器大约需要运行半小时
sudo make install modules_install          # 安装相关模块,耗时 15 分钟左右
sudo make install                           # 弥补上一步的遗留问题
sudo make install modules_install          # 优化
```

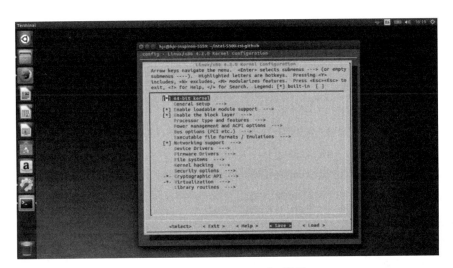

图 3-4　make menuconfig 界面

（4）替换内核并更新

```
sudo mkinitramfs-o/boot/initrd.img-' cat include/config/kernel. release ' ' cat include/config/kernel. release'
make headers_install
sudo mkdir /usr/src/linux-headers-'cat include/config/kernel. release'
sudo update-grub
```

至此内核编译完成，需要 reboot 系统。这里可能会遇到一个问题：内核编译后不显示新添加的启动项选项，可按照如下方式使之显示出来。

```
cd/etc/default
sudo gedit grub   # 打开 grub 文件
```

将 grub 文件中的 GRUB_HIDDEN_TIMEOUT＝0 注释，然后保存。

更新 grub 并重启。

```
sudo update-grub
reboot
```

重启计算机后进入新的内核：4.2.0 内核（每次都进入该版本内核，否则收不到数）。

（5）替换固件

```
git clone git://github. com/dhalperi/linux-80211n-csitool-supplementary. git
for file in /lib/firmware/iwlwifi-5000- *. ucode;do sudo mv $file $file. orig;done
sudo cp linux-80211n-csitool-supplementary/firmware/iwlwifi-5000-2. ucode. sigcomm2010/lib/firmware/
sudo ln-s iwlwifi-5000-2. ucode. sigcomm2010/lib/firmware/iwlwifi-5000-2. ucode
```

（6）编译收数文件

```
cd~/linux-80211n-csitool-supplementary/netlink
make
```

（7）替换固件

将 iwlwifi-5000-2. ucode. sigcomm2010 文件复制到系统的固件目录下，让其发挥作用。

```
git clone git://github/dhalperi/linux-80211n-csitool-supplementary. git
for file in /lib/firmware/iwlwifi-5000- *. ucode;do sudo mv $file $file. orig;done
sudo cp linux-80211n-csitool-supplementary/firmware/iwlwifi-5000-2. ucode. sigcomm2010/lib/firmware/
sudo ln-s iwlwifi-5000-2. ucode. sigcomm2010/lib/firmware/iwlwifi-5000-2. ucode
```

（8）修改驱动

```
sudo gedit /home/csi/intel-5300-csi-github/drivers/net/wireless/iwlwifi/dvm/main. c
# 使用 Ctrl+F 搜索 priv->connector_log 使其等于 1
# 修改完固件后重新 install
cd intel 5300-csi-github
```

```
sudo make-j3
sudo make install modules_install
sudo make install
sudo update-grub
```

（9）AP 收数模式

将安装好的电脑作为 client，连接一台没有密码的路由器（有密码的是连不上的）。打开两个终端（Ctrl＋Alt＋T），一个终端 ping AP，另一个终端接收 CSI 数据。

```
sudo ping 192.168. x. x-i0.02
# ping 路由器的 ip 地址,sudo 权限可以获取更短的发包权限 0.02 为发包间隔
# 如图 3-5 所示
# 在原终端打开 log_to_file 收数:
cd /home/csi/linux-supplementary/netlink(这里的 csi 是你的计算机名称)
sudo. /log_to_file test. dat
# 图 3-5 为数据采集指令输入,图 3-6 为数据采集过程
```

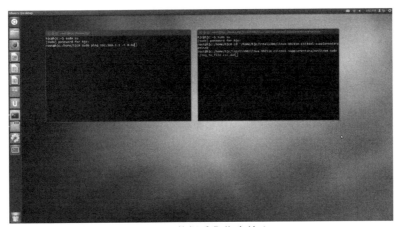

图 3-5　数据采集指令输入

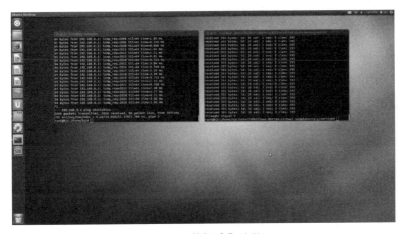

图 3-6　数据采集过程

在实验中，CSI TOOL 接收端采集到的信号数据会自动保存在 linux-80211n-csitool-supplementary/netlink/中，以 dat 文件形式存在。

3.3.3　利用 create_ap 收数

环境要求：除了刚装好的电脑 A 作为 client 之外，需要另一台电脑 B 来开启 AP，该电脑需装有可开启 AP 功能及支持 802.11n 的网卡，5300 可以通过官方 hostapd 方式开启 AP，那么 create_ap 方式理论上也可以，可能需要调整设置。因此可以选择 Atheros 系列的网卡，进入 Atheros 普通内核即可，如果进入 Atheros 编译过能接收 CSI 的内核是不行的，编译过的内核已经关闭了 not-sounding 功能。当使用 5300 网卡 ping 电脑 B 时，会检测到 not-sounding 功能关闭，会停止收 CSI，导致的结果是收到的 CSI 文件无法在 Matlab 上解析，这就是不能用特殊内核的原因。

```
电脑 B 上执行如下命令：
git clone https://github.com/oblique/create_ap
cd create_ap
make install
pacman-S create_ap      # 如果没有装 pacman 则使用命令 sudo apt-get install pacman
sudo apt-get install hostapd
#  创建一个无密码且能上网的 ap
sudo create_ap --ieee80211n wlan0 eth0 AP_name
# 其中 wlan0、eth0 需要运行 ifconfig 命令查看具体名称。AP_name 为 AP 热点的名字
# 也可以创建无密码且不能上网的 ap
sudo create_ap-n --ieee80211n wlan0 AP_name
```

配置好后，根据 AP 收数过程进行操作即可。

3.3.4　Mointer 采集模式

使用 AP 模式的缺陷在于 ping 命令速度比较慢，且不能精确控制发送的参数，比如接收的包数量是不可控的。Monitor 模式可以调制发送速率、发包数量、发送天线个数、HT 模式、short/long guard interval 等，因此启用 Monitor 模式是必需的。

启用 Monitor 模式需要两台安装 CSI tool 工具的电脑。令 A 电脑为接收端，B 电脑为发送端。A 和 B 电脑均需安装 lorcon，那么均需在 A 和 B 电脑上执行下列流程。

CTRL＋ALT＋T 打开终端窗口，运行：

```
sudo apt-get install libpcap-dev
git clone https://github.com/dhalperi/lorcon-old.git
cd lorcon-old
./configure
Make
sudo make install
```

```
cd~
cd linux-80211n-csitool-supplementary/injection
make
```

（1）接收端操作

A 电脑作为接收端，CTRL＋ALT＋T 打开终端窗口，运行：

```
cd linux-80211n-csitool-supplementary/injection
```
修改 setup_monitor_csi.sh 脚本内容
```
./setup_monitor_csi.sh wlan0 13 HT20
```
参数 wlan0 是网卡名称，可运行 iwconfig 命令查看，13 为 2.4G 频段信道编号，如果只填了网卡名称，信道编号和 HT 模式会使用默认值 64+HT20(5G 频段)
```
sudo /home/csi/linux-80211n-csitool-supplementary/netlink/log_to_file log.dat
```
等待接收数据,这里的 csi 是你的计算机名称

修改后的 setup _ monitor _ csi. sh 内容：

```
# !/usr/bin/sudo/bin/bash
service network-manager stop
SLEEP_TIME=2
WLAN_INTERFACE=$1
if["$#"-ne 3];then
    echo"Going to use default settings!"
    chn=64
    bw=HT20
else
    chn=$2
    bw=$3
fi
echo"Bringing $WLAN_INTERFACE down....."
ifconfig $WLAN_INTERFACE down
while[$? -ne 0]
do
    ifconfig $WLAN_INTERFACE down
done
sleep $SLEEP_TIME
echo "Set $WLAN_INTERFACE into monitor mode....."
iwconfig $WLAN_INTERFACE mode monitor
while [$? -ne 0]
do
    iwconfig $WLAN_INTERFACE mode monitor
done
sleep $SLEEP_TIME
```

```
echo "Bringing $WLAN_INTERFACE up....."
ifconfig $WLAN_INTERFACE up
while[$? -ne 0]
do
    ifconfig $WLAN_INTERFACE up
done
sleep $SLEEP_TIME
echo "Set channel $chn $bw....."
iw $WLAN_INTERFACE set channel $chn $bw
```

（2）B 电脑/发送端

cd linux-80211n-csitool-supplementary/injection/

修改 setup_inject.sh 脚本

./setup_inject.sh wlan0 13 HT20 　　　# wlan0 为你的网卡名称,13 为信道编号

sudo echo 0x4101 | sudo tee /sys/kernel/debug/ieee80211/phy0/iwlwifi/iwldvm/debug/monitor_tx_rate

sudo./random_packets 100000 100 1　第一个参数:包的数量　第二个参数:包的长度　第三个参数:包与包间 delay(微秒)。

修改后的 setup _ inject. sh 脚本:

```
# ! /usr/bin/sudo/bin/bash
service network-manager stop
WLAN_INTERFACE=$1
SLEEP_TIME=2
modprobe iwlwifi debug=0x40000
if["$#"-ne 3];then
    echo "Going to use default settings!"
    chn=64
    bw=HT20
else
    chn=$2
    bw=$3
fi
sleep $SLEEP_TIME
ifconfig $WLAN_INTERFACE 2>/dev/null 1>/dev/null
while[$?-ne 0]
do
    ifconfig $WLAN_INTERFACE 2>/dev/null 1>/dev/null
done
sleep $SLEEP_TIME
echo "Add monitor mon0....."
```

```
iw dev $WLAN_INTERFACE interface add mon0 type monitor
sleep $SLEEP_TIME
echo "Bringing $WLAN_INTERFACE down....."
ifconfig $WLAN_INTERFACE down
while[$?-ne 0]
do
    ifconfig $WLAN_INTERFACE down
done
sleep $SLEEP_TIME
echo "Bringing mon0 up....."
ifconfig mon0 up
while[$?-ne 0]
do
    ifconfig mon0 up
done
sleep $SLEEP_TIME
echo "Set channel $chn $bw....."
iw mon0 set channel $chn $bw
```

(3) 0x4101 解析

sudo echo 0x4101 | sudo tee/sys/kernel/debug/ieee80211/phy0/iwlwifi/iwldvm/debug/ monitor_tx_rate 命令中包含了 0x4101，0x4101 是对发送速率的选择，需要根据自己的情况设置，每一位的含义见图 3-7。

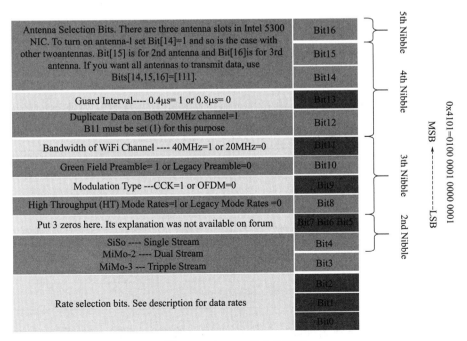

图 3-7　Mointer 指令解析图

14～16 位全设置为 1，表示分别打开天线 1、2、3。

13 位：保护间隔，1 表示 $0.4\mu m$，0 表示 $0.8\mu s$。

12 位：duplicate data，重复数据。

11 位：WiFi 信道的带宽，1 表示 40MHz，0 表示 20MHz。

10 位：前导码。

9 位：调制类型，CCK-1，OFDM-0。

8 位：高吞吐率模式速率-1，传统模式速率-0。

5～7 位：默认 3 个 0。

3～4 位：单流-0，双流-2，三流-3。

0～2 位：速率选择位。

3.4
CSI 数据解析

3.4.1　CSI 数据结构解析

数据采集工具 csi_tool 采集数据并保存为后缀 .dat 的数据文件，整个文件由 n 个采样信息组成，在 CSI Tool 中提供一个 c 语言函数 read_bfee 解析此文件，将每个采样信息看作一个 bfee，对每一个 bfee 进行解析。每个 bfee 分为三个部分，前两个字节为 field_len，第三个字节为 code，后面是可变长度 field。field_len 等于 code＋field 的字长。

| bfee: | field_len | code | field |

当 code 为 187 时，表示 field 中是 CSI 信息，不是 187 时，表示 field 中是其他信息。因此只需要每次解析 code＝187 时的 field 信息就可以解析出 CSI 信息，如表 3-2 所示。

表 3-2　当 code＝187 时，field 数据格式

timestamp_low			
bfee_count		未知	
Nrx	Ntx	rssi_a	rssi_b
rssi_c	noise	agc	antenna_sel
len		Fake_rate_n_flags	
payload			

field 分为头部和有效载荷两部分，头部有 20 字节的固定长度，有效载荷部分是可变长度，字长为 len。头部各字段的数据类型和意义如表 3-3 所示。

表 3-3　field 头部各字段的数据类型和意义

长度/位	数据类型/c	意义	备注
32	unsigned int	timestamp_low	NIC 1 MHz 时钟的低 32 位
16	unsigned short	bfee_count	帧索引
16	未知	未知	
8	unsigned int	Ntx	发射天线数量
8	unsigned int	Nrx	接收天线数量
8	unsigned int	rssi_a	天线 a 的 RSSI
8	unsigned int	rssi_b	天线 b 的 RSSI
8	unsigned int	rssi_c	天线 c 的 RSSI
8	char	Noise	噪声
8	unsigned int	agc	自动增益控制
8	unsigned int	perm	排列设置的位掩码
16	unsigned int	len	CSI 有效负载长度
16	unsigned int	rate_n_flags	位掩码,表示发送此帧的速率
(len)字节	30 个 sub	payload	
	未知	尾部	Payload 按字节对齐产生的尾部

　　timestamp_low 是 NIC 1MHz 时钟的低 32 位。它大约每 4300s，即 72min 一次。该字段还没有记录在样例跟踪中，因此所有值都是任意的，并且总是等于 4。

　　bfee_count 是驱动程序记录并发送到用户空间的波束形成度量的总数。内核和用户空间之间的 netlink 通道是有损的，因此可以使用这些通道检测掉入该管道的测量值。

　　Nrx 表示此 NIC 用于接收数据包的天线数量，Ntx 表示传输的空间/时间流数量。在这种情况下，发送方发送一个单流包，接收方使用所有 3 个天线接收它。

　　rssi_a、rssi_b 和 rssi_c 对应接收 NIC 在每个天线端口的输入端测量的 RSSI。此测量是在数据包前导码期间进行的。该值相对于内部基准电压源以 dB 为单位，为了获得以 dBm 为单位的接收信号强度，必须将其与以 dB 为单位的自动增益控制设置（agc）相结合，并减去一个魔术常数。

　　perm 表示 NIC 如何将来自 3 个接收天线的信号置换到处理测量的 3 个射频链中。[3 2 1] 的样本值表示天线 C 被发送到射频链 A，天线 B 被发送到射频链 B，天线 A 被发送到射频链 C。此操作由 NIC 中的天线选择模块执行，通常按 RSSI 的降序对天线进行排序。

　　官方给出的 read_bfee 函数中包含了详细的解析过程，read_bfee 函数如下：

```
void read_bfee(unsigned char * inBytes,mxArray * outCell)
{
    unsigned long timestamp_low=inBytes[0]+(inBytes[1]<< 8)+
        (inBytes[2]<<16)+(inBytes[3]<<24);
    unsigned short bfee_count=inBytes[4]+ (inBytes[5]<< 8);
```

```
unsigned int Nrx=inBytes[8];
unsigned int Ntx=inBytes[9];
unsigned int rssi_a=inBytes[10];
unsigned int rssi_b=inBytes[11];
unsigned int rssi_c=inBytes[12];
char noise= inBytes[13];
unsigned int agc=inBytes[14];
unsigned int antenna_sel=inBytes[15];
unsigned int len=inBytes[16]+(inBytes[17]<<8);
unsigned int fake_rate_n_flags=inBytes[18]+(inBytes[19]<<8);
unsigned int calc_len=(30*(Nrx*Ntx*8*2+3)+7)/8;
unsigned int i,j;
unsigned int index=0,remainder;
unsigned char * payload=&inBytes[20];
char tmp;
int size[]={Ntx,Nrx,30};
mxArray * csi=mxCreateNumericArray(3,size,mxDOUBLE_CLASS,mxCOMPLEX);
double * ptrR=(double * )mxGetPr(csi);
double * ptrI=(double * )mxGetPi(csi);

/ * Check that length matches what it should * /
if (len ! =calc_len)
    mexErrMsgIdAndTxt ( "MIMOToolbox: read_bfee_new: size","Wrong beamforming
matrix size. ");

/ * Compute CSI from all this crap :) * /
for(i=0;i< 30;++i)
{
    index +=3;
      remainder=index % 8;
    for(j=0;j< Nrx*Ntx;++j)
    {
        tmp=(payload[index/8]>>remainder) |
            (payload[index/8+1]<<(8-remainder));
        //printf("%d\n",tmp);
         * ptrR=(double)tmp;
        ++ptrR;
        tmp=(payload[index/8+1]>>remainder) |
            (payload[index/8+2]<<(8-remainder));
         * ptrI-(double)tmp;
```

```
        ++ptrI;
        index+=16;
    }
}


/* Compute the permutation array */
int perm_size[]={1,3};
mxArray * perm=mxCreateNumericArray(2,perm_size,mxDOUBLE_CLASS,mxREAL);
ptrR=(double * )mxGetPr(perm);
ptrR[0]=((antenna_sel)& 0x3)+1;
ptrR[1]=((antenna_sel>>2)&0x3)+1;
ptrR[2]=((antenna_sel>>4)&0x3)+1;


mxDestroyArray(mxGetField(outCell,0,"timestamp_low"));
mxDestroyArray(mxGetField(outCell,0,"bfee_count"));
mxDestroyArray(mxGetField(outCell,0,"Nrx"));
mxDestroyArray(mxGetField(outCell,0,"Ntx"));
mxDestroyArray(mxGetField(outCell,0,"rssi_a"));
mxDestroyArray(mxGetField(outCell,0,"rssi_b"));
mxDestroyArray(mxGetField(outCell,0,"rssi_c"));
mxDestroyArray(mxGetField(outCell,0,"noise"));
mxDestroyArray(mxGetField(outCell,0,"agc"));
mxDestroyArray(mxGetField(outCell,0,"perm"));
mxDestroyArray(mxGetField(outCell,0,"rate"));
mxDestroyArray(mxGetField(outCell,0,"csi"));
mxSetField(outCell,0,"timestamp_low",mxCreateDoubleScalar((double)timestamp_
low));
mxSetField(outCell,0,"bfee_count",mxCreateDoubleScalar((double)bfee_count));
mxSetField(outCell,0,"Nrx",mxCreateDoubleScalar((double)Nrx));
mxSetField(outCell,0,"Ntx",mxCreateDoubleScalar((double)Ntx));
mxSetField(outCell,0,"rssi_a",mxCreateDoubleScalar((double)rssi_a));
mxSetField(outCell,0,"rssi_b",mxCreateDoubleScalar((double)rssi_b));
mxSetField(outCell,0,"rssi_c",mxCreateDoubleScalar((double)rssi_c));
mxSetField(outCell,0,"noise",mxCreateDoubleScalar((double)noise));
mxSetField(outCell,0,"agc",mxCreateDoubleScalar((double)agc));
mxSetField(outCell,0,"perm",perm);
mxSetField(outCell,0,"rate",mxCreateDoubleScalar((double)fake_rate_n_flags));
mxSetField(outCell,0,"csi",csi);


//printf("Nrx:%u Ntx:%ulen:%u calc_len:%u\n",Nrx,Ntx,len,calc_len);
```

```
    }
    /* The gateway function */
    void mexFunction(int nlhs,mxArray * plhs[],
              int nrhs,const mxArray * prhs[])
    {
        unsigned char * inBytes;        /* A beamforming matrix */
        mxArray * outCell;              /* The cellular output */

        /* check for proper number of arguments */
        if(nrhs! =1){
            mexErrMsgIdAndTxt("MIMOToolbox:read_bfee_new:nrhs","One input required. ");
        }
        if(nlhs! =1){
            mexErrMsgIdAndTxt("MIMOToolbox:read_bfee_newnlhs","One output required. ");
        }
        /* make sure the input argument is a char array */
        if (! mxIsClass(prhs[0],"uint8")){
        mexErrMsgIdAndTxt("MIMOToolbox:read_bfee_new:notBytes","Input must be a char
array");
        }
        /* create a pointer to the real data in the input matrix */
        inBytes=mxGetData(prhs[0]);
        /* create the output matrix */
        const char * fieldnames[]={"timestamp_low",
            "bfee_count",
            "Nrx","Ntx",
            "rssi_a","rssi_b","rssi_c",
            "noise",
            "agc",
            "perm",
            "rate",
            "csi"};
        outCell=mxCreateStructMatrix(1,1,12,fieldnames);
        /* call the computational routine */
        read_bfee(inBytes,outCell);
        /* */
        plhs[0]=outCell;
    }
```

    上述代码为 read_bfee 的解析过程，解析后的 CSI 如图 3-8 所示。

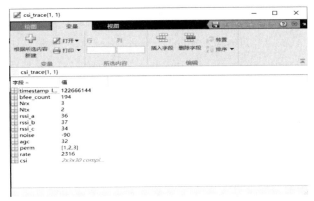

图 3-8　解析后的 CSI

3.4.2　CSI 的数据可视化

WiFi CSI 数据包含了丰富的信道特征信息，然而，这些数据通常以复杂的数学形式呈现，难以直观理解。因此，通过可视化技术将 WiFi CSI 数据转化为直观的图形形式，可以更直观地展示无线信号传输过程中的多路径衰落、信道变化和其他特征，有助于人们更直观地理解和分析无线信号的特性。

WiFi CSI 可视化技术通常包括时域和频域两种方式。时域可视化主要通过绘制时域波形图、时域波束图等方式展示 WiFi 信号在时间上的变化情况。频域可视化则通过绘制频谱图、信道响应图等方式展示 WiFi 信号在频率上的特性。此外，还可以借助三维图形、热力图等方式来更全面地展示 WiFi CSI 数据的特征。

使用 CSI Tool 采集的 .dat 格式的 CSI 文件，通过上一小节描述的 read_bfee 函数进行解析，使用 read_bf_file 函数调用 read_bfee 函数进行文件的解析，保存到 csi_trace 中，csi_trace 中包含 CSI 的头部文件和 CSI 数据矩阵，通过 get_scale_csi() 函数，提取 csi_trace 中的标准化 CSI 矩阵。

```
clear;clf;close all;clc;
addpath('relation');                        % 导入函数所在路径
csi_trace=read_bf_file('csi.dat');          % 解析 CSI 数据
Package=length(csi_trace);                   % 计算数据包长度
for l=1:Package                              % 对整个数据进行遍历
    csia=get_scaled_csi(csi_trace{l});       % 从 csi_trace 中提取标准化的 CSI 矩阵
    for i=1:1                                 % 遍历发射天线
        for j=1:3                             % 遍历接收天线
            for k=1:30                        % 遍历每根天线接收的子载波数量
                B(i,j,k)=csia(1,j,k);
            end
        end
    end
end
```

```
        CSI=(squeeze(B).');                          % 将 B 去除维度为一的部分 CSI 为整的信息
        amplitude_information=db(abs(CSI));  % 取 csi 的幅值信息
        antenna1_amplitude(:,l)=amplitude_information(:,1);     % 天线 1 的幅值信息
        antenna2_amplitude(:,l)=amplitude_information(:,2);     % 天线 2 的幅值信息
        antenna3_amplitude(:,l)=amplitude_information(:,3);     % 天线 3 的幅值信息
        antenna1_phase(:,l)=angle(CSI(:,1));                    % 天线 1 的相位信息
        antenna2_phase(:,l)=angle(CSI(:,2));                    % 天线 2 的相位信息
        antenna3_phase(:,l)=angle(CSI(:,3));                    % 天线 3 的相位信息
    end
    % 根据采样率计算时间刻度
    [m1,n1]=size(antenna2_amplitude);
    Package=n1;
    ts=0.02;                                         % 采样率为 50Hz,每 0.02s 一个数据
    Nt=1:Package;
    t=ts*Nt;
    % 幅值信息的可视化
    figure(1)
    plot(t,antenna2_amplitude);
    axis([0.02 0.02*Package 0 35]);
    title('天线 2 的幅值曲线:');xlabel('Time(s)','FontSize',12);ylabel('Amplitude(dB)');
    grid on;
    % 相位信息的可视化
    figure(2)
    plot(t,antenna2_phase);
    axis([0.02 0.02*Package-5 5]);
    title('天线 2 的相位曲线:');xlabel('Time(s)');ylabel('Amplitude(dB)');
    grid on;
```

在第 2 章中介绍了幅值、相位和频率等描述信号特性的重要参数，对这些参数进行分析可以帮助读者了解信号的特性，例如信号的波形、频谱、功率等，以及用于信号调制、解调、滤波、通信等方面的处理和分析。对于无线通信，信号的幅值、相位和频率也是关键参数，对于通信系统的性能和可靠性具有重要影响。

在 WiFi 无线感知中，主要通过分析幅值和相位的时频域特征，进行数据处理、特征提取等实现感知任务。在上述代码中，提取出了 CSI 三根天线的幅值和相位信息，并对其中的一根天线的幅值和相位进行可视化。

图 3-9 和图 3-10 两幅图像均为人体呼吸时的采集的 CSI 信号，图 3-9 中的 CSI 幅值可以比较直观地表示在呼吸过程中胸腔的位移对信号的干扰过程成周期性变换，系统接收设备接收到的 CSI 中的原始相位如图 3-10 所示，不能直接用来检测，因为接收到的原始相位中有未知的相位偏移和时间延迟，而它们可能会扭曲相位信息。出现这两个未知项的主要原因是在发送数据包之前，发送和接收设备没有精确地同步它们的中心频率和时间。CSI 中的原始

相位信息 $\widehat{\varphi}_i$ 可以表示为

$$\widehat{\varphi}_i = \varphi_i - 2\pi \times \frac{k_i}{N} \Delta t + \beta + Z \tag{3-8}$$

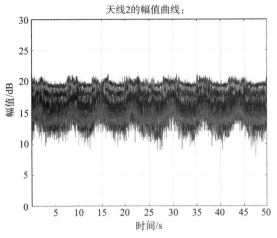

图 3-9　呼吸信号的 CSI 幅值

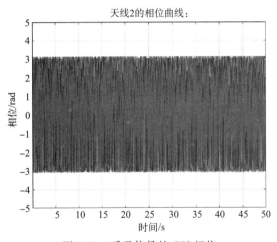

图 3-10　呼吸信号的 CSI 相位

式中，φ_i 表示真实相位；Δt 是接收设备的时间延迟，它会导致相位误差；β 是一个未知的相位偏移；Z 是一些测量噪声；i 表示子载波的个数；k_i 表示第 i 个子载波的子载波指数（IEEE802.11n 规范中的 -28 到 28）；N 为 FFT 的窗口大小。由于 Δt、β、Z 这些都是未知的，因此无法得到真实相位 φ_i。为了得到真实相位，通过对原始相位进行线性变换来消除这些未知项，即考虑整个频带的相位来消除 Δt 和 β，由于测量噪声很小，可以忽略。定义 a 为相位斜率，b 为偏移量，其表示形式为

$$a = \frac{\widehat{\varphi}_n - \widehat{\varphi}_1}{k_n - k_1} = \frac{\varphi_n - \varphi_1}{k_n - k_1} - \frac{2\pi}{N} \Delta t \tag{3-9}$$

$$b = \frac{1}{n} \sum_{j=1}^{n} \widehat{\varphi}_j = \frac{1}{n} \sum_{j=1}^{n} \varphi_j - \frac{2\pi \Delta t}{nN} \sum_{j=1}^{n} k_j + \beta \tag{3-10}$$

式中，n 是子载波的个数 30，由于子载波的频率是对称的，因此索引值在 IEEE 802.11n 中是对称的，可以得到：

$$\sum_{j=1}^{n} k_j = 0 \tag{3-11}$$

$$b = \frac{1}{n} \sum_{j=1}^{n} \varphi_j + \beta \tag{3-12}$$

由原始相位减去线性项 $ak_i + b$，会得到一个真实相位的线性组合 $\widetilde{\varphi}_i$，$\widetilde{\varphi}_i$ 为之后进行呼吸和心跳检测的数据。

$$\widetilde{\varphi}_i = \widehat{\varphi}_i - ak_i - b = \varphi_i - \frac{\varphi_n - \varphi_1}{k_n - k_1} k_i - \frac{1}{n} \sum_{j=1}^{n} \varphi_j \tag{3-13}$$

从式（3-13）中可以看出，Δt 和 β 从这两个未知项被消除了。通过对原始相位信息做线性变换成功消除了未知时间延迟和未知相位偏移，但是由于相位的递推，相位值会发生折叠，如图所示，从图 3-11（a）中可以看出，3 根接收天线的原始相位发生了折叠，因此在做线性变换之前，要先通过解卷积消除原始相位的折叠，如图 3-11（b）所示为解卷积操作，然后通过判断相邻子载波之间的原始相位变化是否大于给定阈值 π，如果大于阈值则减去 2π 的倍数来恢复被折叠的原始相位值，如果小于阈值则保持原来的相位值进行线性校准。经过线性变换校准后的相位如图 3-11（c）所示。

整个相位校准过程的函数如下：

```
%%%%%%----相位校准函数---%%%%%%
function true_phase=phase_calibration(ori_phase)
    calibrated_phase(1)=ori_phase(1);
    difference=0;
    for i=2:30
        temp=ori_phase(i)- ori_phase(i-1);
        if abs(temp)> pi
            difference=difference+1 * sign(temp);
        end
        calibrated_phase(i)=ori_phase(i)- difference * 2 * pi;
    end

    a=(calibrated_phase(30)- calibrated_phase(1))/56 ;
    b=sum(calibrated_phase)/30;
    K=[-28:2:-1,-1,1:2:28,28];

    for i=1:30
        true_phase(i)=calibrated_phase(i)- a * K(i)- b;
    end
end
```

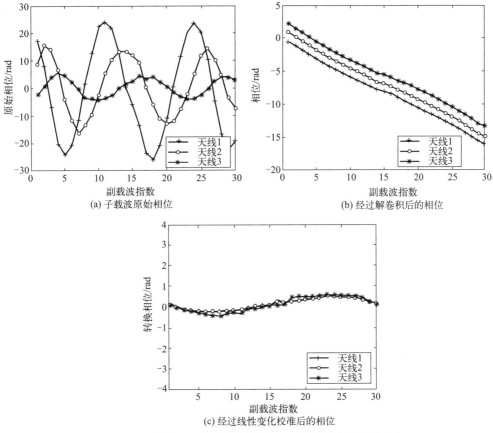

图 3-11　天线在 LoS 视距下测量的 CSI 随子载波指数的变化

经过线性校准后的相位如图 3-12 所示。

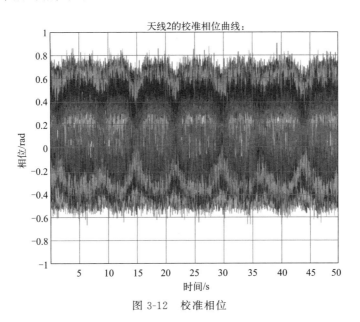

图 3-12　校准相位

本章小结

本章深入介绍了 WiFi 无线感知的数据采集过程。数据采集是无线感知技术中一个至关重要的环节，CSI 作为关键的信息源，其准确采集和分析对于理解无线环境至关重要。通过合适的可视化工具和技术，研究者能够更直观地理解信号的变化规律，为后续的信号处理和应用提供有力支持。在深度学习和机器学习等先进技术引入后，对 WiFi 无线感知数据的理解将会不断深化，WiFi 无线感知技术有望迎来更为广阔的应用前景。

第 **4** 章

无线感知信号处理与分析

前面学习了无线感知技术的基础知识，也了解了 WiFi 感知数据采集，一旦获得了通过感知设备收集的数据，下一步就是运用各种技术和方法对这些信号数据进行处理和分析。在无线感知技术中，信号处理是将采集到的原始数据转化为可用信息的关键步骤。信号处理涵盖了诸多关键步骤，包括降噪、信号变换和信号提取等，这些步骤直接影响着系统的性能和准确性。

在数据采集过程中，经常会遇到各种问题，比如软硬件的限制、外部环境干扰、数据传输失真等，导致原始数据充满了噪声，这些噪声会干扰信号的准确性和可用性。为提高系统的性能和信号质量，对信号进行预处理是非常有必要的操作，预处理包括数据清洗、去噪和校准等步骤，通过采取各种技术手段，减少或去除信号中不需要的、随机的干扰噪声，尽量保留信号的原始信息的过程。其主要分为两部分，一部分是相位偏移的消除，另一部分是离群点的移除，以确保数据的准确性和可靠性。在实际应用中，选择什么样的处理方法往往取决于噪声类型、信号特性和具体应用。信号变换指的是将一个信号从一种形式或表示转换为另一种形式或表示的过程，可以利用傅里叶变换、短时傅里叶变换等工具进行处理。特征提取是数据处理的关键环节。在这一阶段，需要从原始数据中提取出能够代表数据特性或模式的关键特征，可能涉及信号强度、频率、幅值、相位等。这些特征的提取能够帮助更好地理解和描述数据，并为后续的分析建模奠定基础。

本章将深入探讨无线感知中的信号处理技术，旨在为读者提供对这一领域的全面指南。

4.1
相位偏移消除

在无线感知技术中，消除相位偏移显得尤为至关重要，因为无线感知的成功通常取决于对环境中的信息进行准确的信号处理。相位偏移可能源自多个因素，包括采样时间/频率偏移、载波频率偏移、跨设备同步误差以及分组检测延迟等。例如在无线感知 WiFi 系统中，原始 CSI 测量受到硬件和软件误差的影响，其中采样时间/频率偏移是由接收器和发射器的不同步采样时钟/频率引起的典型问题。通过采用相位差和多重线性回归的方法来消除相位偏移，可以提高信号处理的准确性和性能。

相位偏移的消除涉及处理采样时间和频率偏移，这两个概念与采样信号的时序特性和频谱特性有关。采样时间偏移指的是在接收信号时，由于采样时钟存在相对时间偏移，它表示在采样过程中，采样点的时刻相对于理想采样点存在时间差。这种时间偏移可能由多种因素引起，包括时钟抖动、时钟漂移或采样设备的不稳定性。采样时间偏移会导致接收到的信号的相位信息出现错误，因为信号的相位与采样时间点相关。为了纠正采样时间偏移，通常需要对接收到的信号进行时间校正，即调整采样点的位置，使其尽可能接近理想采样点。频率偏移指的是接收到的信号频率与接收设备的本地振荡器频率之间的差异，当信号频率发生偏移时，信号相位将在时间上呈线性变化，导致信号质量和可解释性下降。为了校正频率偏移，通常需要对接收到的信号进行频率调整。

另一个关键问题是跨设备同步错误，这指的是不同接收设备之间在相位信息校准上的误差或差异。在多个设备同时接收和处理相同的无线信号时，由于设备之间的不完全同步，可能会引入相位偏移，从而导致数据不一致或受到干扰。

在无线感知的环境中，数据通常被分割成小的数据包并通过信道传输。接收端的任务包括检测和解码这些数据包，以还原原始信息。数据包检测的目的是确认每个数据包的存在以及其内容。检测延时是指从数据包进入接收器到成功检测并解码数据包所需的时间间隔。在无线感知环境中，检测延时经常受到多种因素的影响，包括信道状况、信号强度、干扰水平以及接收设备性能等。一种简便的解决方法是利用相邻时间样本找到子载波的 CSI 相位差。这种方法在假设相位偏移跨越分组且子载波相同的情况下，有助于消除 CSI 相位偏移。虽然这并不能提供准确的相位信息，但它可以还原相位变化的模式，为进一步应用于分类算法提供有用的信息，许多估计应用需要精确的相移。

相位偏移引入了用于跟踪和定位人和物体的到达角和飞行时间的估计误差。结合前面 CSI 内容，可以把测量的 CSI 相位公式写成：

$$\Theta_{i,j,k} = \Phi_{i,j,k} + 2\pi f_\delta k[\tau_i + \rho + \eta(f'_k/f_k - 1)] + 2\pi\zeta_{i,j} \tag{4-1}$$

式中，$\Phi_{i,j,k}$ 是由多径效应引起的 CSI 相位；τ_i、ρ、η 和 $\zeta_{i,j}$ 分别是由 CSD、STO、SFO 和波束成形引起的相位偏移；并且 f_δ 是两个连续子载波的频率间隔。通过最小化跨 K 个子载波、N 个发射天线和 M 个接收天线的拟合误差来估计相位偏移。

$$\hat{\tau},\hat{\omega},\hat{\beta} = \arg\min_{\tau,\omega,\beta} \sum_{i,j,k} [\Theta_{i,j,k} + 2\pi f_\delta k(i\tau + \omega) + \beta]^2 \tag{4-2}$$

式中，τ、ω 和 β 是曲线拟合变量。每个发射天线的展开 CSI 相位具有由 CSD 引起的不同斜率。通过从测量的 CSI 相位 $\Theta_{i,j,k}$ 中去除估计的相位偏移 $\hat{\tau}$、$\hat{\omega}$、$\hat{\beta}$ 来获得预处理的 CSI 相位 $\hat{\Phi}_{i,j,k}$。

相位偏移去除还提高了二进制和多类分类应用的性能，它在子载波和采样时间上恢复 CSI 相位图案。原始测量的 CSI 相位给予关于 CSI 相位如何改变的冗余信息。相位偏移去除解包 CSI 相位并恢复丢失的信息。原始 CSI 相位从 $-\pi$ 到 π 周期性地变化，而预处理的 CSI 相位在更宽的范围内几乎线性地变化，CSI 相位随时间的变化也被校正。

4.2

移除离群点

4.2.1　Hampel 滤波器

Hampel 滤波器，又称 Hampel 识别函数，是一种统计学工具，主要用于异常值检测和数据滤波。该滤波器的起源可以追溯到 John E. Hampel 在 1974 年首次提出 Hampel 标识函数的概念，用以检测异常值并计算数据的位置估计。随后于 1983 年，Hampel、Ronald D. Martin 以及 Roby J. Yohai 在一篇论文中详细阐述了 Hampel 标识函数的原理和应用，进一步完善和解释了 Hampel 滤波器。随着时间的推移，该滤波器经过多次改进和扩展，包括窗口大小的自适应调整、多维数据的处理以及对不同数据类型的支持等。

在处理感知到的无线信号数据时，Hampel 滤波器可以用于探测异常值、减少数据中的噪声，从而提升感知结果的质量。接下来将从定义、处理步骤以及应用等方面介绍 Hampel 滤波器在无线感知技术中的应用。

(1) 定义

Hampel 滤波器是一种在无线感知技术中被广泛应用的异常值检测和数据滤波工具。其设计基于两个稳健的统计度量：中位数和中位数绝对偏差（median absolute deviation，MAD）。中位数代表数据集的中间值，而 MAD 是数据点与中位数之间的绝对差的中位数。Hampel 滤波器通过采用滑动窗口的方法，针对每个数据点计算其在相应窗口内的中位数和 MAD。随后，根据这些计算得到的度量值，Hampel 滤波器评估数据点是否属于异常值。

首先要具体了解一下 Hampel 滤波的计算公式：

$$\text{MAD} = median\big[\,|X_i - median(X)|\,\big] \tag{4-3}$$

$$Z = \frac{X - median(X)}{\text{MAD}} \tag{4-4}$$

式中，$median(X)$ 为样本的中位数。在采样窗口 t 内将不属于区间 $[median\text{-}\gamma \times \text{MAD}，median + \gamma \times \text{MAD}]$ 的子载波幅值看作异常值，并以均值代替，γ 表示异常判别参数，通常取标准阈值 3。

这一滤波器的关键理念在于采用中位数和 MAD，而非均值和标准差，对无线信号数据进行分析，以更有效地应对数据中的异常值。在无线感知技术中，这种方法能够提高异常值检测的准确性，减少由于信号波动或干扰引起的数据噪声。

(2) 处理步骤

① 窗口定义：首先，确定一个适当大小的窗口，该窗口跨越时间序列上的一段特定时期，包含要进行无线感知分析的数据点。这个窗口在时间轴上滑动，以逐个处理数据点，用以确定每个数据点周围的时域范围。

② 中位数和 MAD 计算：对于每个时间窗口内的无线信号数据点，计算其与窗口内其他数据点的差异。中位数被用于估计数据的位置参数，而 MAD 则度量数据点与中位数之间的时域离散度，可以考虑到无线信号的动态变化。

③ 异常值判断：在每个时间窗口内，通过计算中位数和 MAD，得到关于信号特征的度量值。利用这些度量值，可以判断窗口内的当前无线信号数据点是否偏离正常行为。设定预定义的阈值，若数据点的偏离程度超过阈值，则将其标记为异常值。

④ 数据滤波：对于被标记为异常值的无线信号数据点，可以采取不同的处理方法，例如替换为窗口内信号数据的中位数或采用其他插值技术。这有助于降低异常值对感知结果的负面影响，同时保留整体感知数据的时域特征。

⑤ 窗口滑动：窗口在时间轴上移动一个数据点的间隔，然后重复上述步骤，以处理下

一个时刻的数据点。这样，窗口的滑动过程允许对整个时间序列进行连续监测和分析。

（3）应用举例

在异常值检测中，中位数和中位数绝对偏差相比于常用的均值和标准差对于异常值检测更敏感。在基于 CSI 的非入侵式人体行为感知中，由于网卡自身的原因会使一些 CSI 幅值发生突变，图 4-1(a)、(c) 为接收天线 1 中 30 条子载波和第 10 条子载波的幅值变化信息，可以看出在一些范围内，子载波的幅值发生了突变。经过异常值去除后的 CSI 幅值信息如图 4-1(b)、(d) 所示，可以看出，图 4-1(a)、(c) 中圈中的突变值已经被明显地去除。

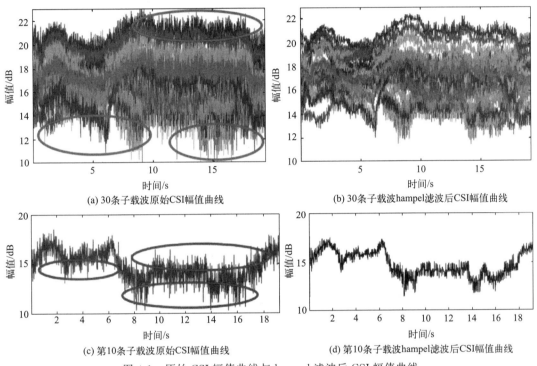

(a) 30条子载波原始CSI幅值曲线　　　　　　　(b) 30条子载波hampel滤波后CSI幅值曲线

(c) 第10条子载波原始CSI幅值曲线　　　　　　(d) 第10条子载波hampel滤波后CSI幅值曲线

图 4-1　原始 CSI 幅值曲线与 hampel 滤波后 CSI 幅值曲线

Hampel 滤波器的简洁结构和易于理解的特点，使其在无线感知技术中具有诸多优势。它能有效地探测和处理异常值，可以帮助清理和优化不完美的无线数据。然而，就像在信号处理、统计分析和图像处理领域一样，使用 Hampel 滤波器也存在一些潜在的限制。比如在无线感知中，它可能面临对高频信息的丢失，可能会造成信号形状和边界点的畸变。若截止频率选择不当，可能导致信号遗漏或噪声未能完全消除，影响了对无线信号的准确理解和利用。因此，在应用到无线感知技术时，需要权衡 Hampel 滤波器的优点与局限性。

4.2.2　小波去噪

小波去噪运用小波滤波器和小波变换对信号进行降噪处理，类似于对其他信号的处理方式。小波变换作为一种数学工具，允许信号在不同尺度下进行分析，这样就能更好地理解信号的频域特性。小波去噪算法依据这一原理，将信号分解成不同频率分量的小波系数。这个分解有助于综合考虑信号的局部和全局特性，从而更全面地理解信号的频域特性。

　　接下来，在小波去噪过程中，针对每个频率分量的小波系数，会应用阈值处理方法。这意味着将小于预设阈值的系数置零，而保留大于阈值的系数。这个步骤的目的在于消除噪声，因为通常噪声以较小的幅度存在于信号中。最后，通过逆小波变换将经过处理的小波系数合成，从而获得降噪后的信号。这样处理后的信号更为平滑，噪声部分会得到明显减少。小波去噪技术有助于提取信号中的有效信息，同时减少噪声对数据的干扰，从而提高了对信号特征的提取和分析能力。

（1）基本小波函数特性

　　小波变换的核心是基本小波函数。基本小波函数通常具有以下特性。

　　紧支撑性：基本小波函数在时间域内有有限的支持区域，这意味着它们在某一时刻附近具有非零值，而在其他时刻附近的值为零。这种紧支撑性意味着小波函数只在有限的时间区间内非零，因此在无线感知的实际应用中，只需考虑这个有限时间区间即可，这有助于大大减少计算量。这个特性对于分析具有局部特征的信号非常有用，因为它使小波变换能够捕获信号中的瞬时变化。

　　正交性：在离散小波变换中，基本小波函数通常是正交的。正交性确保了每个小波函数都能独立地捕获信号的某些特性，而不会受到其他小波函数的干扰。在无线感知中，这确保了信号的分解是唯一的，没有任意性。使用正交小波函数进行处理时，可以使用快速算法进行信号的分解和重建，从而大大提高了计算的速度。

　　多尺度性：基本的小波函数可以通过平移和缩放生成一系列的小波函数，这些函数可以在不同的尺度上分析信号。这使得小波变换能够同时获得信号的全局趋势和局部细节。通过选择适当的尺度，可以揭示信号在不同频率范围内的特性。这种多尺度性对于分析信号的频域特性非常有用，因为可以在不同频率分量上进行分析。

（2）连续小波变换

　　连续小波变换（continuous wavelet transform，CWT）是一种信号分析方法，它通过将信号与一系列连续尺度的小波函数进行卷积，以获得信号在不同尺度和位置上的小波系数。通过连续小波变换就能够以多分辨率的方式分析信号，不仅能够检测信号中的瞬时变化（高频成分），还能够捕捉信号的全局趋势和长期模式（低频成分）。将任意 L2(R) 空间中的函数 $f(t)$ 在小波基下展开，称这种展开为函数 $f(t)$ 的连续小波变换，其表达式为

$$WT_f(a,\tau) = <f(t),\psi_{a,\tau}(t)> = \frac{1}{\sqrt{a}}\int_R f(t)\psi\left(\frac{t-\tau}{a}\right)\mathrm{d}t \tag{4-5}$$

其中应当满足：

$$\psi_{a,\tau}(t) = |a|^{-\frac{1}{2}}\psi\left(\frac{t-\tau}{a}\right), b\in R, a\in R-\{0\} \tag{4-6}$$

若小波满足容许条件：

$$C_\psi = \int_R \frac{|\psi(\omega)|^2}{|\omega|}\mathrm{d}\omega < \infty \tag{4-7}$$

则连续小波变换存在着逆变换：

$$f(t) = \frac{1}{C_\psi} \int_0^{+\infty} \frac{\mathrm{d}a}{a^2} \int_{-\infty}^{+\infty} WT_f(a,\tau) \psi_{a,\tau}(t) \mathrm{d}\tau$$

$$= \frac{1}{C_\psi} \int_0^{+\infty} \frac{\mathrm{d}a}{a^2} \int_{-\infty}^{+\infty} WT_f(a,\tau) \frac{1}{\sqrt{a}} \psi\left(\frac{t-\tau}{a}\right) \mathrm{d}\tau \tag{4-8}$$

连续小波变换的反变换存在的前提是满足特定的容许条件，这确保了通过小波系数重构原始信号的可行性。在实际应用中，对基本小波的要求往往不局限于满足容许条件，还要施加所谓"正则性条件"，使其在频域上表现出较好的局域性能。为了在频域上有较好的局域性，要求随 a 的减小而迅速减小，所以这就要求前 n 阶原点距为 0，且 n 值越高越好。

具体怎么使用呢？首先选择小波函数及其尺度 a 值，不同的信号可能需要不同类型的小波函数以更好地捕捉其特征，而 a 值的选择决定了频率分辨率和时间分辨率的权衡。第二步是从信号的起始位置开始，将小波函数和信号进行比较，即计算小波系数，然后将小波函数沿时间轴移动，即改变时间偏移参数 b，并在新的位置上计算小波系数。这个步骤重复进行，直至覆盖整个信号的时间范围，以获取信号在不同时间点上的频率特征。最后通过改变尺度参数 a 的值，可以调整小波函数在频域上的带宽，进而影响到信号在不同频率上的表现。重复之前的步骤，重新计算小波系数。

(3) 离散小波变换

在计算机计算中，对于连续小波而言，尺度 a、时间 t 和与时间有关的偏移量 τ 都是连续的。为了适应计算机处理，有时需要对它们进行离散化处理，从而得到离散小波变换。离散小波变换（discrete wavelet transform，DWT）具有独特的特性，能够提供多尺度的信号分解，能够捕捉信号的不同频率和时间特性。

DWT 的分解过程始于信号与一对滤波器的卷积操作，利用高通和低通两个滤波器的卷积，通过卷积操作分别得到信号的近似系数（低频成分）和细节系数（高频成分）。接下来，对于细节系数，通过下采样操作以减半信号的长度。这种下采样是一种稀疏化处理，保留信号中每隔一定间隔的样本点，从而有效降低信号的采样率。在每一级的分解过程中，细节系数的长度都会减半，而近似系数的长度保持不变，这导致了信号在每一级分解后变得更加粗糙。

这个降重的过程通过迭代进行，每次迭代都对新生成的近似系数和细节系数进行滤波和下采样。这个迭代过程被称为"分解到尺度"，允许在这个过程中分析信号的不同尺度和频率成分。每次迭代后，细节系数中的一部分被保留，而另一部分通过下采样减小，使得信号的每一级都会变得越来越粗糙，同时保留了重要的高频信息。

分解的结果形成一系列层次，每个层次都包括近似系数和细节系数。这些层次可以表示不同尺度下的信号成分，通常从最粗糙到最精细顺序排列。最底层代表最粗糙的近似，而随着层次的上升，近似变得更加精细，同时细节系数也包含越来越高频的信息。

DWT 的重构过程是将近似系数和细节系数合成原始信号的逆过程，这使 DWT 成为一种强大的工具。

（4）应用举例

在实际应用中，可以用 WiFi 去检测睡眠行为，这里以此应用为例，在分割出的睡眠行为中，其中还包含有大量的由环境变化、电磁干扰等产生的环境噪声，因此这里选择使用 DWT 阈值去噪算法来去除噪声。其基本思想是：睡眠行为信号经过小波分解后的小波系数较大，而噪声的小波系数较小，且小于睡眠行为信号的小波系数。通过选取一个合适的阈值，将大于阈值的小波系数认为是由睡眠行为信号产生的，应保留，将小于阈值的环境噪声的小波系数置 0。对阈值处理后的小波系数进行小波逆变换，得到去噪后的睡眠行为数据。DWT 阈值去噪算法如下所示。

算法步骤：

---

①小波变换：对分割出的睡眠行为进行小波变换，得到一组小波分解系数；
②阈值处理：对小波分解系数进行阈值处理，得到阈值处理后的估计小波系数；
③小波逆变换：用估计小波系数进行小波逆变换，得到去噪后的信号，即睡眠行为数据。

一段睡眠行为的数据经过异常值去除后和 DWT 阈值去噪后，可得到更平滑的波形，如图 4-2 所示。可以看出，经过 DWT 阈值去噪提取出的睡眠行为数据没有噪声的干扰，很好地保留了睡眠行为数据中的尖峰值，没有出现滤波过渡的现象。

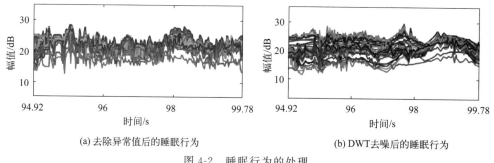

(a) 去除异常值后的睡眠行为　　　　　　　　(b) DWT去噪后的睡眠行为

图 4-2　睡眠行为的处理

4.2.3　巴特沃斯滤波器

1930 年，美国工程师斯蒂芬·巴特沃斯首次提出了巴特沃斯滤波器，这一创新对滤波技术产生了深远影响。巴特沃斯滤波器的设计基于一种特殊的极点分布，使其在通带内表现出最大的平坦度，同时在阻带内具有卓越的抑制能力。这一设计思想随后演化成一种广泛应用于数字 IIR（infinite impulse response）滤波器设计的方法。巴特沃斯滤波器的元件要求低 Q 值，这使得制造它相对容易，并且可以达到预期的性能水平，因此被广泛应用。通过应用巴特沃斯滤波器，选择适当的滤波器参数，如截止频率和阶数，可以针对性地去除特定频率范围内的噪声。

（1）原理

巴特沃斯滤波器的基本原理是利用极点（或极点对）的配置来调整频率响应。通常，这些极点位于复平面上，以实现所需的频率选择性。极点对的数量取决于滤波器的阶数，较高阶数的滤波器具有更多的极点对，从而实现更复杂的频率特性。将滤波器的参数调整为适当的阶数和截止频率，以针对感知系统中存在的特定噪声或干扰，因此只需要两个参数表征，包括滤波器的阶数 N 和 -3dB 处的截止频率 Ω_c。其幅度平方函数为

$$|H_a(\text{j}\Omega)|^2 = \frac{1}{1+\left(\dfrac{\Omega}{\Omega_c}\right)^{2N}} \tag{4-9}$$

而巴特沃斯低通滤波器将其写为传递函数的形式，可以写为

$$H(s) = \frac{1}{s^N + b_{N-1}s^{N-1}\cdots b_1 s + b_0} \tag{4-10}$$

根据需要的截止频率、滤波器的阶数计算出上式中的所有系数 b，即可完成对巴特沃斯滤波器的设计。下面是在原理中涉及的几个关键知识点，在这里逐项进行讲解：

① 极点分布：它的原理基于极点分布来调整频率响应，旨在实现平坦的通带响应和最大的阻带抑制。在巴特沃斯滤波器中，极点的位置对滤波器的频率响应产生直接影响。为了使通带内的频率响应更平坦，通常选择将极点均匀地分布在单位圆上，这是复平面上距离原点为 1 的圆，而极点的均匀分布确保了在通带的频率范围内，滤波器的增益变化更加平滑，避免了出现频率选择性的波纹或峰谷。

这一设计决策的目的是让巴特沃斯滤波器能够在通带内允许信号在保持原始特性的同时，剔除干扰和噪声。同时保持所需信号的原始特性。

② 传递函数：滤波器的传递函数描述了输入信号如何通过滤波器的频率响应。巴特沃斯低通滤波器可用如下振幅的平方对频率的公式表示：

$$|H(\omega)|^2 = \frac{1}{1+\left(\dfrac{\omega}{\omega_c}\right)^{2n}} = \frac{1}{1+\in^2\left(\dfrac{\omega}{\omega_p}\right)^{2n}} \tag{4-11}$$

式中，n 是滤波器的阶数；ω_c 是截止频率，也是振幅下降为 -3dB 时的频率；ω_p 是通频带边缘频率。

③ 频率响应：巴特沃斯滤波器的频率响应是其原理的核心。频率响应描述了滤波器对不同频率的输入信号的处理方式。由于极点均匀地分布在单位圆上，巴特沃斯滤波器在通带内表现出了最大的平坦度。这意味着在通带范围内，滤波器的频率响应呈现出非常平滑的曲线，几乎没有波动。

④ 阻带抑制：阻带是指在滤波器的频率响应中那些特定频率范围，这些频率范围不应该通过滤波器，或者说需要被强烈抑制。在巴特沃斯滤波器中，通常情况下，阻带位于通带频率范围之外。阻带抑制是巴特沃斯滤波器设计的关键原则之一，它描述了滤波器在阻带内对不需要的频率成分的抑制能力。阻带抑制能力使得巴特沃斯滤波器在许多应用中非常有用，特别是在需要从输入信号中滤除干扰或噪声的情况下。

⑤ 阶数：特沃斯滤波器的阶数是通过极点的数量来确定的。一般而言，采用更高阶的滤波器可以实现更陡峭的滤波特性，但这也会带来对计算资源需求增加的问题。因此，在选择阶数时需要进行权衡，以满足特定应用的性能要求，并在计算复杂性和性能之间找到适当

的平衡。选择适当阶数的特沃斯滤波器可以确保对信号进行有效的滤波，去除不必要的频率成分，从而提高信号质量。

经过上述分析，巴特沃斯滤波器的特点在于其通频带内的频率响应曲线极度平坦，不呈现波动，而在阻频带则逐渐趋近于零。在以对数刻度绘制的振幅与对角频率的波特图上，从某一边界角频率开始，振幅随着角频率的增加逐渐减小，趋向负无穷大。一阶巴特沃斯滤波器的衰减率为每倍频 6dB，每十倍频 20dB。而二阶巴特沃斯滤波器的衰减率为每倍频 12dB，三阶巴特沃斯滤波器为每倍频 18dB，以此类推，不论滤波器的阶数如何，巴特沃斯滤波器的振幅对角频率曲线都保持相同的形状，呈单调递减。唯一的区别在于高阶巴特沃斯滤波器在阻带中的振幅衰减速度更快。与其他类型的滤波器不同，巴特沃斯滤波器的振幅对角频率图形状在阶数增加时保持稳定，巴特沃斯滤波器的阶数增加会导致通带和阻带特性的改善，通带和阻带的过渡变得更快，同时通带内的平坦性也得到提高。

（2）滤波器阶数选择

在实际应用中，选择滤波器阶数时，设计者通常需要考虑以下几个方面：

① 滤波特性需求：根据所需的频率成分滤除程度以及截止频率的附近衰减需求去决定所需的滤波特性。对于需要陡峭滤波特性的应用，高阶巴特沃斯滤波器可能是理想选择，以实现更精确的频率响应，实现有效的信号去噪。

② 计算资源约束：随着阶数的增加，巴特沃斯滤波器的计算需求也增加，这包括处理时间和内存占用等资源。可以考虑降低滤波器阶数、使用低复杂度算法、对滤波器进行优化等方法解决资源约束问题。

③ 成本和设计复杂性：高阶滤波器的设计通常需要更多的工程资源和时间。因此，在工程设计中，需要在设计复杂性和成本之间寻找平衡。有时，为了避免不必要的成本和设计复杂性，可能会选择相对较低阶数的巴特沃斯滤波器，以满足基本要求。

④ 系统稳定性和实时性：在实时系统中，系统的稳定性至关重要。高阶滤波器可能引入不稳定性，导致系统性能下降，甚至系统崩溃。所以需要确保选择的滤波器阶数适合系统，以维持其正常运行。

（3）应用举例

以 WiFi 感知人体的呼吸心跳应用为例，通过巴特沃斯滤波器进行去噪，从而观察巴特沃斯滤波器的作用。

设计一个巴特沃斯带通滤波器，先进行截止频率、滤波器阶数选择，其中截止频率表示滤波器在何时开始降低信号强度，用于去除高频噪声，阶数决定滤波器的陡峭程度，之后使用 butte 函数设计带通巴特沃斯滤波器，返回用来定义滤波器特性参数的滤波器系数，a 是滤波器的分母系数，决定了输入的加权和，b 是滤波器的分子系数，决定了输出的加权和，两个系数一起定义了滤波器的传递函数，通过该函数对输入信号进行加权和，从而实现滤波的效果。最后应用巴特沃斯滤波器，使用 filtfilt 函数应用设计好的巴特沃斯滤波器，对每一行进行滤波操作，达到去噪的效果。这样可以得到如图 4-3 所示的绘制天线 2 曲线原始数据和滤波后的数据，第一个子图展示的是天线 2 的原始曲线，第二个子图绘制的是经过巴特沃斯滤波后的数据，展示了良好的去噪效果。

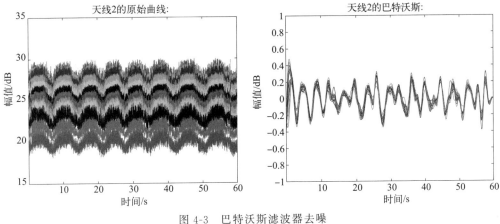

图 4-3　巴特沃斯滤波器去噪

4.3

信号转换

4.3.1　傅里叶变换

傅里叶变换是一种广泛应用的数学工具。它用于将时域信号转换为频域信号，从而有助于分析无线信号的频谱特性，实现频率成分的辨别，以及监测和分析无线信号的频谱。此外，傅里叶变换在无线通信领域也具有重要应用，例如将接收到的调制信号从频域还原到时域，以恢复原始信息。可以通过傅里叶变换，将信号分解为不同频率成分，去设计和分析信号的频谱，以达到设计滤波器选择或抑制特定频率成分的目的，还可以用于分析多径信道的频率响应，帮助大家去了解信号是如何在不同频率上受到多路径干扰的。接下来将从原理、性质、应用等各方面详细地讲解。

傅里叶变换以法国数学家约瑟夫·傅里叶（Joseph Fourier）的名字命名，在傅里叶变换中，是将一个周期性信号或者无限长的非周期性信号表示为一系列正弦和余弦函数的和，这些正弦和余弦函数称为基本频率。傅里叶变换可以将信号分解为不同频率的正弦和余弦分量，同时给出了每个分量的振幅和相位信息，用公式可以表示为

$$F(\omega) = F[f(t)] = \int_{-\infty}^{\infty} f(t) e^{-i\omega t} \, dt \tag{4-12}$$

式中，ω 代表频率；t 代表时间；$e^{-i\omega t}$ 为复变函数。傅里叶变换认为一个周期函数（信号包含多个频率分量，任意函数（信号）$f(t)$ 可通过多个周期函数相加而合成。从物理角度理解傅里叶变换是以一组特殊的函数（三角函数）为正交基，对原函数进行线性变换，物理意义便是原函数在各组基函数的投影。

（1）傅里叶级数

傅里叶级数是一种数学工具，它允许将周期性函数分解成一组简单的正弦和余弦函数的和。这个分解使得复杂的函数更容易进行数学分析和处理。下面将详细讨论傅里叶级数的概念和其应用。现在，考虑定义在（0，2π）上的满足如下条件的可测函数或信号 $f(x)$，可表示为

$$\int_0^{2\pi} |f(x)|^2 dx < +\infty \tag{4-13}$$

这种函数全体构成的集合，按照通常的函数运算和 L 平方范数生成经典的函数空间 L 平方（0，2π），由傅里叶变换知，L 平方（0，2π）中任何一个信号 $f(x)$ 都具有一个傅里叶级数表达式，可表示为

$$f(x) = \sum_{n=-\infty}^{+\infty} c_n e^{inx} \tag{4-14}$$

式子中级数的系数 c_n 定义为

$$c_n = \frac{1}{2\pi} \int_0^{2\pi} f(x) e^{-inx} dx \tag{4-15}$$

称为傅里叶级数，特别需要说明的是，傅里叶级数收敛的含义是：

$$\lim_{N\to\infty, M\to\infty} \int_0^{2\pi} |f(x) - \sum_{n=-N}^{M} c_n e^{inx}|^2 dx = 0 \tag{4-16}$$

即在函数空间 L 平方（0，2π）中，傅里叶级数总是成立的。但是，在空间 L 平方（0，2π）中，两个函数或者信号相等的含义是几乎处处相等。直观地说，它们可以在许多点上都不相等，只要这样的点不是太多，就可以视之相等。实际上，对于用计算机实现的数值计算来说，可以真正计算的点恰恰就不是"太多"。这似乎留下这样的印象，虽然傅里叶级数在空间 L 平方（0，2π）总是成立的，但对于数值计算来说，它并不能说明级数两端的数值是否相等或者它们有没有别的关系。傅里叶级数作为数值等式，在函数或者信号的连续点上是成立的。

（2）傅里叶变换的性质

傅里叶变换拥有多个关键性质，包括线性、频移性、尺度性、频域积分和微分性质等。这些性质赋予了傅里叶变换强大的功能，增强了信号和系统处理的灵活性和便捷性。

① 线性性质　傅里叶变换的线性性质能够将信号分解为多个组成部分，对每个部分进行单独的傅里叶变换，然后将它们合并以得到原始信号的傅里叶变换结果。这与线性时不变（LTI）系统的线性性质类似，即系统对信号的线性组合等于对每个信号成分的响应的线性组合。这简化了对复杂信号的分析，因为可以处理每个成分而无需处理整个信号。设 $F[f(t)]=F(\omega)$，$F[g(t)]=G(\omega)$，α、β 为常数，则定义为

$$F[\alpha f(t)+\beta g(t)]=\alpha F(\omega)+\beta G(\omega) \tag{4-17}$$

$$F^{-1}[\alpha F(\omega)+\beta G(\omega)]=\alpha f(t)+\beta g(t) \tag{4-18}$$

② 尺度变换特性　傅里叶变换的尺度变换特性是一个重要的性质，它描述了信号在时域中的缩放或拉伸如何影响其在频域中的表示。这个性质也被称为频域的伸缩性或频域的拉伸性。尺度变换特性表明，当连续时间信号在时域中经历缩放（0<a<1）时，相应的傅里

叶变换在频域中会经历相反的缩放，即频谱信号会压缩。反之，当信号在时域中经历拉伸（$a>1$）时，频域中的傅里叶变换会展宽。如果缩放因子 a 为负数，则信号将在时域中反转，并且可能会压缩或展宽其频域表示。这一性质反映了时间和频率之间的反比关系，通常称为时频展缩。该性质在信号处理系统设计时，常常是重要的衡量因素。若 $F[f(t)]=F(j\omega)$，a 为常数（$a\neq 0$），则定义为

$$F[f(at)]=\frac{1}{|a|}F\left(j\frac{\omega}{a}\right) \tag{4-19}$$

③ 时、频移特性　时移特性是指，如果一个信号在时域上发生时间平移（或称为时移、时间延迟），那么其傅里叶变换的频域表示将发生相位变化，而不会影响幅度谱。这一性质说明，当信号在时间域有移位（表示信号的接入时间有变化），其幅度频谱不变，相位频谱将增加一个附加相移 $\pm\omega t_0$，并且与 ω 成线性关系。定义为如果 $F[f(t)]=F(j\omega)$，且 t_0 为常数，则

$$F[f(t\pm t_0)]=F(j\omega)e^{\pm j\omega t_0} \tag{4-20}$$

傅里叶变换的频移特性是指当信号在时域中经历频率移动或改变时，其频域表示也会相应地发生频率移动或改变。若 $F[f(t)]=F(j\omega)$，且 ω_0 为常数，则

$$F[f(t)e^{\pm j\omega_0 t}]=F[j(\omega\pm\omega_0)] \tag{4-21}$$

④ 时、频域微分特性　在时域中对一个信号进行微分（即取导数），对应于频域中信号的傅里叶变换。这个特性提供了描述信号变化率与频率之间关系的方式。若 $F[f(t)]=F(j\omega)$，则

$$F\left[\frac{df(t)}{dt}\right]=j\omega F(j\omega) \tag{4-22}$$

$$F\left[\frac{d^n f(t)}{dt^n}\right]=(j\omega)^n F(j\omega) \tag{4-23}$$

在频域中对一个信号的复数频谱进行微分操作，这对应时域中的信号的微分。这个特性方便了解频域表示中的信号如何响应频率的变化。若 $F[f(t)]=F(j\omega)$，则

$$F^{-1}\left[\frac{dF(j\omega)}{d\omega}\right]=(-jt)f(t) \tag{4-24}$$

$$F^{-1}\left[\frac{d^n F(j\omega)}{d\omega^n}\right]=(-jt)^n f(t) \tag{4-25}$$

⑤ 时、频域积分特性　时域积分特性描述了在时域中对信号进行积分与该信号在频域中的傅里叶变换之间的关系。这个特性提供了一种理解信号积分与频域表示之间的联系方式。若 $F[f(t)]=F(j\omega)$，则

$$F\left[\int_{-\infty}^{t}f(\tau)d\tau\right]=\frac{F(j\omega)}{j\omega}+\pi F(0)\delta(\omega) \tag{4-26}$$

频域积分特性是指，在频域中对一个信号的复数频谱进行积分操作，其结果在时域中对应信号的积分。这特性描述了频域和时域之间的关系，特别是在频域中对频谱进行积分操作时如何影响时域中的信号。若 $F[f(t)]=F(j\omega)$，则

$$F^{-1}\left[\int_{-\infty}^{\omega}F(j\eta)d\eta\right]=\frac{f(t)}{-jt}+\pi f(0)\delta(t) \tag{4-27}$$

（3）应用举例

以 WiFi 感知设备采集到的呼吸心跳进行处理为例，对呼吸或心跳数据进行 FFT，找出呼吸频率或心跳频率范围内最大的峰值以及该峰值的索引，便可得知该峰值对应的频率，即信号中的主要呼吸频率或心跳频率。比如呼吸相位信息做 FFT 之后的频谱，心跳幅值信息做 FFT 之后的频谱，如图 4-4 所示，呼吸频谱中最大峰值对应的频率大概是 0.23Hz，心跳频谱中最大峰值对应的频率大概是 1.24Hz。

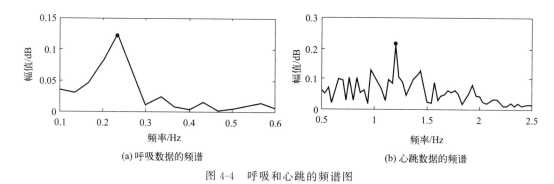

(a) 呼吸数据的频谱　　　　　　　　　　(b) 心跳数据的频谱

图 4-4　呼吸和心跳的频谱图

最大峰值对应的频率需要通过峰值的索引计算，假设信号的采样频率为 F_S，采样点数为 N，第一个点表示直流分量（即 0Hz），则某点 n（n 从 1 开始）所表示的频率 F_n 为

$$F_n=\frac{(n-1)F_S}{N} \tag{4-28}$$

式中，n 表示最大峰值在整个数据中的索引。从式(4-28) 中可以看出，F_n 的频率分辨率为 F_S/N，频率分辨率会影响呼吸或心跳的检测准确率。可以通过频率细分法来提高频率分辨率，即对较短时间内的信号进行补零之后再做 FFT。因此 FFT 检测法中，可以加入相应的提高分辨率的方法，使得呼吸频率估计和心跳频率估计更精准，最后将呼吸频率或心跳频率乘以 60，即为一分钟的呼吸速率或心率。

4.3.2　短时傅里叶变换

傅里叶变换只反映出信号在频域的特性，无法在时域内对信号进行分析。为了将时域和频域相联系，Gabor 于 1946 年提出了短时傅里叶变换（short-time Fourier transform，STFT）。短时傅里叶变换是一种在无线感知技术中得到广泛应用的信号处理和频谱分析方法，其主要目的是将时域信号转换为频域信号，以便更有效地分析信号在时间和频率上的特性。STFT 的基本原理是将时域信号分割成多个短时窗口，然后对每个窗口应用傅里叶变换，以获取该窗口内的频域表示。

STFT 的实现方法包括将时域信号分割成多个窗口，通常采用重叠的方式。为了提高计算效率，通常使用快速傅里叶变换算法对每个窗口进行变换。随后，对于不同窗口的频域表示进行加权平均，以获取整个信号的 STFT 表示。在本小节中将深入探讨短时傅里叶变换的原理、应用和局限性等各方面。

（1）定义

在无线感知中，设备需要在频谱中感知和监测无线信号的活动，但由于频谱环境的动态性，信号的特性可能在时间和频率上发生变化，这时，短时傅里叶变换允许设备对信号进行局部分析，捕捉频谱中的瞬时变化，其实质是加窗的傅里叶变换。STFT 就是在信号做傅里叶变换之前乘一个时间有限的窗函数 $h(t)$，并假定非平稳信号在分析窗的短时间间隔内是平稳的，通过窗函数 $h(t)$ 在时间轴上的移动，对信号进行逐段分析得到信号的一组局部"频谱"。信号的短时傅里叶变换定义为

$$\text{STFT}(t, f) = \int_{-\infty}^{\infty} x(\tau) h(\tau - t) e^{-j2\pi f \tau} \, d\tau \tag{4-29}$$

式中，$h(\tau - t)$ 为分析窗函数。由式（4-29）知，信号在时间 t 处的短时傅里叶变换就是信号乘上一个以 t 为中心的"分析窗"后所作的傅里叶变换。乘以分析窗函数等价于取出信号在分析时间点 t 附近的一个切片。对于给定时间 t，可以看作是该时刻的频谱，要得到最优的局部化性能，时频分析中窗函数的宽度应根据信号特点进行调整，即正弦类信号用大窗宽，脉冲型信号用小窗宽。

STFT 的优点在于其基础算法即为傅里叶变换，易于理解其物理意义，能够提供信号在时间和频率上的局部信息，因此适用于非平稳信号的分析。然而，STFT 的缺点在于其窗宽是固定的，无法自适应地调整窗宽以适应不同信号的特性。这可能会导致时间分辨率和频率分辨率之间的权衡问题，因为更宽的窗口提供更好的频率分辨率但较差的时间分辨率，反之亦然。

（2）窗函数

每次使用 FFT 对信号进行分析时，由于 FFT 要求输入信号是有界的，因此需要将时域信号切割为有限长度的片段。如果不对周期信号进行整数倍的时间段截取（即周期截断），可能会出现信号泄漏问题。为了最小化这种泄漏误差，可以采用窗函数或加权函数，帮助设备更准确地识别和利用可用的频谱资源。窗函数的目的是优化信号以满足 FFT 的周期性要求，并减少频谱分析中的误差。

在短时傅里叶变换（STFT）中，窗函数是一个重要的概念，它用于对信号在时域上进行截断和加权，以便提取非平稳信号在不同时间段的频率特征。窗函数的选择对 STFT 的性能和结果具有重要影响。常见的窗函数包括汉宁窗、汉明窗和高斯窗，它们各自具有不同的特性和适用范围。以下将对这些常见窗函数进行详细介绍。

① 汉宁窗　在无线感知技术中，汉宁窗作为一种重要的窗函数，在频谱分析中同样也发挥着关键作用。这种窗函数在时域呈现出平滑的余弦曲线，有助于在频域上实现较好的频谱主瓣宽度和副瓣衰减，为频谱分析提供了高度精细的分辨率。然而，需要注意的是，汉宁窗在频谱分析中可能引起较大的频谱泄漏，从而导致结果的明显偏差，非常适用于非周期性的连续信号。

$$w[n] = \frac{1}{2} \left[1 + \cos\left(2\pi \times \frac{n}{N-1}\right) \right] \tag{4-30}$$

式中，n 属于 $\left[-\dfrac{N-1}{2}, \dfrac{N-1}{2}\right]$。

② 汉明窗　汉明窗是一种在信号处理领域常用的窗函数之一，它用于改善傅里叶变换和频谱分析中的信号处理效果。与汉宁窗类似，汉明窗也旨在减小频谱泄漏，但它在设计上稍有不同，提供了一种折中的解决方案，平衡了频率分辨率和频谱泄漏之间的关系，其定义为

$$W(n) = 0.54 - 0.46\cos(2\pi n / N - 1) \tag{4-31}$$

式中，$W(n)$ 表示函数的值；n 表示采样点的位置；N 表示采样点的总数。汉明窗与汉宁窗的主要区别在于汉明窗的形状更加平缓，它在窗口的起始和结束处具有 0.54 的振幅，而不是像汉宁窗那样振幅为 0。这使得汉明窗在频谱分析中的频谱副瓣衰减性能更好，它凭借着频谱副瓣抑制、在时域上的形状相对平滑的特点，在一些应用中更受欢迎。

③ 高斯窗　高斯窗是一种基于高斯函数的窗函数，它的特点是把一段时间内的信号按照高斯分布进行处理，可以在不同的时间段内获得不同的信号，因此在信号处理以及图像处理等方面都有广泛的应用，同时具有较好的频谱主瓣宽度和频谱副瓣衰减特性。它在时域上呈现出典型的钟形曲线，在频域上能够提供较好的频谱分辨率和较小的频谱泄漏。高斯窗的主要优点是其在处理窄带信号和具有明显频率成分的信号时表现出色。然而，高斯窗的计算复杂度较大，可能会对计算效率产生影响。高斯窗函数的最基本的定义是它是一种由多次重复使用一种变量的多项式组成的矩阵，形式为

$$w(n) = \exp\left[-(n - N/2)^2 / (2\text{sigma}^2) \right] \tag{4-32}$$

高斯窗函数是实值函数，是对称的。其中，$w(n)$ 表示窗函数在位置 n 的值，N 表示窗函数的长度，在中心位置（$n = N/2$）取得最大值，逐渐向两侧衰减，sigma 表示窗函数的标准差，决定了窗函数的宽度，sigma 越大，窗函数越宽。

窗函数选择的好坏会直接影响信号处理或频谱分析的结果。在实际应用中需要根据信号的频率特性、时域特性和分辨率要求来选择合适的窗函数，例如在处理具有明显频率成分的信号时，高斯窗可能是一个合适的选择，因为它在频域上提供较好的分辨率和较小的频谱泄漏。然而如果信号是非平稳的，可能存在频率变化，就需要考虑到窗函数在时域上的特性，以确保在不同时间段内对信号进行有效加权。此外，为了兼顾不同特性的要求，有时可以考虑采用混合窗函数的策略。混合窗函数可以通过组合多个窗函数的优点来实现更灵活的信号处理。例如，可以结合高斯窗和其他窗函数，以平衡频谱分辨率和计算效率。通过合理选择窗函数，可以最大程度地提高短时傅里叶变换的性能，从而更准确地分析非平稳信号的频谱特征。

(3) 处理步骤

① 选择一个窗函数：STFT 的初始步骤是选取一个窗函数，通常是一个以有限时间内非零的方式定义的函数。这个窗函数常常由一个窗口函数构成，典型的窗口函数包括汉宁窗、汉明窗和高斯窗。窗函数的主要目标是将信号在时间域上进行限制，将其截断到一个有限的时间段内，以便进行频域分析。由于不同的窗函数具有不同的性质，所以在选择时需要综合考虑信号的特点以及频域分析的具体目的。

② 截取窗长度的信号，并和窗函数相乘：一旦确定了所选的窗函数，下一步是从原始信号中截取与窗口长度相匹配的一段信号。这个过程类似在信号上滑动一个具有固定大小的窗口。接着，将所选窗口内的信号与所选的窗函数逐点相乘，通常通过逐点乘法来实现。这

个乘积的结果会对信号在时域上进行加权，以便在随后的频域分析中获得更准确的结果。

③ 进行 FFT：接下来，对乘积信号执行快速傅里叶变换。FFT 是将信号从时域转换到频域的过程，它将复杂的信号分解成不同频率分量的振幅和相位信息。FFT 的输出是频谱，其中包含了信号的频域特征，该频谱显示了信号在不同频率上的成分。

④ 滑动窗口以获取每个瞬时时刻的 STFT：在前面的三个步骤完成后，就可以获得一个瞬时时刻的频谱信息。为了获取整个信号的 STFT，通常需要将窗口在时间轴上以一定的时间步长滑动，并重复第②和第③步。这个滑动窗口的过程会在整个信号上生成一系列瞬时频谱，每个频谱对应于原始信号中的不同时间段。通过这种方式就可以获得整个信号的时频表示，用于分析信号的频率成分随时间的变化。这有助于揭示信号的时域和频域特征在整个信号持续时间内的演变。

简单来说，短时傅里叶变换就是通过窗内的一段信号来表示某一时刻的信号特征，它通过将信号分成小的时间窗口，然后分别对这些窗口内的信号进行傅里叶变换来实现。STFT 不仅在理论分析中具有重要价值，还在实际问题的解决中发挥关键作用。

（4）应用举例

这里以 WiFi 感知对呼吸信号进行转换为例，从而观察短时傅里叶的作用。为了消除信号中的平均值，为了让信号的波动更为明显，先对信号进行直流分量去除的操作。

要设置 STFT 的参数，包括窗口长度、跳跃大小、窗口重叠大小、FFT 点数和采样频率的设置，其中窗口长度用于定义每个时间段内信号的分析窗口的大小，跳跃大小表示每个相邻窗口之间的时间间隔，窗口重叠大小表示相邻窗口之间共享的数据点数，FFT 点数决定了在频域中获得的频率分辨，采样频率是表示信号的采样频率。在设置好相关参数之后进行 STFT 的计算，用 spectrogram 函数对表示信号在时间和频率上的幅度的 STFT 的结果矩阵 S、频率向量 F、时间向量 T 进行计算，随后就是对图像进行绘制，以此达到信号转换的目的。最终生成一个 STFT 的图，用于展示呼吸信号在时间和频率上的变化。这样可以得到如图 4-5 所示的绘制 CSI 的 STFT 图，可以看出实现了信号转换的效果。

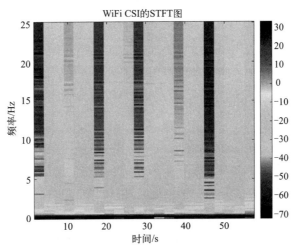

图 4-5　对 CSI 进行 STFT 操作

4.4
信号提取

　　信号提取旨在从收集到的无线信号数据中分离出特定的信息或特征，以便了解无线信号环境和实现特定的应用需求。信号提取可能需要应用多种技术来处理数据。其中，应用阈值、滤波和信号压缩等技术是常见的手段，以消除不相关或冗余的信号信息。这些技术有助于提高信号提取的准确性和鲁棒性，确保从复杂的无线信号中提取出目标信息。

　　另外，在某些情况下，为了获得更全面的信息或更好地理解无线信号环境，信号提取可能需要合成和插值多个信号源的数据。这种方法能够通过整合来自不同位置、不同频段或不同传感器的数据，提供更全面的信号视角。通过合成和插值，可以填补数据缺失或不完整性，从而增强对无线信号环境的理解。

4.4.1　过滤和阈值

　　滤波器被广泛应用于提取特定主频率的信号。举例来说，考虑成人的平均静息呼吸率为每分钟 12 至 18 次呼吸。利用 WiFi 技术进行呼吸监测时，可以采用带通滤波器来捕获与吸气和呼气相关的胸部运动。这种方法不仅有助于提取目标信号，还能过滤掉由运动引起的高频分量，提高呼吸监测的准确性。输入信号通常来自快速傅里叶变换、离散余弦变换或短时傅里叶变换。这些变换能够将时域信号转换为频域，为后续滤波操作提供基础。

　　巴特沃斯带通滤波器因其在通带和阻带内的单调幅度响应以及在截止频率附近的快速滚降而备受青睐。在无线感知中，这种滤波器可用于提取特定频率范围内的信号，如用于呼吸监测的胸部运动信号。

　　高通滤波器则可以用于滤除来自相对稳定信号反射的静态对象的信号。在基于 WiFi 的手势识别中，高通滤波器可用于提取与人体运动相关的目标信号，同时抑制静态物体引起的信号。

　　阈值处理在时域中被广泛应用，可用于提取具有特定功率电平、入射角、飞行时间等特征的信号。在无线信号传播中，阈值处理可用于排除由多径信道引起的影响，从而提取目标信号。

4.4.2　信号压缩

　　随着数据的爆炸性增长，许多领域都面临着高维数据的挑战。在无线环境中，高维数据通常包含大量的特征，这可能会导致一些问题，如计算复杂度的增加、模型的过拟合和难以可视化。在 WiFi 感知中经常会遇到处理原始 CSI 测量涉及对大量数据的计算的问题，特别是在 20MHz WiFi 信道中，其中包含 3 个发送天线、3 个接收天线、52 个子载波和 100 个 CSI 样本。对于这样的信道，CSI 数据的大小（H）为 187200 字节，每个值由 32 比特表示。这样的话数据就很复杂，那么为了降低数据的复杂性和冗余，以及提取有用的信息，就需要应用降维技术和信号压缩方法去进行处理。

降维技术，如主成分分析（PCA）和独立分量分析（ICA），被广泛用于从原始 CSI 测量中提取关键特征，PCA 通过正交变换将原始矩阵转换为一组主成分，这些主成分是线性不相关的变量。这有助于减少数据的维度，同时保留关键信息。对于 WiFi 信道中的 CSI 数据，可以使用奇异值分解（SVD）或输入协方差矩阵的特征值分解来实现 PCA。

另一方面，独立分量分析假设输入信号是统计独立的非高斯分量的混合。通过最小化互信息或最大化非高斯性，ICA 旨在实现统计独立性，从而提取有用的信号成分。在 CSI 测量中，ICA 的应用可以进一步减少冗余并保留与特定信号相关的信息。此外，对于 CSI 矩阵的时间序列数据，如果相邻样本高度相关，可以通过去除冗余测量来进一步优化数据。

（1）主成分分析

随着大数据时代的到来，高维数据变得越来越普遍。数据降维可以减少特征的数量，同时保持数据的关键信息。其中，主成分分析（principal component analysis，PCA）是一项被广泛使用的技术，成为无线感知中解决高维数据问题的利器。PCA 的发展背景可以追溯到 20 世纪初，它在统计学、数学和数据分析领域发展壮大，成为了一个重要的工具。PCA 不仅有助于数据可视化，还有助于加快机器学习模型的训练速度，降低过拟合风险。本小节将围绕 PCA 算法的基本原理、一般求解流程、优缺点等进行展开。

主成分分析是一种基于无监督学习的线性降维方法，主要工作就是找新的坐标系，它通过将数据映射到一个新的坐标系，其中新坐标轴是原始数据中的线性组合，以便在新坐标系中获得最大的数据方差。这些新坐标轴被称为主成分，它们按照数据的方差贡献递减的顺序排列。主成分的选择是基于它们的方差，通常会选择保留方差贡献较大的主成分，而忽略方差贡献较小的，从而实现数据降维，在保留关键信息的同时减少维度。

首先说一下向量的表示及基变换，向量可以表示空间中的方向和大小，其中每个元素代表一个信号特征，例如信号强度、相位等。这些特征向量可以被视为在某个特定坐标系中的表示。基变换是指将原始的信号特征向量表示在一个新的坐标系下，这个新的坐标系的选择是为了更好地捕捉信号的重要信息，通常通过一个矩阵来实现。

PCA 技术目的就是将数据映射到新的基向量后，找到一个一维基，使得所有数据变换为这个基上的坐标表示后，数据的分布差异性最大，通俗地可以理解为，希望投影后的投影值尽可能分散。一个变量的方差可以看作是每个样本与变量均值的差的平方和的均值，用公式表示为

$$V(a) = \frac{1}{m} \sum_{i=1}^{m} (a_i - \mu)^2 \tag{4-33}$$

式中，μ 为变量的均值。为方便处理，将每个变量的均值均化为 0，这也意味着 PCA 之前要把数据进行零均值化，即每个值减去均值，则公式可以表示为

$$V(a) = \frac{1}{m} \sum_{i=1}^{m} a_i^2 \tag{4-34}$$

在一维空间中，方差用于表示数据的分散程度，而在高维空间中，通常使用协方差来描

述多个变量之间的关系。协方差可以表示两个变量的相关性。为了让两个变量尽可能表示更多的原始信息，希望它们之间不存在线性相关性，因为相关性意味着两个变量不是完全独立的，必然存在重复表示的信息。假设均值为 0，协方差公式表示为

$$\sigma_{ab} = \frac{1}{m} \sum_{i=1}^{m} a_i b_i \tag{4-35}$$

有一组 N 维向量，如果想要将其降维到 K 维空间（其中 K 是大于 0 且小于 N 的整数）。目标就是选择 K 个单位正交基，使得原始数据投影到这组基上后，新的变量之间的协方差为 0，同时确保每个新变量（主成分）的方差尽可能大。换句话说，目标就是寻求一个线性变换，将高维数据转换为低维表示，保留尽可能多的原始信息。

假设 $\boldsymbol{X} = \begin{pmatrix} a_1 & a_2 & \cdots & a_m \\ b_1 & b_2 & \cdots & b_m \end{pmatrix}$，那么协方差矩阵为

$$\frac{1}{m} \boldsymbol{X} \boldsymbol{X}^{\mathrm{T}} = \begin{pmatrix} \dfrac{1}{m} \sum_{i=1}^{m} a_i^2 & \dfrac{1}{m} \sum_{i=1}^{m} a_i b_i \\ \dfrac{1}{m} \sum_{i=1}^{m} a_i b_i & \dfrac{1}{m} \sum_{i=1}^{m} b_i^2 \end{pmatrix} \tag{4-36}$$

式(4-36)中矩阵对角线上的两个元素分别是两个字段的方差，其他元素是 a 和 b 协方差。根据优化目标，对于协方差矩阵来说，要求除对角线外的其他元素为 0，并且在对角线上将元素按大小从上到下排序（变量的方差尽可能大），这是优化目标。下面观察下原始数据和基变换后数据的协方差矩阵的关系。

设原始数据矩阵 $\boldsymbol{X}$（已知）对应的协方差矩阵为 $\boldsymbol{C}$（已知），而 $\boldsymbol{P}$（未知）是一组基按列组成的矩阵，设 $\boldsymbol{Y} = \boldsymbol{X} \boldsymbol{P}$，$\boldsymbol{Y}$ 为 $\boldsymbol{X}$ 对 $\boldsymbol{P}$ 做基变换后的数据。设 $\boldsymbol{Y}$ 的协方差矩阵为 $\boldsymbol{D}$，下面推导一下 $\boldsymbol{D}$ 与 $\boldsymbol{C}$ 的关系：

$$\boldsymbol{D} = \frac{1}{m} \boldsymbol{Y}^{\mathrm{T}} \boldsymbol{Y} = \frac{1}{m} \boldsymbol{P}^{\mathrm{T}} \boldsymbol{X}^{\mathrm{T}} \boldsymbol{X} \boldsymbol{P} = \boldsymbol{P}^{\mathrm{T}} \boldsymbol{C} \boldsymbol{P} \tag{4-37}$$

因为知道一个 n 行 n 列的实对称矩阵之后就一定可以找到 n 个单位正交特征向量，设 n 个特征向量按列组成的矩阵为 $\boldsymbol{E} = (e_1 \quad e_2 \quad \cdots \quad e_n)$，则对协方差矩阵 $\boldsymbol{C}$：

$$\boldsymbol{E}^{\mathrm{T}} \boldsymbol{C} \boldsymbol{E} = \boldsymbol{\Lambda} = \begin{pmatrix} \lambda_1 & & & \\ & \lambda_2 & & \\ & & \ddots & \\ & & & \lambda_n \end{pmatrix} \tag{4-38}$$

根据特征值的从大到小，将特征向量从上到下排列，则用前 K 行组成的矩阵乘以原始数据矩阵 $\boldsymbol{X}$，就得到了所需要的降维后的数据矩阵 $\boldsymbol{Y}$：

$$\boldsymbol{Y} = \boldsymbol{X} \boldsymbol{P} \tag{4-39}$$

（2）独立成分分析

在一个房间内，有两个人同时讲话，而两个麦克风分别记录下了这两个人声音的混合信号。问题是如何仅通过麦克风混合声音的信息来分离出每个讲话者的原始信号，这就是著名

的鸡尾酒会问题。

人类复杂的听觉系统能够很好地解决这个问题，通过将注意力集中在一个说话者上，人们能够听出他们所说的话。然而，要使计算机或机器能够智能地模仿人类，并有效地解决这个问题，需要应用智能信息处理。独立成分分析是解决鸡尾酒会问题的有效方法，也被广泛用于解决盲源分离问题。20 世纪 90 年代之前，没有像独立成分分析这样的工具，因此解决这类问题相当困难。

独立成分分析（independent component analysis，ICA）是一种数学和统计方法，旨在通过对混合信号进行分析，找到相互独立的源信号。这个过程涉及估计混合信号的混合矩阵，并通过某种算法来反向计算原始信号。这样就可以从混合信号中还原出每个讲话者的独立语音信号。这使得计算机能够模拟人类听觉系统，从而在复杂的无线环境中有效地分离出不同源的信号。

无线感知中的信号通常以多个维度表示，包括信号强度、频率分量等。这些信号可能在空间和频率上相互混合，导致复杂的信号混合情况。通过应用独立成分分析，去寻找信号的线性表示，以使得这些表示在统计上达到独立或尽可能独立。这意味着在新的表示下，各个信号成分不再相互影响，从而更容易进行分析和处理。在许多应用中，这种处理可以捕捉到数据的基本结构，涵盖特征提取和信号分离等方面。

① 算法原理　ICA 是一种计算方法，用于将多变量信号或数据集分解为加性子组件，这些子组件假设为非高斯信号，并且相互统计独立。与 PCA 不同，ICA 不仅仅寻找不相关的成分，而且寻找独立的成分。独立成分分析旨在从多变量信号中恢复出统计独立的源信号。假设观察到的混合信号 X 是一些未知的独立信号 S 的线性混合。数学上表示为

$$X = AS \tag{4-40}$$

式中，X 是观测信号矩阵；A 是未知的混合矩阵；S 是源信号矩阵。ICA 的目标是估计混合矩阵 A 的逆或伪逆，从而恢复源信号 S。

ICA 的标准算法流程通常包括以下步骤。

第一步就是中心化，将数据的每个特征（变量）减去其均值，以确保数据在每个维度上的均值为零。对于数据矩阵：

$$X_{\text{centered}} = X - E[X] \tag{4-41}$$

式中，$E[X]$ 是原数据矩阵 X 中每列（特征）的均值。

第二步就是白化，目的是将观测数据转换成新的空间，使其协方差矩阵为单位矩阵，这可以减少数据的冗余性并加速 ICA 的收敛。白化是将中心化后的数据转换为新的坐标系，使得转换后的信号在各个方向上不相关并具有单位方差。白化可以通过计算数据的协方差矩阵，然后进行特征分解来完成：

$$C = \frac{1}{n-1} X_{\text{centered}} X_{\text{centered}}^{\text{T}} \tag{4-42}$$

对协方差矩阵 C 进行特征分解：

$$C = EDE^{\text{T}} \tag{4-43}$$

式中，E 是特征向量矩阵；D 是对角特征值矩阵。白化变换如下：

$$\boldsymbol{X}_{\mathrm{white}} = \boldsymbol{D}^{-1/2} \boldsymbol{E}^{\mathrm{T}} \boldsymbol{X}_{\mathrm{centered}} \tag{4-44}$$

第三步就是最大化非高斯性，选择一个非高斯性的度量（如负熵）并找到最大化该度量的投影权重。Fast ICA 算法通常使用非线性函数 $g(\cdot)$ 来近似负熵的最大化，其迭代更新规则如下：

$$\boldsymbol{w}^+ = \boldsymbol{E}[\boldsymbol{X}_{\mathrm{white}} g(\boldsymbol{w}^{\mathrm{T}} \boldsymbol{X}_{\mathrm{white}})] - \boldsymbol{E}[g'(\boldsymbol{w}^{\mathrm{T}}) \boldsymbol{X}_{\mathrm{white}}] \boldsymbol{w} \tag{4-45}$$

然后对新的权重向量 $\boldsymbol{w}^+$ 进行归一化：

$$\boldsymbol{w} = \frac{\boldsymbol{w}^+}{\|\boldsymbol{w}^+\|} \tag{4-46}$$

第四步就是正交化和收敛，在多维情况下，需要确保估计的分量彼此正交。通常采用 Gram-Schmidt 过程❶。对于第 i 个分量，更新规则将考虑前 $i-1$ 个分量：

$$\boldsymbol{w}_i' = \boldsymbol{w}_i - \sum_{j=1}^{i-1} \boldsymbol{w}^{\mathrm{T}} \boldsymbol{w}_j \boldsymbol{w}_j \tag{4-47}$$

对 $\boldsymbol{w}_i$ 进行归一化后，检查是否收敛。如果 $\boldsymbol{w}_i$ 和 $\boldsymbol{w}_i^+$ 之间的差异小于某个阈值，则认为找到了一个独立分量。

最后就是独立成分分析，一旦找到所有的权重向量 $\boldsymbol{W} = [\boldsymbol{w}_1, \boldsymbol{w}_2, \cdots, \boldsymbol{w}_n]$，就可以通过如下方式估计独立成分：

$$\boldsymbol{S} = \boldsymbol{W}^{\mathrm{T}} \boldsymbol{X}_{\mathrm{white}} \tag{4-48}$$

② PCA 和 ICA 对比

算法目标方面：PCA 在无线感知中被用来找到数据的最佳表示形式，以便最大化投影数据的方差。通过对接收到的信号进行正交变换，PCA 试图捕捉主要的信号模式和数据中的趋势。这种技术有助于识别信道中的主要特征并提供数据降维的方法，以便更有效地分析和解释无线信号。相反，ICA 在无线感知中则专注于分离混合的信号源。通过对信号进行线性变换，ICA 旨在产生在统计上相互独立的信号。简而言之，PCA 追求最大化方差，而 ICA 关注源信号的统计独立性。

约束差异：PCA 要求新的特征空间是原始特征空间的线性组合，并且新特征之间是不相关的。这对于无线感知数据的降维和特征提取非常有用。与此不同的是，ICA 除了要求特征不相关外，还强调了它们在统计上的独立性，通常表现为每个特征的分布尽可能接近非高斯分布。总结即 PCA 成分是不相关的，而 ICA 成分是独立的，独立性是比不相关更强的条件。

数据预处理：PCA 通常要求首先对数据进行中心化处理，有时也需要进行缩放处理。对比之下，ICA 同样需要数据中心化，并且通常需要进行白化处理，以确保每个成分具有单位方差并且相互独立。

算法实现：PCA 采用基于特征分解的确定性算法，而 ICA 通常使用基于迭代的随机算法。

应用领域：PCA 更多用于数据解释和降维，而 ICA 更广泛应用于分离混合的信号源。虽然有重叠，但这两种方法在应用上有一些明显的区别。

---

❶　Gram-Schmidt 过程是一种线性代数中常用的方法，用于将一个线性无关的向量组成的集合转换为一组正交或标准正交的向量组。

（3）奇异值分解

奇异值分解（简称 SVD）是一种矩阵分解的方法，SVD 的奇异值代表了数据中的重要信息，通过保留前几个最大的奇异值，可以实现对数据的降维。在无线感知中，这有助于从复杂的信号环境中提取关键特征。下面将从原理、应用等方面进行介绍。

将 SVD 应用于接收到的信号矩阵，假设矩阵 A 是一个 $m \times n$ 的矩阵，那么定义矩阵 A 的 SVD 为

$$A = U\Sigma V^{\mathrm{T}} \tag{4-49}$$

式中，V 包含定义所有主要成分的单位向量，是一个 $n \times n$ 的酉矩阵；U 是一个 $m \times m$ 的酉矩阵；Σ 是一个 $m \times n$ 的矩阵，除了主对角线上的元素以外全为零，主对角线上的每个元素都称为奇异值。酉矩阵是指其转置矩阵乘以自身得到单位矩阵，即 $U^{\mathrm{T}}U = I$、$V^{\mathrm{T}}V = I$。图 4-6 是 SVD 的形象表达。

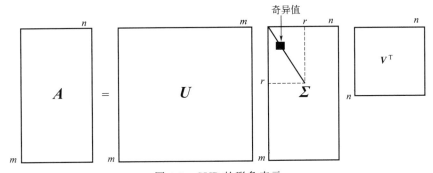

图 4-6　SVD 的形象表示

可以分解信号矩阵为 U、Σ、V 三个矩阵。那该对这三个矩阵怎么求呢？

如果将 A 的转置和 A 做矩阵乘法，那么会得到 $n \times n$ 的一个方阵 AA^{T}。既然 AA^{T} 是方阵，那么就可以进行特征分解，得到的特征值和特征向量满足下式：

$$(AA^{\mathrm{T}})v_i = \lambda_i v_i \tag{4-50}$$

这样就可以得到矩阵 AA^{T} 的 n 个特征值和对应的 n 个特征向量 v 了。将 AA^{T} 的所有特征向量张成一个 $n \times n$ 的矩阵 V，它就是 SVD 公式里面的 V 矩阵。一般地将 V 中的每个特征向量叫做 A 的右奇异向量。

如果将 A 和 A 的转置做矩阵乘法，那么会得到 $m \times m$ 的一个方阵 AA^{T}。既然 AA^{T} 是方阵，那么就可以进行特征分解，得到的特征值和特征向量满足下式：

$$(AA^{\mathrm{T}})u_i = \lambda_i u_i \tag{4-51}$$

这样就可以得到矩阵 AA^{T} 的 m 个特征值和对应的 m 个特征向量 u。将 AA^{T} 的所有特征向量张成一个 $m \times m$ 的矩阵 U，就是 SVD 公式里面的 U 矩阵。一般将 U 中的每个特征向量叫做 A 的左奇异向量。U 和 V 都求出来之后，就剩下奇异值矩阵 Σ 没有求出。

由于 Σ 除了对角线上是奇异值其他位置都是 0，那只需要求出每个奇异值 σ 就可以。可以得到：

$$A = U\Sigma V^{\mathrm{T}} \Rightarrow AV = U\Sigma V^{\mathrm{T}}V \Rightarrow AV = U\Sigma \Rightarrow Av_i = \sigma_i u_i \Rightarrow \sigma_i = Av_i/u_i \tag{4-52}$$

这样就可以求出每个奇异值，进而求出奇异值矩阵 $\boldsymbol{\Sigma}$。另外需要注意的是 $\boldsymbol{AA}^{\mathrm{T}}$ 的特征向量组成的就是 SVD 中的 $\boldsymbol{V}$ 矩阵，而 $\boldsymbol{AA}^{\mathrm{T}}$ 的特征向量组成的就是 SVD 中的 $\boldsymbol{U}$ 矩阵，这有什么根据吗？其实很容易证明，这里以 $\boldsymbol{V}$ 矩阵的证明为例。

$$\boldsymbol{A}=\boldsymbol{U\Sigma V}^{\mathrm{T}}\Rightarrow\boldsymbol{A}^{\mathrm{T}}=\boldsymbol{V\Sigma U}^{\mathrm{T}}\Rightarrow\boldsymbol{A}^{\mathrm{T}}\boldsymbol{A}=\boldsymbol{V\Sigma U}^{\mathrm{T}}\boldsymbol{U\Sigma V}^{\mathrm{T}}=\boldsymbol{V\Sigma}^2\boldsymbol{V}^{\mathrm{T}} \tag{4-53}$$

式(4-53)证明使用了 $\boldsymbol{U}^{\mathrm{U}}=\boldsymbol{I}$，$\boldsymbol{\Sigma}^{\mathrm{T}}=\boldsymbol{\Sigma}$。可以看出 $\boldsymbol{AA}^{\mathrm{T}}$ 的特征向量组成的的确就是 SVD 中的 $\boldsymbol{V}$ 矩阵。类似的方法可以得到 $\boldsymbol{AA}^{\mathrm{T}}$ 的特征向量组成的就是 SVD 中的 $\boldsymbol{U}$ 矩阵。

进一步还可以看出特征值矩阵等于奇异值矩阵的平方，也就是说特征值和奇异值满足如下关系：

$$\sigma_i=\sqrt{\lambda_i} \tag{4-54}$$

这样也就是说可以不用 $\sigma_i=\dfrac{\boldsymbol{A}v_i}{u_i}$ 来计算奇异值，也可以通过求出 $\boldsymbol{AA}^{\mathrm{T}}$ 的特征值取平方根来求奇异值。

PCA 降维是 SVD 分解的一种应用。在 PCA 中，降维的变换矩阵恰好是 SVD 分解得到的右奇异矩阵（$\boldsymbol{V}$）。这是因为（$\boldsymbol{V}$）矩阵（右奇异矩阵）进行了对原始数据的列压缩，而（$\boldsymbol{U}$）矩阵（左奇异矩阵）则对行进行了压缩。由于 PCA 只关心减少特征以实现降维，因此它只用到了 SVD 分解的右奇异矩阵（$\boldsymbol{V}$）。

SVD 是一种基本算法，在许多机器学习算法中都扮演着重要角色。它的原理并不复杂，只需要基本的线性代数知识即可理解，并且实现相对简单。SVD 能够降低数据的维度并保留数据中最重要的信息。然而，SVD 的一个缺点是其分解出的矩阵在解释性方面较弱。另外需要注意的是，SVD 的计算成本较高，尤其是对于大型矩阵。这在实际应用中可能成为一个挑战。

通过 PCA 和 SVD 的联系，大家可以利用 SVD 的计算效率和 PCA 的降维效果来处理数据。这种方法在处理大型数据集时可能更为高效，因为 PCA 使用 SVD 的右奇异矩阵来找到最重要的特征，从而实现了数据的降维。

本章小结

本章深入研究了信号处理这一关键技术，该技术贯穿多个学科和应用领域。探讨的方面包括信号去噪、信号转换和信号提取。

对于信号去噪，相位偏移是一个常见的问题。通过采用相位偏移去除技术，可以更精确地恢复原始信号的相位信息，从而提高信号的质量，Hampel 滤波器是一种鲁棒的离群点检测和去除方法。小波滤波器作为一种多尺度分析工具，不仅可以用于去噪，还能够更细致地分解信号，揭示其频域特征。巴特沃斯滤波器作为常见的频域滤波器，通过调整截止频率，能够有针对性地去除特定频率范围内的噪声。这些方法在信号处理中起到重要作用，有助于提升信号质量和系统性能。

快速傅里叶变换是一种高效的频域分析方法，广泛应用于信号处理。短时傅里叶变换克服了 FFT 对整个信号进行频谱分析的局限性，能够观察到信号在时间和频率上的局部变化，这对于分析非平稳信号非常关键。

在信号提取阶段，过滤和阈值处理是常用的手段。通过合理设置阈值和选择合适的过滤方法，就能够从复杂的信号中提取出目标信息。主成分分析是一种在信号压缩中广泛应用的技术。通过找到数据的主成分，PCA 实现了数据的降维，减少了存储和处理的复杂性。独立成分分析通过分离信号的独立成分，为混合信号的解混提供了有效手段。奇异值分解在信号处理中通过将矩阵分解为三个矩阵乘积，SVD 为信号的降维和噪声抑制提供了一种有效的途径。

由于信号处理领域的多样性和复杂性，在处理的过程中，有时单单一个方法解决不了问题，可能需要各种方法的相互交叉、结合使用。有些算法功能多样，不仅可以去处理噪声，在信号的转换和提取阶段也可能扮演着关键的角色，其强大的功能为后续的机器学习提供了优质的数据基础。

第 **5** 章

无线感知理论模型

在以往的研究中，无线感知技术行为识别或目标检测解决方案主要通过经验实验，但这种方法较为盲目，只能通过大量实验训练来验证，缺乏系统设计的基础理论指导，研究人员不得不通过试错的方法来使系统工作。经验实验方法具有局限性，其无法回答很多问题，如当收发器固定时，人体行为或呼吸在什么位置产生的信号比较好，什么位置比较差，不同的检测目标对系统的影响有多大，当收发器移动时，每个位置的收发能力是否发生变化，系统的最大感知范围是多少。解决这些问题，需要用到无线感知相关模型，本章将从理论模型出发，利用数学公式推导深入学习各模型。

5.1
空间统计模型

确定目标在室内空间所对应的位置，需要用到空间统计模型。此模型关注移动的人或物体作为其位置的函数对路径上测量的接收信号强度方差所产生的影响，也就是将静态路径上测量的 RSS 方差与移动人员在环境中的位置（包括 TX 和 RX 位置）联系起来。

首先要了解静态路径上的衰落（以及 RSS 方差）机制，就是人或物体的运动导致单个或多路径的变化，会影响接收到的信号。在接收机上测量的窄带信号的复基带电压为

$$\widetilde{V} = \sum_{i=1}^{N} V_i \tag{5-1}$$

式中，$V_i = |V_i| e^{j\phi_i}$ 为第 i 个多径分量的复振幅；N 为分量总数。接收功率等于 $|\widetilde{V}|^2$，接收信号强度（RSS）实际上是以分贝（dB）表示的接收功率：

$$R_{dB} = 20 \lg |\widetilde{V}| \tag{5-2}$$

衰落是相位变化的结果。根据这些相位，式(5-1)中的和可能是相反的相位，从而是破坏性的，或相反是建设性的。当环境中的物体和人移动时，它们会影响多路径组件中的一个子集，这取决于它们的当前位置。新的目标也可以使电磁波散射，影响无线电功率，从而在信道中诱导出新的多径分量。在双基地雷达知识中，这种新的散射路径被认为是唯一的信道变化。利用这些特性可以量化由现有多径分量变化引起的总衰落，重新作为目标位置的函数。

接下来分为三步讲述该模型。首先第一步对于一定范围的预期总影响功率（ETAP）值，RSS 方差的集合均值与 ETAP 近似线性相关。第二步介绍呈现散射和反射的统计多径模型。最后第三步将 ETAP 量化为人的位置（相对于 TX 和 RX 位置）的函数，得到目标在室内空间所对应的位置，下面将详细讲述。

（1）受影响功率的测量

接下来描述如何通过测量 RSS 方差来测量受影响多路径中的总功率。受影响的总功率和 RSS 方差都是随机的。对于位置固定的 TX 和 RX，移动不同路径的人会得到不同的总影响功率，并且会测量到不同的 RSS 方差。

首先定义 ETAP，要考虑式(5-1) 中当移动目标现在存在于某个位置时电压的变化。假设一些多径分量在相位和幅度上会受到人的影响。而其他组件的路径不接近人，所以不受影响。定义 U 和 A 分别为不受新目标影响和受新目标影响的多路径指标，作为 $1,\cdots,N$ 的分区。ETAP 定义为

$$\text{ETAP}=E\left[T_{\text{AP}}\right],T_{\text{AP}}=\sum_{i\in A}\left|V_i\right|^2 \tag{5-3}$$

用 Σ^2 表示 RSS 的方差，利用前面式(5-2) 所述，RSS 表示为 R_{dB}，如此可写成 $\Sigma^2=\text{Var}\left[R_{\text{dB}}\right]$，对于一定范围的值，dB RSS 的方差 {特别是 $E\left[\Sigma^2\right]$} 与 dB ETAP 具有仿射关系。为了证明这一点，将式(5-1) 分成两项：

$$\widetilde{V}=\overline{V}+\sum_{i\in A}V_i,\overline{V}=\sum_{i\in U}V_i \tag{5-4}$$

当移动的人处于 x_0 位置时，项 $\overline{V}$ 不受影响，因此，对于特定的路径是恒定的，$\overline{V}$ 是常数。第二项 $\sum_{i\in A}V_i$，随着人的运动而随机改变。根据通信知识使用中心极限定理❶，接收电压的大小可以很好地表示为一个随机变量。这里，$\overline{V}$ 项类似于镜面信号，而 $i\in A$ 项是在莱斯信道❷（rician channel）的漫反射信号项。$|\widetilde{V}|$ 的莱斯分布（rician distribution）的 K 因子被定义为 $K=\dfrac{\overline{V}^2}{\sum\limits_{i\in A}\left|V_i\right|^2}$，或者用分贝单位表示：

$$K_{\text{dB}}=10\lg\left|\overline{V}\right|^2-10\lg T_{\text{AP}} \tag{5-5}$$

因为 $|\widetilde{V}|$ 是莱斯衰落信道，dB 的接收功率 $R_{\text{dB}}=20\lg|\widetilde{V}|$ 有对数分布：

$$f_{R_{\text{dB}}}(r)=\frac{c\,\text{e}^{2cr}}{\sigma^2}\exp\left(-\frac{\text{e}^{2cr}+\overline{V}^2}{2\sigma^2}\right)I_0\left(\frac{\text{e}^{cr}\overline{V}}{\sigma^2}\right) \tag{5-6}$$

式中，$I_0(\cdot)$ 为第一类零阶贝塞尔函数❸，并且 $c=\dfrac{\lg}{20}$。对 R_{dB} 的方差进行数值计算，如图 5-1 所示。注意，当 K 不变时，σ^2 和 $\overline{V}^2$ 不改变 $\text{Var}\left[R_{\text{dB}}\right]$。

从图 5-1 中可以看出，在 $-2\text{dB}<K_{\text{dB}}<10\text{dB}$ 范围内，R_{dB}、$\text{Var}\left[R_{\text{dB}}\right]$ 与分贝因子 K 之间存在近似线性关系。在这个线性区域，$\text{Var}\left[R_{\text{dB}}\right]$ 变化范围从27dB 到 3dB，这个线性区域是 R_{dB} 方差最重要的区域。静止环境中的静止路径由于噪声的影响，会测量到 $\text{Var}\left[R_{\text{dB}}\right]<3\text{dB}$。根据经验，很少有 TX 和 RX 在固定的路径会测量 $\text{Var}\left[R_{\text{dB}}\right]>27\text{dB}$。因此，就目的而言，将 $\text{Var}\left[R_{\text{dB}}\right]$ 和 R_{dB} 之间的关系描述为线性关系是准确的。

此外，随着 R_{dB} 的增加，减弱程度降低，$\text{Var}\left[R_{\text{dB}}\right]$ 也随之降低。明确地说：

$$\Sigma^2\triangleq\text{Var}\left[R_{\text{dB}}\right]\approx a_0-a_1K_{\text{dB}} \tag{5-7}$$

---

❶ 中心极限定理是概率论和统计学中的一个重要定理，描述了在一定条件下独立随机变量的和趋近于正态分布的现象。

❷ 莱斯信道是一种用于描述通信信道的数学模型。在莱斯信道中，信号传播经历了主要路径和散射路径的组合。主要路径是直射路径，通常具有强信号，而散射路径则是由于多径传播引起的，涉及多个反射、折射等。莱斯信道的信号衰落可以用莱斯分布来描述。

❸ 第一类零阶贝塞尔函数是求解某一次微分方程和一些数学物理问题，有着重要作用的特殊函数，现在经常被用于几何光学、声学及数学物理学中。

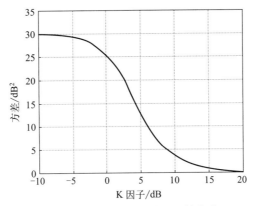

图 5-1　对数随机变量对 K_{dB} 的方差

对于 $a_0, a_1 \in R^+$，结合式(5-5)，得到：

$$\Sigma^2 \approx a_0 - a_1 10\lg|\overline{V}|^2 + a_1 10\lg T_{AP} \tag{5-8}$$

接下来，在具有相同的端点和相对几何形状的路径实现的集合上，取两边的期望值，得到：

$$E[\Sigma^2] \approx a_0 - a_1 E[10\lg|\overline{V}|^2] + a_1 E[10\lg T_{AP}] \tag{5-9}$$

相对而言，未受影响的多路径中的功率通常比受影响的多路径中的功率强得多。由于多路径分散在环境的各个方向，一个人通常只影响总功率的一小部分（除非这个人正好在 TX 或 RX 的顶部）。这里将项 $E[10\lg|\overline{V}|^2]$ 重写为 $10\lg$（受功率影响的多路径总功率）的期望值，可以看出当 T_{AP} 远小于总功率时，它基本上是恒定的。将这个近似应用于式(5-9)得到：

$$E[\Sigma^2] \approx a_2 + a_1 E[10\lg T_{AP}] \tag{5-10}$$

（2）统计多径模型

为了将 ETAP 量化为一个人在空间中的位置函数，需要一个统计通道模型来描述通道中每个多路径的空间范围，称之为空间多路径模型。模型的功能包括：

① 解释每个多路径分量的几何路径，而不仅仅是接收机的到达角或到达时间；

② 适用于两个天线相对接近地面的情况。Liberti 和 Nørklit 分别为反射和散射多径提供了这样的模型。将这两个模型结合起来，以便为反射和散射机制创建一个空间人为衰落模型，下面进行详细描述。

Liberti 和 Nørklit 两种模型都假设多径只经历一次反弹，即通过反射或散射，路径在发射机 x_t 和接收机 x_r 之间只改变方向一次。假设在每个 TX 和 RX 上使用全向天线。用 x 表示散射器或反射器的位置，这里为了简化书写，称引起反射或散射的物体为"散射器"，而不考虑其传播机制。两种模型都假设散射体都位于与地面平行的平面上。为了不失去一般性，将这个平面的高度（z）坐标表示为零。在散射面上，散射体呈泊松点过程分布，平均散射体密度为 $\dfrac{\eta}{m^2}$。

单散射面假设并不意味着限制分析。这个平面可以是室内环境中的地板或天花板，也可以是环境中存在散射体的任何高度。如果有多个平行于地面的散射面，例如地板、天花板，以及中间的另一个散射面，那么得到的 ETAP 就是每个平面的 ETAP 之和。

对于反射多径，接收功率为

$$P_r(x) = \frac{c_r}{(\|x_t - x\| + \|x_r - x\|)^{n_p}} \tag{5-11}$$

式中，c_r 为常数；n_p 为路径损失指数。对于一个分散的多路径：

$$P_s(x) = \frac{c_s}{\|x_t - x\|^2 \|x_r - x\|^2} \tag{5-12}$$

(3) 人体模型

假设人可以用一个垂直的圆柱体来近似表示，这个模型用于电磁传播研究，已经被实验证明是精确的。图 5-2 中显示了 TX、RX、人体和散射体的三维几何形状。在散射面中，人体是一个圆心为 x_O，直径为 D 的圆，假设圆柱体的顶部高于 $\max(0, \Delta z)$，圆柱体的底部低于 $\min(0, \Delta z)$。因此，可以将人近似为比收发器高度高，简化了分析。

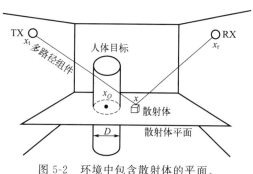

图 5-2　环境中包含散射体的平面、
TX、RX 以及人体目标

根据以上描述的模型，接下来将分析传播机制为散射或反射时的 ETAP。当然，任何真实世界的路径都会有由反射和散射引起的多径。此外，可能存在不被反射或散射的视距路径。由于散射、反射和 LoS 传播，实际的 ETAP 将是 ETAP 的某种线性组合（以线性单位，而不是 dB 单位）。

ETAP 是在人到达 x_0 之前存在的多路径的力量的总和，这些力量在某种程度上会被人出现在 x_0 位置时所改变。ETAP 要考虑这些多路径的力量是在人到达之前而不是之后。因此，没有必要考虑由于人的存在而引起的变化。下面将通过添加单反弹（反射或散射）多径分量的功率来计算 ETAP，这些分量会受到 x_0 处有人时的影响（因为这里人位于路径最初经过的那条线路上）。由于人的存在，路径可能以多种方式发生变化——在人周围散射，穿过人体传输，或者最有可能的是在人周围衍射。本小节通过考虑受影响的多径分量振幅之和作为一个复杂随机变量来分析 RSS 的方差（在人存在之后）。

① ETAP：一般近似结果

近似 1：受人影响区域的宽度等于人的直径。

近似 2：受人影响区域中 x 的函数 $f(x)$ 值可以近似为 $f(\tilde{x})$，其中 $\tilde{x}$ 是 x 在中线上的投影，即中线上最接近 x 的点。换句话说，受人影响区域的等腰梯形足够窄，可以假设 $f(x)$ 的值在与中线垂直的方向上几乎是恒定的。

在均匀泊松空间散射过程中，散射体位置随机分布在散射面上，每单位面积密度为 η 个散射体。在每个 ETAP（散射或反射）中，可以找到散射体位置函数的期望值。ETAP 记为 Q，写为

$$Q = E\left[\sum_{i \in A} f(x_i)\right] \tag{5-13}$$

对每个散射体位置求和，其中 $f(x_i)$ 是散射体位置 x_i 的标量函数。通常把期望值写成：

$$Q = \iint_{x \in A} \eta f(x) \mathrm{d}x \tag{5-14}$$

在这基础上，做另一个近似 3：将式(5-14) 中的面积积分近似为两个受人影响的面积积分之和，一个除以 A_r，另一个除以 A_t。根据这个近似，$Q = Q_t + Q_r$，其中：

$$\begin{aligned} Q_t &= \iint_{x \in A_t} \eta f(x) \mathrm{d}x \\ Q_r &= \iint_{x \in A_r} \eta f(x) \mathrm{d}x \end{aligned} \tag{5-15}$$

根据近似 1 和近似 2，式(5-15) 中的面积积分可以写成如下的线积分。首先，考虑受目标影响的区域。由于近似 2，$f(x)$ 的值沿着与人感染区域内中线垂直的线段是恒定的。为了简化，可以把 $\tilde{x}$ 写成 x 在中线上的投影。向量 $\tilde{x}$ 可以写成：

$$\tilde{x} = x_O + \alpha\, \frac{x_O - x_t}{\|x_O - x_t\|} \tag{5-16}$$

对于某个 $\alpha \geqslant 0$。分数 $\dfrac{x_O - x_t}{\|x_O - x_t\|}$ 是平行于中线的单位向量。受影响区域在 $\tilde{x}$ 处的宽度是垂直于包含 A_t 的中线的线段的长度。这个宽度是用相似三角形计算的。开始于 x_t，结束于人的位置 x_O 的等腰三角形的高度为 $\|x_t - x_O\|$，其底长近似等于 D（通过近似 1）。等腰三角形的高为 $\|x_t - x_O\| + \alpha$，记它的底长为 b_t：

$$b_t = D\, \frac{\alpha + \|x_t - x_O\|}{\|x_t - x_O\|} \tag{5-17}$$

因此式(5-15) 化简为

$$\begin{aligned} Q_t &= \int_{\alpha=0}^{\infty} \eta D\, \frac{\alpha + \|x_t - x_O\|}{\|x_t - x_O\|} f \times \left(x_O + \alpha\, \frac{x_O - x_t}{\|x_O - x_t\|}\right) \mathrm{d}\alpha \\ Q_r &= \int_{\alpha=0}^{\infty} \eta D\, \frac{\alpha + \|x_r - x_O\|}{\|x_r - x_O\|} f \times \left(x_O + \alpha\, \frac{x_O - x_r}{\|x_O - x_r\|}\right) \mathrm{d}\alpha \end{aligned} \tag{5-18}$$

② ETAP：散射　假设所有多径分量都是由散射引起的，使用式(5-12) 的散射功率公式作为式(5-18) 中的函数 $f(x)$。注意到式(5-12) 中存在一个奇点，每当散射位置 x 等于 TX 或 RX 位置时。无限接收功率在物理上是不可能的——它是在近场评估的远场近似公式的工件，因此确保 $P_s(x)$ 对所有位置 x 是有限的是适当的，奇点可以通过在分母中添加常数来补救。相反指定散射面不包含 TX 或 RX 位置，从而避免了奇点。应用 $f(x) = P_s(x)$ 求出 $Q = Q_t + Q_r$。对于 Q_t，式(5-18) 中的积分化简为

$$Q_t = \int_{\alpha=0}^{\infty} \frac{\left\| \dfrac{D\eta c_s}{x_t} - x_O \right\|}{\left(\|x_t - x_O\| + \alpha\right)\left\|(x_r - x_O) - \alpha\, \dfrac{x_O - x_t}{\|x_O - x_t\|}\right\|^2} \mathrm{d}\alpha \tag{5-19}$$

Q 的表达式是通过交换 $\boldsymbol{x}_t$ 和 $\boldsymbol{x}_r$ 得到的。其中 $d_{rt} = \|\boldsymbol{x}_r - \boldsymbol{x}_t\|$，并且

$$d_{x_r}^+ = (\|\boldsymbol{x}_r - \boldsymbol{x}_O\|^{-1} + \|\boldsymbol{x}_t - \boldsymbol{x}_O\|^{-1})^{-1}$$

$$d_{x_O}^- = (\|\boldsymbol{x}_r - \boldsymbol{x}_O\|^{-1} - \|\boldsymbol{x}_t - \boldsymbol{x}_O\|^{-1})^{-1} \tag{5-20}$$

$$\theta = \cos^{-1}\left[\frac{(\boldsymbol{x}_r - \boldsymbol{x}_O)^T(\boldsymbol{x}_O - \boldsymbol{x}_t)}{\|\boldsymbol{x}_r - \boldsymbol{x}_O\|\|\boldsymbol{x}_O - \boldsymbol{x}_t\|}\right]$$

③ ETAP：反射　假设反射是唯一的传播机制，这种情况下计算 ETAP。函数 $f(x)$ 等效为 $P_r(x)$，$P_r(x)$ 如式(5-11) 给出。仍然有 $Q = Q_t + Q_r$，Q_t 的积分表达式为

$$Q_t = \int_{O=0}^{\infty} \frac{\dfrac{\eta D c_r(\alpha + d_{t,O})}{d_{t,O}\,\mathrm{d}\alpha}}{\left[d_{t,O} + \alpha + \left\|\boldsymbol{x}_r - \boldsymbol{x}_O - \dfrac{\alpha(\boldsymbol{x}_O - \boldsymbol{x}_t)}{d_{t,O}}\right\|\right]^{n_b}} \tag{5-21}$$

5.2
菲涅尔区模型

在基于理论上的模型研究中，菲涅尔区模型是最先被提出应用于 WiFi 感知的模型，它主要针对产生的 CSI 波形与目标位置的关系。菲涅尔区（fresnel zone）的概念起源于 19 世纪初对光的干涉和衍射的研究。1936 年的美国专利中第一次提到使用了菲涅尔区概念，从那时起，菲涅尔区域模型开始得到广泛应用，从微波传播、无线电台放置再到天线设计都有涉及。

菲涅尔区是指一对收发器中具有焦点的同心椭圆。假设 P_1 和 P_2 是两个具有一定高度的收发器（如图 5-3 所示），对于给定的无线电波长 λ，可以构造包含 n 个椭圆的菲涅尔区，确保：

$$|P_1 Q_n| + |Q_n P_2| - |P_1 P_2| = \frac{n\lambda}{2} \tag{5-22}$$

式中，Q_n 是第 n 个椭圆上的一个点。最里面的椭圆被定义为第一菲涅尔区（first fresnel zone，FFZ），第一椭圆和第二椭圆之间的椭圆环空被定义为第二菲涅尔区，第 n 个菲涅尔区对应于第 $(n-1)$ 个和第 n 个椭圆之间的椭圆环。由于相邻两个菲涅尔区之间的边界为椭圆，进一步将第 n 个菲涅尔区边界定义为第 n 个和 $(n+1)$ 个菲涅尔区之间的椭圆：

$$\frac{x^2}{a_n^2} + \frac{y^2}{b_n^2} = 1 \tag{5-23}$$

根据第一菲涅尔区半径的定义：

$$\sqrt{R_1^2 + d_1^2} + \sqrt{R_1^2 + d_2^2} = d + \frac{\lambda}{2} \tag{5-24}$$

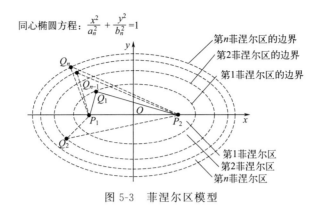

图 5-3　菲涅尔区模型

由于

$$\sqrt{R_1^2+d_1^2} \approx d_1 + \frac{F_1^2}{2d_1}, \sqrt{R_1^2+d_2^2} \approx d_2 + \frac{F_1^2}{2d_2} \tag{5-25}$$

且

$$d = d_1 + d_2 \tag{5-26}$$

得出第一菲涅尔区半径：

$$R_1 = \sqrt{\frac{\lambda d_1 d_2}{d}} \tag{5-27}$$

第 n 菲涅尔区半径为

$$R_n = \sqrt{\frac{n\lambda d_1 d_2}{d}} \tag{5-28}$$

　　显然，随着 n 从 1 到 n 的变化，菲涅尔带的宽度不断减小，接近 $\lambda/2$。根据以往的研究，射频传输的重要区域是前 8~12 区，超过 70% 的能量通过第一菲涅尔区传输。

　　静态或移动物体对接收射频信号产生影响，当 P_1 向 P_2 发送无线电信号时，接收信号的幅度和相移由 P_1 到 P_2 的长度即视距决定。假设在图 5-3 中第一个菲涅尔区边界 Q_1 处出现一个静态物体，从该物体引入一条额外的信号路径，P_2 处接收到的信号是反射信号与经过 LoS 的信号的线性组合。由于源信号相同，而反射信号（P_1、Q_1、P_2）的路径长度比 LoS 的长度长 $\lambda/2$，两个信号之间的相位差为 π，加上反射引入的相移 π，两个信号相位相同但幅度不同，导致接收到的叠加信号更强。

　　但如果将物体置于第二菲涅尔区边界处，由于反射信号的路径长度比经过 LoS 的信号的路径长度长 λ，因此两个信号的相位差为 2π。考虑到额外的相移 π，接收到的信号将具有破坏性相位，导致两个信号相互抵消。同样，当物体位于奇数菲涅尔区边界时，反射信号与 LoS 信号同相，会增强 P_2 处的接收信号。当物体位于偶数菲涅尔区边界时，反射信号与 LoS 信号由于具有相消性而相互抵消，因此 P_2 观测到的信号比空间中没有物体时弱。

　　现在假设一个物体从第一菲涅尔区移动到第 n 菲涅尔区，而通过 LoS 的信号仍然存在，同样，物体反射的信号会随时间变化而变化。对于 P_2 处接收到的反射信号的振幅，由于物体向外移动导致传播距离变长，因此信号的振幅会逐渐减小。对于接收到的反射信号的相位，当物体穿过不同的菲涅尔区向外移动时，两个信号之间的相位差从 2π 到 3π、4π、$\cdots$、$(n+1)\pi$，导致信号叠加变化。

根据基本干涉原理，当物体越过菲涅尔区边界时，接收到的信号会出现波峰或波谷。然而，如果物体沿着椭圆运动，由于反射信号路径的长度没有变化，因此接收到的信号保持不变。

总结出室内空间 WiFi 射频传播特性如下：

① WiFi 菲涅尔区是一对收发器中具有聚焦的同心椭圆形状，可以用数学方法计算。

② 运动物体通常会产生变化幅度和相位的反射信号。在小的移动尺度下，反射信号大致具有固定的幅值，而相位变化会影响接收信号。在大的移动尺度下，反射信号作为接收信号的输入经历了相位变化和幅度变化。

③ 当物体穿过一系列菲涅尔带时，接收信号呈现连续的类正弦波，穿过边界产生波峰和波谷。

④ 如果运动物体反射的信号使路径长度发生 λ 的变化，则其相位发生 2π 的变化，形成一个完整的正弦周期。如果反射信号改变的路径长度小于 λ，则生成的信号是正弦周期的片段。

当目标位于 FFZ 内时，衍射比反射强得多，因此衍射占主导地位，反之位于第一菲涅尔区之外，反射占主导地位。注意第一菲涅尔区，因为超过 70% 的能量是通过这个区域传递的。当目标在该区域内运动时，接收信号的幅度和相位会受到很大的影响。考虑一个自由空间的场景，两个收发器 T 和 R 发送具有一个波长的 RF 信号，首先计算 TQR 和 TOR 之间的路径差 Δd：

$$
\begin{aligned}
\Delta d &= |TQR| - |TOR| \\
&= \sqrt{(d_1)^2 + (h^2)} + \sqrt{(d_2)^2 + (h^2)} - (d_1 + d_2) \\
&= d_1\sqrt{1 + \left(\frac{h}{d_1}\right)^2} + d_2\sqrt{1 + \left(\frac{h}{d_2}\right)^2} - (d_1 + d_2)
\end{aligned}
\tag{5-29}
$$

对于 FFZ，$h \ll d_1$，$h \ll d_2$，则 $\left(\frac{h}{d_1}\right)^2 \ll 1$，$\left(\frac{h}{d_2}\right)^2 \ll 1$。通过在 $x \ll 1$ 时采用近似 $\sqrt{1+x} \approx 1 + \frac{x}{2}$，式(5-29) 可以简化为

$$
\Delta d \approx \frac{h^2}{2} \times \frac{d_1 + d_2}{d_1 d_2}
\tag{5-30}
$$

在信号传播过程中，此路径差 Δd 所产生的相位差为

$$
\varphi = \frac{2\pi \Delta d}{\lambda} = \pi h^2 \frac{d_1 + d_2}{\lambda d_1 d_2}
\tag{5-31}
$$

菲涅尔-基尔霍夫衍射参数 v 定义为

$$
v = h\sqrt{\frac{2(d_1 + d_2)}{\lambda d_1 d_2}}
\tag{5-32}
$$

因此，相位差可以简化为 $\varphi = \frac{\pi}{2}v^2$，与从 T 到 R 的直接路径信号相比，这个额外的相位变化发生在经过 Q 的衍射信号处。

在现实中，目标具有不可忽略的大小，在研究移动目标如何影响射频信号时，需要先对目标进行建模，人体建模为如图 5-4 所示的平面类圆柱体，其中圆柱体的外表面和内表面分别对应于吸气和呼气时的胸部位置。呼吸过程类似于一块金属板进出移动，位移约为 5mm。人体和金属板的关键区别在于人体主体具有不可忽略的宽度，但是多重刀口衍射效应可以帮助解决这个问题。

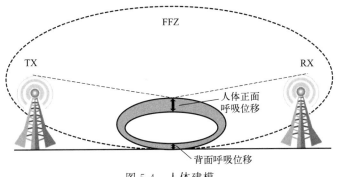

图 5-4　人体建模

多重刀口衍射效应即电磁波传播在遇到障碍物时，与障碍物边缘相遇部分的电磁波传播方向发生改变而进入障碍物的阴影区域的现象。可用惠更斯-菲涅尔原理解析刀口效应，该原理认为，当传播的电磁波遇到障碍物边缘时，此处就成了第二个波源，同时产生新的波前锋，改变了前进的方向而可进入障碍物的阴影部分，电磁波不再受到阻挡。FFZ 中存在多个障碍物引起的影响相当于图 5-5 所示的单个最高障碍物。

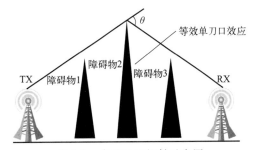

图 5-5　多重刀口衍射示意图

通过这种方式，如图 5-6(a) 所示，可以将躺着的场景中人体的呼吸过程建模为一个在FFZ 中有微小运动的金属矩形板。接下来在椅子上模拟人体，胸部模型仍然是一个大小不一的圆柱体。然而，与躺在床上不同，现在需要考虑胸部前后尺寸的位移。受前面的圆柱体模型的启发，将一个坐着或站着的人的呼吸建模为一个圆柱体，仿人胸部向前移动尺寸为 5mm，向后移动尺寸为 3mm。衍射发生在圆桶两侧，计算精细呼吸传感的衍射增益时，应同时考虑菲涅尔前后间隙。

首先分析当金属板穿过 FFZ 时信号是如何变化的。为了研究仅在平板一侧的衍射效应，假设金属板的长度是无限大的，只有一面可以穿过。式(5-27)所示 FFZ 的半径 R_1 为

$\sqrt{\dfrac{\lambda d_1 d_2}{d_1 + d_2}}$，接下来进一步定义一个叫做菲涅尔间隙的参数 u 来表示板穿过的百分比：

$$u = \frac{h}{R_1} \tag{5-33}$$

式中，h 是从视距中点到金属板边缘的矢量距离。当极板边缘刚好与两台收发器的视线（LoS）接触时，$h=0$。当板缘首次接触到 FFZ 边界时，$h=-R_1$。当板到达边界的另一侧

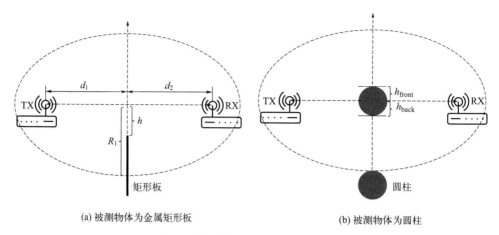

(a) 被测物体为金属矩形板　　　　　　　　(b) 被测物体为圆柱

图 5-6　矩形板和圆柱在 FFZ 上移动

时，$h = R_1 r_1$。所以 u 在 -1 到 1 的范围内。根据这个定义，菲涅尔-基希霍夫衍射参数 v 可以用菲涅尔间隙 u 表示：

$$v = h\sqrt{\frac{2(d_1 + d_2)}{\lambda d_1 d_2}} = h\frac{\sqrt{2}}{R_1} = \sqrt{2}u \tag{5-34}$$

因此，接收端由于衍射引起的信号幅值可表示为

$$F(v) = \frac{1+j}{2}\int_v^\infty \exp\left(\frac{-j\pi Z^2}{2}\right)dz \tag{5-35}$$

$F(v)$ 称为菲涅尔积分。由于金属板存在的衍射增益为

$$\text{Gain}_{\text{Diff}} = 20\lg|F(v)| \tag{5-36}$$

在现实中，人类的目标是有限的。当一个人出现在 FFZ 中时，信号在人体的两侧都有产生衍射。接下来利用圆柱体来研究人体衍射效应，在如图 5-6(b) 所示的实验中，具有有限尺寸（例如直径为 10cm）的圆桶会沿两个收发器的垂直平分线移动。

现在定义了两个新的参数：菲涅尔前间隙前和菲涅尔后间隙后。圆桶的衍射效应包括两部分，即正面引起的衍射和背面引起的衍射。菲涅尔前间隙 $u_{\text{front}} = \dfrac{h_{\text{front}}}{R_1}$ 反映了目标前侧面在 FFZ 内的相对位置。h_{front} 前端为圆柱正面到两台收发器的 LoS 的距离。所以菲涅尔前积分是：

$$F(v_{\text{front}}) = \frac{1+j}{2}\int_{V_{\text{front}}}^\infty \exp\left(\frac{-j\pi Z^2}{2}\right)dz \tag{5-37}$$

类似地，菲涅尔反积分为

$$F(v_{\text{back}}) = \frac{1+j}{2}\int_{-\infty}^{V_{\text{back}}} \exp\left(\frac{-j\pi Z^2}{2}\right)dz \tag{5-38}$$

由于存在一个有限尺寸的圆柱，总的衍射增益由下式给出双边衍射模型：

$$F(v) = |F(v_{\text{front}}) + F(v_{\text{back}})| \tag{5-39}$$

通过以上实验，总结了 FFZ 中与衍射相关的独特特性，可以用于呼吸传感：

① FFZ 的边界不一定是最高功率点。波峰出现在进入 FFZ 后稍晚的位置。这说明最佳和最差的感知位置可能不在 FFZ 边界上。

② 小尺寸物体在 FFZ 内存在双面衍射。对于圆柱体，在穿过 FFZ 的过程中，衍射增益是非单调的。当圆柱体的重心在 LoS 上时，底部出现局部峰值。这一特性解释了为什么当目标是坐着的时候，呼吸传感的好位置会交替出现。

③ 不同直径物体的衍射效应略有不同，导致凸起的大小和位置不同。这说明不同体型的人在 FFZ 内的同一位置可能具有不同的感知能力。

接下来研究如何从接收到的射频信号中提取胸部位移引起的相位变化。首先将胸部位移转换为衍射路径长度的变化，然后将该路径长度的变化转换为相位变化。假设胸部位移为 Δd，运动引起的路径长度变化在 $2\Delta d$ 左右。一个波长的路径变化表现出 2π 的相位变化。因此，由呼吸引起的相旋转 θ 计算为

$$\theta = 2\pi \times \frac{2\Delta d}{\lambda} \tag{5-40}$$

式中，λ 为波长，5GHz 信号为 5.7cm。对于普通呼吸和深度呼吸，胸腔位移 Δd 为 5mm 和 12mm，分别对应 60° 和 150° 的相位变化。如图 5-7 所示，真正重要的是，呼吸引起的幅度变化高度依赖目标在 FFZ 中的位置。相同的胸腔位移量会引起非常不同的幅度变化。当胸腔移位发生在单调间隔时，呼吸引起的接收信号波动较大。另一方面，在非单调区间，波动较弱，因此更容易被噪声淹没。

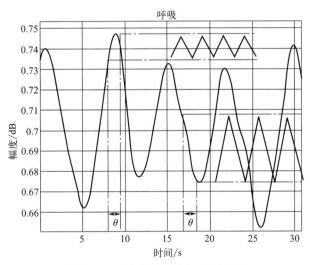

图 5-7　不同位置呼吸产生的波形

5.3
同心圆模型

以往大部分使用菲涅尔区模型的研究中，发射器和接收器之间的视距距离都在 2m 以上，所以至少需要一对 WiFi 设备作为发射器和接收器。然而，在日常生活场景中，一个

WiFi 设备就足以满足一个房间的网络需求，因此需要额外的设备，这就违背了 WiFi 传感的低成本和便利性的优点。此外，发射器和接收器之间 LoS 路径的不同距离可能会影响传感系统的性能。而在实际应用中，用户在特定距离放置一对发射机和接收机并不方便。

第二个限制是相邻菲涅尔区间距不等。在 $e^{-j2\pi\frac{d(t)}{\lambda}}$ 中，边界表示一个相等的传播距离 $d(t)$。当物体通过这些菲涅尔区时，CSI 会由于 $d(t)$ 的变化而出现波峰和波谷（半个周期），这是 WiFi 传感的主要机制。相邻菲涅尔区间距不等会导致两个问题，由前面的知识知道，在发射器和接收器之间存在一个固有的感知区，即第一个菲涅尔区。不同位置的物体即使移动相同的距离，$d(t)$ 的变化也是不同的，即使位移和速度相同，一个位置的运动物体也许只会经过一个周期，而另一个位置的运动物体则可能会经历两个以上的周期。此外多普勒频率会随 y 的增加而增加。这个特性违背了目标操作和波形变化之间的一对一映射关系，而这种关系通常是活动分类所需要的。

为了解决菲涅尔区模型的局限性，一种称为同心圆（concentric circle）的模型被提出了，如图 5-8，该模型将发射机和接收机放在一起，可以精确测量物体的径向速度。发射器位于接收器上方 10cm 处，形成一个水平圆形电磁波反射雷达模型。将同心圆模型与 WiFi 信道状态信息比（CSI 商模型，后面小节中会详细讲解）相结合，可以将目标的速度与 WiFi 多普勒频率联系起来。

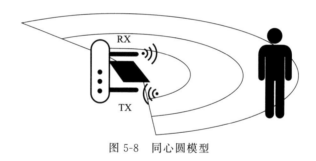

图 5-8　同心圆模型

图 5-8 是同心圆模型的示意图。接收器位于发射机附近。这样，相邻间距不等的菲涅尔区椭圆就变成了相邻间距相等的同心圆。

球体半径定义为 $R = N \times \dfrac{\lambda}{2}$，其中 N 表示第 N 个 CC 区域，即图 5-9 中所示的圆形边界。

当物体通过 CC 区域时，$e^{-j2\pi\frac{d(t)}{\lambda}}$ 将在复平面上旋转一圈。如图 5-9 所示，理想点目标穿过 CC 模型的边界，对应单位圆 $e^{-j2\pi\frac{d(t)}{\lambda}}$ 的实部，与菲涅尔区模型相比，同心圆模型的改进如下：

① CC 模型消除了盲区。金属板隔离了能带来最大动态分量的直接路径。

② CC 模式为 WiFi 传感提供单设备解决方案，方便用户部署设备。

③ $2\sqrt{y^2(t)+x^2(t)} = d(t)$ 表示 CC 模型中目标位置与 $d(t)$ 的关系。在数学上，可将其视为 $|OF| = 0$ 时 FZ 模型的特殊情况。这样，半径和 $d(t)$ 是线性的，相邻区域之间的距离是相同的，这意味着在不同的位置对圆心采取相同的动作。将生成相同的波峰和波谷。因此，消除了不敏感区域和不同的径向波形变化。

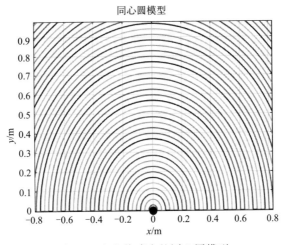

图 5-9　室内传感中的同心圆模型

5.4

感知范围模型

　　感知范围模型是用来确定不同收发设备位置时能感知的目标最远距离模型，在实验中发现 WiFi 的传感性能受收发距离的影响很大。通过深入了解收发距离对 WiFi 系统传感能力的影响，发现当增加发射器和接收器之间的视光距离时，传感距离先增大后减小。因此，可以通过适当放置发射器和接收器来获得最大的覆盖范围。

　　在 WiFi 通信系统中，信噪比用来量化接收信号的通信能力。如果信噪比低于阈值，可能会出现误码率过高导致通信失败的情况。具体来说，信噪比可以表示为

$$\mathrm{SNR} = \frac{P_{\mathrm{r}}}{P_{\mathrm{n}}} = \frac{|H_{\mathrm{s}}(f,t) + H_{\mathrm{d}}(f,t)|^2}{|H_{\mathrm{n}}(f,t)|^2} \tag{5-41}$$

　　式中，P_{r} 为接收信号的功率；P_{n} 为噪声的功率。$H_{\mathrm{s}}(f,t)$ 和 $H_{\mathrm{d}}(f,t)$ 分别是通过静态路径和动态路径到达的信号。这里的静态路径信号和动态路径信号都可以用于通信，分母是加性高斯白噪声。

　　与通信不同，在 WiFi 传感中，只有目标反射的动态信号才包含传感信息。静态信号如 LoS 信号和来自墙壁的反射不包含目标信息，因此不能用于传感。因此，用专为通信设计的信噪比来表征传感能力是不合适的。在 WiFi 传感中，除了热噪声会影响动态信号的提取用于传感之外，静态信号也会对传感产生负面影响。因此一个新的度量传感信噪比（SSNR）可以来量化感应能力：

$$\mathrm{SSNR} = \frac{P_{\mathrm{d}}}{P_{\mathrm{i}}} = \frac{|H_{\mathrm{d}}(f,t)|^2}{|g[H_{\mathrm{s}}(f,t)] + H_{\mathrm{n}}(f,t) + H_{\mathrm{i}}(f,t)|^2} \tag{5-42}$$

式中，P_d 为目标反射的动态信号的功率；P_i 包含热噪声 $[H_n(f,t)]^2$ 和其他动态物体的影响 $[H_i(f,t)]$，以及静态信号 $[H_s(f,t)]$ 诱导的干扰 $\{g[H_s(f,t)]\}$。当存在干扰时，信噪比降低。当干扰靠近目标时，信噪比会显著降低，降低传感性能。当只有一个目标且无任何干扰时，式中的度量信噪比可简化为

$$\text{SSNR} = \frac{P_d}{P_i} = \frac{|H_d(f,t)|^2}{|g[H_s(f,t)] + H_n(f,t)|^2} \tag{5-43}$$

静态信号干扰在实验研究中被发现，注意到除了热噪声外，静功率还会产生干扰，影响传感性能。

在感知范围模型中，不同场景下干扰情况不同，因此感知范围也不同，将感知范围模型细分为两类，分别为自由空间模型和多径空间模型。自由空间模型是一种用于描述电磁波在完全无阻碍的空间中传播的模型。而多径空间模型与自由空间模型相反，多径空间模型是一种用于描述电磁波在空间中传播时受到多个路径干扰的模型，下面将分别介绍。

(1) 自由空间模型

这里虽然在第 2 章信号衰减部分已经介绍过，但这里会对此模型进行更详细的介绍。在自由空间里从发射点辐射到接收点的电磁能量主要是通过第一菲涅尔区传播的，只要第一菲涅尔区不被阻挡，当收发器处于同一水平面时也就是离地高度（LoS 中点到地面的最小距离），就可以获得近似自由空间的传播条件。

首先要建立无静态反射路径的自由空间范围模型，根据前面章节的基础知识 Friis 自由空间传播模型方程为 $P_r(d)$，自由空间中无静态反射路径动态模型功率为

$$P_d = \frac{P_t G_t G_r \lambda^2 \sigma}{(4\pi)^3 (r_T r_R)^2} \tag{5-44}$$

式中，P_t 是传输功率，G_t 和 G_r 分别是发射机和接收机的天线增益，λ 为信号波长，σ 为目标的有效反射面积（存在反射面积不恒定问题），r_T 和 r_R 分别为目标到发射器和接收器的距离。

在自由空间中，静态路径为 LoS 路径，信号功率可表示为

$$P_{\text{LoS}} = \frac{P_t G_t G_r \lambda^2}{(4\pi)^2 r_D^2} \tag{5-45}$$

式中，r_D 为 LoS 的路径长度。

由于干扰功率与静功率成线性关系，则干扰功率可进一步表示为

$$P_i = \gamma P_{\text{LoS}} + b = \gamma \frac{K}{r_D^2} + b, \quad K = \frac{P_t G_t G_r \lambda^2}{(4\pi)^2} \tag{5-46}$$

CSI 振幅实际上代表信号功率，每个设备 γ 和 b 不一样，测得的 LoS CSI 振幅包括静态信号功率、静态干扰功率和噪声信号。可以用公式测得单位时间的静态信号功率，再测得实际单位平均振幅，干扰功率可计算为 CSI 幅值的差值。

设备噪声 P_n 可以假定为短时间内的常数，只用 b 来表示噪声的所有常数部分。则 SSNR 可以表示为：

$$\text{SSNR} = \frac{P_\text{d}}{P_\text{i}} = \frac{\dfrac{K\sigma}{4\pi(r_\text{T}r_\text{R})^2}}{\gamma\dfrac{K}{r_\text{D}^2}+b} = \frac{K\sigma}{4\pi(r_\text{T}r_\text{R})^2\left(\gamma\dfrac{K}{r_\text{D}^2}+b\right)} = \frac{\sigma r_\text{D}^2}{4\pi\gamma(r_\text{T}r_\text{R})^2} \tag{5-47}$$

所以当收发设备给定，则 P_t、G_t、G_r（这里假设收发机功率相同）都为常数，线性关系 γ 和 b 也为常数，设备噪声很小，这里假设反射面积给定，则简化为

$$\text{SSNR} \propto \frac{r_\text{D}^2}{(r_\text{T}r_\text{R})^2} \tag{5-48}$$

WiFi 系统的传感能力与收发器之间的距离（r_D）和目标与收发器之间的距离（r_T 和 r_R）有关。在具有相同 $r_\text{T}r_\text{R}$ 值的位置，SSNR 值保持恒定。这些位置形成了一个卡西尼椭圆❶，它到发射器和接收器的距离乘积是一个常数。此外，卡西尼椭圆的大小随着信噪比的增加而缩小，最终在发射器和接收器周围分别坍缩成两个独立的椭圆。

现在理论上可以知道每个地点的感应能力，最小信噪比要求因传感应用而异。根据最小信噪比要求，感知边界可表示为

$$(r_\text{T}r_\text{R})_b \propto \sqrt{\frac{r_\text{D}^2}{\text{SSNR}_{\min}}} \tag{5-49}$$

（2）多径空间模型

在自由空间中，传输信号只会从目标物体上反射，而在真实的室内环境中，即多径空间，传输信号会从墙壁、椅子和许多其他物体上反射。因此，静态功率不再等于 LoS 路径的功率。相反，静态功率是由所有静态路径的叠加决定的。为了将传感覆盖模型扩展到多路径丰富的环境中，使用 ΔP 表示多路径引起的功率变化，方程可以改写为

$$\text{SSNR} = \frac{P_\text{d}}{P_\text{i}} = \frac{\dfrac{K\sigma}{4\pi(r_\text{T}r_\text{R})^2}}{\gamma(P_\text{LoS}+\Delta P)+b} = \frac{K\sigma}{4\pi(r_\text{T}r_\text{R})^2\left(\gamma\dfrac{K}{r_\text{D}^2}+\Delta P\right)} \tag{5-50}$$

多径空间感知边界可表示为

$$(r_\text{T}r_\text{R})_b = \sqrt{\frac{K}{4\pi[\gamma(P_\text{LoS}+\Delta P)+b]\text{SSNR}_{\min}}} \tag{5-51}$$

当多径信号与 LoS 信号建设性组合时，$\Delta P < 0$。根据公式，分母变小，感知边界增大。如图 5-10 所示，中间包围圈为不含多径的原始传感覆盖。外侧包围圈表示多路径扩大了感知边界（$\Delta P < 0$），内侧包围圈表示多路径减小了感知边界（$\Delta P > 0$），这些结果表明通过静态功率控制来调整感知区域覆盖的可行性。除了改变 LoS 路径长度外，还可以改变多路径来改变感知边界。

在多径环境中，地面是个不可忽视的障碍物，根据前面的知识知道，动态目标影响的是动态功率，而地面为静态干扰。在多径空间模型中双射线模型是处理不同高度收发器对于地面反射的静态功率接受情况，从而得到收发器不在同一水平高度时的感知范围。接下来进行

---

❶　卡西尼椭圆定义为平面上与两个固定点（焦点）距离之积保持恒定的点的轨迹。

公式推导，这需要一些电磁场的知识，图 5-11 为天线向空间的球面波辐射，任何类型的天线的远场区，球形的辐射波是由电场和磁场给出的：

$$E = a_E ZI \frac{\mathrm{e}^{-jkr}}{r} f(\theta,\phi)$$

$$H = \frac{1}{\eta} a_r E$$

(5-52)

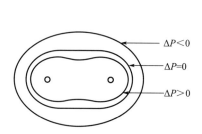

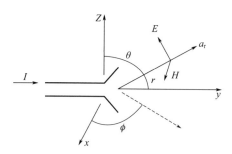

图 5-10　多径环境下的感知覆盖边界：通过　　　　　图 5-11　天线向空间的球面波辐射
增加 ΔP 可使感知覆盖减少，相反则增大

功率密度由坡印亭矢量❶（poynting vector）结合式（5-52）中的电场、磁场强度给出：

$$P = \frac{1}{2}\mathrm{Re}\{EH^*\} = a_r \frac{1}{2\eta} \times \frac{|ZI|^2}{r^2} |f(\theta,\phi)|^2$$

(5-53)

功率从天线向外流动，其密度随距离减小为 $\frac{1}{r^2}$。方向依赖性 $|f(\theta,\phi)|^2$ 表示天线的辐射方向图。设 P_T 为通过以天线为中心半径为 r 的球体的总功率，以瓦为单位。已知球面上的面积元为 $\mathrm{d}A = r^2 \sin\theta\mathrm{d}\theta\mathrm{d}\phi$，则总功率为

$$P_r = \int_{-\pi}^{\pi}\int_0^{\pi} \frac{|ZI|^2}{2\eta r^2} |f(\theta,\phi)|^2 r^2 \sin\theta\mathrm{d}\theta\mathrm{d}\phi$$

(5-54)

从式（5-55）中可以看出，分子和分母中对 r 的依赖相互抵消，因此通过球体的总功率与它的大小无关，正如能量守恒所期望的那样。从另一个角度来看，电场和磁场必须具有 $\frac{1}{r}$ 依赖关系，如式（5-52）所示，以节省能量。假设辐射方向图满足归一化：

$$\int_{-\pi}^{\pi}\int_0^{\pi} |f(\theta,\phi)|^2 \sin\theta\mathrm{d}\theta\mathrm{d}\phi = 4\pi$$

(5-55)

那么 $|f(\theta,\phi)|^2$ 被称为定向增益 $g(\theta,\phi)$。通过这种归一化，可以将式（5-54）可以写成：

$$P_r = \frac{1}{2\eta}|ZI|^2 \times 4\pi$$

(5-56)

因为辐射场与终端电流成正比（麦克斯韦方程是线性的），传输线连接到天线的终端看

---

❶　坡印亭矢量是指电磁场中的能流密度矢量。若空间某处的电场强度为 E，磁场强度为 H，则该处电磁场的能流密度为 $S = EH$，方向由 E 和 H 按右手螺旋定则确定，沿电磁波的传播方向。

成一个负载阻抗。忽略天线导体中的电阻，功率在实部的耗散阻抗 R_r，表示天线辐射的功率。这种抗辐射能力满足：

$$P_r = \frac{1}{2}|I|^2 R_r \tag{5-57}$$

比较式(5-57)和式(5-56)可知，对于归一化式(5-56)，因子 Z 满足：

$$|Z| = \sqrt{\frac{R_r \eta}{4\pi}} \tag{5-58}$$

考虑长度为 $l \ll \lambda$ 的赫兹偶极子，如图 5-12 所示，其电流沿其长度保证均匀。

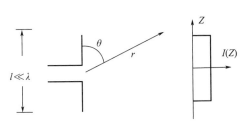

(a) 赫兹偶极子天线的辐射 (b) 赫兹偶极子天线的电流分布

图 5-12 赫兹偶极子天线的辐射和电流分布

因为天线是围绕 z 轴对称的，所以场 E 与方向 ϕ 无关，只与极角 θ 有关。那么定义为

$$f(\theta) = \sqrt{\frac{3}{2}} \sin\theta$$

$$Z = j\eta \sqrt{\frac{2}{3}} \times \frac{1}{2\lambda} \tag{5-59}$$

如果将式(5-59)代入式(5-52)，很容易证明，$f(\theta)$ 满足归一化条件式(5-55)。用式(5-58)联合式(5-59)求 R_r 得到：

$$R_r = \eta \frac{2\pi}{3}\left(\frac{l}{\lambda}\right)^2 \tag{5-60}$$

这里用式(5-60)表示 R_r，或者接收功率可以用有效面积和入射功率密度表示。回顾 E 与 H 的关系式(5-52)，接收功率可表示为

$$P_R = A_e \frac{1}{2}|\text{Re}\{EH^*\}| = A_e \frac{|E|^2}{2\eta} \tag{5-61}$$

在多路径存在的情况下接收功率，有效面积与增益的关系式确实利用了自由空间传播条件，其中两根天线之间存在单一的直接传播方向。在散射体存在的情况下，可能有多条传播路径以不同方向离开发射天线并从不同方向到达接收天线。在这种情况下对于每个单独的路径都是成立的，但是在计算总接收功率时，由于各个路径在不同方向上占天线增益，因此有必要将场相干地加起来。此外，在散射体存在的情况下，传播对天线间距和位置的依赖与在自由空间时不同，因此自由空间模型公式不再有效。

大多数情况下都是在天线处于地面和建筑物等物体存在时，寻找路径增益的变化，或路径损耗的倒数。为了帮助这个过程，对于总辐射功率 P_T 使用式(5-56)来表示式(5-52)中给出的辐射波的电场：

$$E = a_E \sqrt{\frac{\eta P_T}{2\pi}} e^{j\psi} \frac{e^{-jkr}}{r} f_T(\theta, \phi) \tag{5-62}$$

式中，$f_T(\theta, \phi)$ 为发射天线的方向图函数；ψ 为积 ZI 的相位，与方向无关。当两个波从不同方向入射 (θ_1, ϕ_1) 和 (θ_2, ϕ_2) 时，还需要一个具有共轭匹配终止的天线接收功率的表达式。当从 (θ, ϕ) 方向接收波时：

$$A_e = \frac{\lambda^2}{4\pi} g(\theta, \phi) = \frac{\lambda^2}{4\pi} |f_R(\theta, \phi)|^2 \tag{5-63}$$

式中，$f_R(\theta, \phi)$ 为接收天线的方向图函数。假设两波的入射电场 E_1 和 E_2 与在这些方向上辐射的电场具有相同的极化。然后对两种事件下的接收功率进行式(5-61) 的推广为

$$P_R = \frac{1}{2\eta} |E_1 f_R(\theta_1, \phi_1) + E_2 f_R(\theta_2, \phi_2)|^2 \frac{\lambda^2}{4\pi} \tag{5-64}$$

对于地面路径，天线放置在地面上方，地面本身就充当了场的散射器。对于较短的路径，可以忽略地面的曲率，这样，以水平距离 r 为间隔的天线的几何形状如图 5-13 所示。如果将左边的天线靠近发射机，它发出的球形波被地面反射，并直接传播到接收天线。

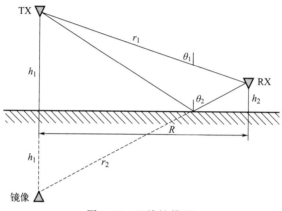

图 5-13　双线性模型

可以把球形波看作是一系列从发射机发出的射线。球形波的功率密度意味着能量在任何锥射线中都是守恒的。此外，在一条射线的小体积内，球面波的电场和磁场与平面波相似。因此，入射到地球上的射线场将根据斯涅尔定律被反射，其振幅将被平面波的反射系数所减小。因为光线的反射角与入射角相同，所以从平面反射的光线看起来就像是来自发射器在地平面上的图像。利用式(5-62) 和式(5-64)，图 5-13 中直射光路和反射光路到达的场的总接收功率为

$$P_R = P_T \left(\frac{\lambda}{4\pi}\right)^2 \left| f_1(\theta_1) f_2(\theta_1) \frac{e^{-jkr_1}}{r_1} + \Gamma(\theta_2) f_1(\theta_2) f_2(\theta_2) \frac{e^{-jkr_2}}{r_2} \right|^2 \tag{5-65}$$

式中，f_1 和 f_2 为假设垂直或水平极化相同的两根天线的归一化场方向图函数，Γ 为垂直（TM）或水平（TE）极化相同时来自地面的平面波反射系数。水平偏振的反射系数由式(5-67) 给出，垂直偏振的反射系数由式(5-68) 给出。路径长度 $r_{1,2}$ 根据图 5-13 中几何关系表示：

$$r_{1,2} = \sqrt{R^2 + (h_1 \pm h_2)^2} \tag{5-66}$$

可以根据图 5-14 传输线示意图来求出反射系数和透射系数。因此是电场的反射系数为 TE 极化：

$$\varGamma_{\mathrm{E}} \equiv \frac{V^{\mathrm{R}}}{V^{\mathrm{I}}} = \frac{Z_d^{\mathrm{TE}} - Z^{\mathrm{TE}}}{Z_d^{\mathrm{TE}} + Z^{\mathrm{TE}}} = \frac{\cos\theta - \sqrt{\varepsilon_r}\cos\theta_T}{\cos\theta + \sqrt{\varepsilon_r}\cos\theta_T} \tag{5-67}$$

式中，ε_r 为介电常数，磁场对 TM 偏振的反射系数为红外波长的比值，可表达为：

$$\varGamma_{\mathrm{H}} \equiv \frac{I^{\mathrm{R}}}{I^{\mathrm{I}}} = \frac{Z^{\mathrm{TM}} - Z_d^{\mathrm{TM}}}{Z^{\mathrm{TM}} + Z_d^{\mathrm{TM}}} = \frac{\sqrt{\varepsilon_r}\cos\theta - \cos\theta_T}{\sqrt{\varepsilon_r}\cos\theta + \cos\theta_T} \tag{5-68}$$

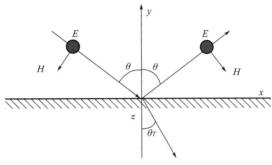

图 5-14　TM 偏振平面波在介质表面的反射和透射

5.5

CSI 商模型

本节的 CSI 商模型可将感知范围扩大，增强感知信号。由前面章节可知，路径可以分为静态路径和动态路径。在不丧失一般性的前提下，假设只有一条反射路径。当只有一条反射路径与人体目标的运动相对应时，动态分量是人体目标反射的路径，静态分量是由环境中静态物体的 LoS 传播和其他反射路径组成。因此，CSI 可以改写为

$$H(f,t) = H_{\mathrm{s}}(f,t) + H_{\mathrm{d}}(f,t) = H_{\mathrm{s}}(f,t) + A(f,t)\mathrm{e}^{-\mathrm{j}2\pi\frac{d(t)}{\lambda}} \tag{5-69}$$

式中，$H_{\mathrm{s}}(f,t)$ 为静态分量；$A(f,t)$、$\mathrm{e}^{-\mathrm{j}2\pi\frac{d(t)}{\lambda}}$ 和 $d(t)$ 分别为动态分量 $H_{\mathrm{d}}(f,t)$ 的复衰减、相移和路径长度。当人体目标进行短距离运动时，动态分量 $A(f,t)$ 的信号幅值可视为常数。这是因为信号幅度是由路径长度决定的。当路径长度 $d(t)$ 尺度为米时，路径长度几厘米的变化影响很小。当 $d(t)$ 增加一个波长时，式(5-70) 中的 $H(f,t)$ 顺时针旋转 2π，在复平面上进行缩放 $[H(f,t)\rightarrow\alpha H(f,t),\alpha\in R]$、旋转 $[H(f,t)\rightarrow\mathrm{e}^{\mathrm{i}\theta}H(f,t),\theta\in R]$、平移 $[H(f,t)\rightarrow H(f,t)+\beta,\beta\in C]$ 等操作后，CSI 轨迹仍为顺时针圆周。这一实验结果是非常重要的，并有助于研究 CSI 比的性质，但是对于微小的传感应用（例如呼吸传感和手指跟踪），引起的路径长度变化小于一个波长，在这种情况下 $d(t)$ 增加了不到一个波长，CSI 的顺时针旋转小于 2π，因此它的轨迹只是整圆弧的一部分。

但是对于 WiFi 设备，由于发射器和接收器不是时间同步的，因此在每个 CSI 样本中存

在随时间变化的随机相位偏移 $e^{-j\theta_{\text{offset}}}$ 如下：

$$H(f,t)=e^{-j\theta_{\text{offset}}}\left[H_s(f,t)+A(f,t)e^{-j2\pi\frac{d(t)}{\lambda}}\right] \tag{5-70}$$

有了这种随机相位偏移，复平面上运动引起的 CSI 变化不再是一个圆。因此，这种随机相位偏移使得无法直接使用 CSI 相位信息进行细粒度传感。

① 对于 WiFi 网卡，如广泛使用的 Intel 5300，WiFi 网卡上不同天线之间的时变相位偏移是相同的，因为它们共享相同的射频振荡器。

② 当目标移动较短距离（几厘米）时，相邻两根天线的两个反射路径长度之差 $d_2(t)-d_1(t)$ 可视为常数 Δd。

基于这两个观测值，取两天线间 CSI 的比值，得到 CSI 比：

$$\begin{aligned}\frac{H_1(f,t)}{H_2(f,t)}&=\frac{\delta(f,t)e^{-j\varphi(f,t)}(H_{1,s}+A_1(t)e^{-j2\pi\frac{d_1(t)}{\lambda}})}{\delta(f,t)e^{-j\varphi(f,t)}(H_{2,s}+A_2(t)e^{-j2\pi\frac{d_2(t)}{\lambda}})}\\&=\frac{H_{1,s}+A_1(t)e^{-j2\pi\frac{d_1(t)}{\lambda}}}{H_{2,s}+A_2(t)e^{-j2\pi\frac{d_2(t)}{\lambda}}}\end{aligned} \tag{5-71}$$

式中，$H_1(f,t)$ 为第一天线的 CSI；$H_2(f,t)$ 为第二天线的 CSI。为了简化方程以便于说明，使用 $\mathcal{A}$、$\mathcal{B}$、$\mathcal{C}$、$\mathcal{D}$ 和 $\mathcal{Z}$ 来表示这些项；$A_1=\mathcal{A}$，$H_{s,1}=\mathcal{B}$，$A_2 e^{-j2\pi\frac{\Delta d}{\lambda}}=\mathcal{C}$，$H_{s,2}=\mathcal{D}$，$e^{-j2\pi\frac{d_1(t)}{\lambda}}=\mathcal{Z}$ 表示当 $d_1(t)$ 增加时顺时针旋转的单位圆。然后可以将公式简化为

$$\frac{H_1(f,t)}{H_2(f,t)}=\frac{\mathcal{AZ}+\mathcal{B}}{\mathcal{CZ}+\mathcal{D}} \tag{5-72}$$

这正是莫比乌斯变换的形式，由于 $\mathcal{BC}-\mathcal{AD}\neq0$。进一步将其分解为如下形式：

$$\frac{H_1(f,t)}{H_2(f,t)}=\frac{\mathcal{BC}-\mathcal{AD}}{\mathcal{C}^2}\times\frac{1}{\mathcal{Z}+\frac{\mathcal{D}}{\mathcal{C}}}+\frac{\mathcal{A}}{\mathcal{C}} \tag{5-73}$$

通过商用 WiFi 设备将呼吸传感范围从目前的 2～4m 可以推进到房屋水平（8～9m），弥合了实验室原型和现实生活部署之间的差距，关键思想是在商用 WiFi AP 上使用广泛可用的两个天线来提高性能。在只有两根天线的情况下，构造了一个新的度量——两根天线的 CSI 读数比，通过在两根天线之间进行这种分割操作，可以消除原始 CSI 振幅中的大部分噪声和时变相位偏移。在感知细微运动时，与单天线的原始 CSI 读数相比，获得的两根天线的 CSI 比更加无噪声和敏感。这种"CSI 比率"的另一大优点是相位信息现在可以与幅度一起用于传感，而在以前人们通常只使用 CSI 振幅进行传感，因为由于发射器和接收器之间缺乏紧密的时间同步，CSI 相位不稳定。该比率的相位是稳定的，因为时变随机偏移在两个天线上是相同的，因此被除法运算抵消。该方法进一步结合了在传感能力方面互补的 CSI 比的相位和幅度，以消除实验中存在的"盲点"。

由于采样频偏、载波频偏和包检测延迟的存在，从商用 WiFi 设备中检索到的 CSI 读数的相位信息特别嘈杂，这使得它不能直接用于传感。

有研究人员采用两根天线之间的相位差来抵消时变相位偏移，因为在同一张 WiFi 网卡上，两根天线之间的相位是相同的。然而，两个天线之间的相位差可以是建设性的或破坏性的，这取决于它们是否同相或反相。当它们同相时，会出现"盲点"，传感性能较差，存在着不确定性。

CSI 商使用来自两个天线的 CSI 读数的比率作为呼吸传感的新信号。可以通过在两根天线之间进行这种简单的分割操作，以消除原始 CSI 振幅中的大部分噪声和时变相位偏移。随着随机相位偏移的移除，就能够检索用于传感的稳定相位信息。

两个 CSI 读数之比仍然是一个带幅度和相位的复数。从数学上讲，振幅是原始 CSI 振幅的比值，而相位是原始 CSI 相位的相位差。图 5-15 是选取了一段人体呼吸时产生的波形并进行 CSI 商处理。

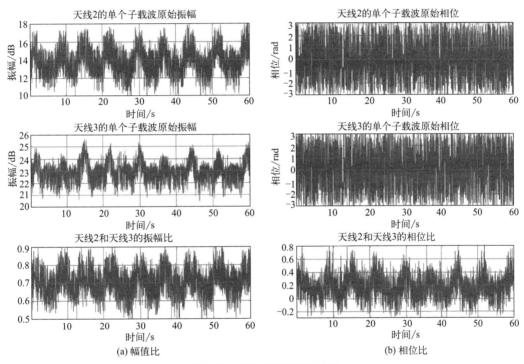

图 5-15　两根天线的 CSI 之比

图 5-15 所示的前两行图分别为天线 1 和天线 2 的原始振幅和相位波形，信号的变化模式被淹没在噪声中，难以可视化。第三行图为两根天线的幅值比和相位比，可以观察到更清晰的波峰、波谷。

这是因为除法运算消除了原始振幅读数中的大部分噪声（例如高振幅脉冲和突发噪声）。因此，与原始振幅读数相比，振幅比的信号变化规律更加清晰。当改变 LoS 路径长度时，也会有同样的观察，振幅比显示出更清晰的运动引起的信号变化模式，特别是当目标远离收发器时，两个 CSI 读数之比仍然是一个带幅度和相位的复数。从数学上讲，振幅是原始 CSI 振幅的比值，而相位是原始 CSI 相位的相位差。与原始振幅相比，振幅比具有更好的传感性能，可以进一步利用 CSI 比表达人类传感的其他特性。

本章小结

本章介绍了五种无线感知理论模型，空间统计模型将静态路径上测量的 RSS 方差与目标在环境中的位置联系起来，从理论上建立了一个可以确定目标在室内空间位置的模型。菲涅尔区模型利用 CSI 波形与目标位置建立联系，阐述 CSI 不同位置会产生波峰波谷的原因。同心圆模型将收发设备叠放在一起，仿照雷达阵列，使相邻间距不等的菲涅尔区椭圆变成了相邻间距相等的同心圆，更加方便理解 CSI 波形与行为的关系。感知范围模型是用来确定不同收发设备位置时感知目标最大范围模型，在文中分为自由空间模型与多径空间模型两类，通过分析动态接收功率与干扰功率的关系来确定感知范围。CSI 商模型通过两根天线 CSI 的幅值相位之比，消除时变相位偏移，可将感知范围扩大，增强感知信号，更加容易进行目标识别与检测。

第 **6** 章

机器学习在无线感知中的应用

　　无线感知利用传感器和通信技术来感知和理解无线频谱中的特征和环境信息，机器学习是人工智能的分支，可以用来处理和优化无线信号以获取环境信息，如通过对数据的学习和模式识别来实现分类、预测和决策等任务目的。利用机器学习的方法可提高无线感知系统的智能化、适应性和效率，为无线感知应用带来更好的性能和体验。

　　深度学习是机器学习的一种分支，其核心是人工神经网络，由于其强大的学习能力和对复杂模式的高效处理，为无线感知带来了崭新的应用，两者结合可以用于无线信号的自动识别与分类以及对环境变化的智能响应等。通过多层次的抽象表示学习复杂的模式，构建深层次的神经网络模型，系统可以更全面地理解无线环境。深度学习作为一个重要的板块，将在后一章进行介绍。

　　本章将介绍几种常用的机器学习方法，深入探讨它们的概念以及在不同感知场景的应用，帮助大家更好地理解和应用这些强大的工具。

6.1
机器学习概述

　　机器学习是一种人工智能的方法，让计算机系统通过数据的学习和模式识别来改善自身的性能和行为，而不需要显式地进行编程。其基本定义可以总结为："机器学习是一种让计算机能够从数据中学习并自动改进的科学，其目标是利用数据和经验，通过模型训练，让计算机系统从中识别模式、学习规律，并能够进行预测和决策。"

　　机器学习包含两大类，经典机器学习和深度学习。机器学习问题主要包括三类：回归、分类和聚类。回归是一种监督学习任务，其目标是通过学习输入特征与相应输出之间的关系来预测连续值的输出。分类是通过学习从输入特征到离散标签之间的映射关系，对数据进行分类，分类任务通常涉及将数据分为预定义的类别或标签。聚类是将数据集中的样本划分为具有相似特征的组别，使得同一组别内的样本相互之间更相似，而不同组别之间的样本差异较大。聚类算法旨在发现数据中的内在结构，而不需要预先标记目标变量。

　　机器学习按照类型可大致划分为三大类：监督学习、无监督学习以及强化学习，三者的关系如图6-1所示。监督学习的样本拥有标记信息，目标是根据这些输入输出关系，构建一个模型，以便对新的、未见过的数据进行预测或分类，分类和回归是典型的代表。无线感知技术可以利用监督学习识别和分类不同的信号类型，也可以用于预测信道的状态和性能等。无监督学习的样本不具有标记信息，目标是从未标记的数据中发现模式、结构或隐藏的信息，而无需对数据进行明确的标注或指导。无监督学习可用于对未标记的频谱数据进行分析，以发现频谱中存在的不同信号类型或频谱利用模式，通过聚类和降维等技术，可以识别频谱中的模式和结构。无监督学习还可用于对频谱利用情况和资源分配进行自动化分析和优化等。强化学习涉及智能体与环境的交互，智能体往往可以通过与环境的交互学习，以最大化累积奖励或最小化累积惩罚。强化学习可以通过感知网络状态、用户需求以及环境条件，学习调整 WiFi 网络参数，如信道选择、功率控制、数据传输策略等，以优化网络性能和用户体验。

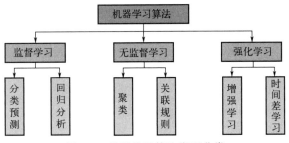

图 6-1　机器学习算法类型分类

在机器学习模型训练的过程中可能会遇到很多问题，过拟合就是机器学习中一个常见的问题，模型在训练数据上表现得很好，但在未见过的测试数据上表现不佳。常见原因有三种：一个是模型过于复杂，如深度神经网络具有大量的参数，可能在训练集上表现良好，但容易过度拟合；另一个原因是训练数据不足且单一，如果训练数据集样本不好，模型可能会记住训练集中的每个样本，而不是学到通用的模式，这就要求训练样本尽可能地全面，覆盖所有的数据类型；还有一个原因是训练样本中噪声数据干扰过大，导致模型学习了噪声大的特征，而忽略了输入输出之间的关系。

机器学习算法的目的是生成模型，那怎么去评估模型的好坏呢？现在就结果评估的概念进行介绍，常用的概念包括混淆矩阵、精确率、召回率、F1 分数、ROC 曲线和 AUC 值。在理解混淆矩阵和其他评估指标时，首先要了解以下四个指标：真正例（TP）表示模型正确地预测为正类别的样本数；真负例（TN）表示模型正确地预测为负类别的样本数；假正例（FP）表示模型错误地将负类别的样本预测为正类别的样本数；假负例（FN）表示模型错误地将正类别的样本预测为负类别的样本数。

那么最终精确率、召回率以及 F1 值的公式如式(6-1)～式(6-3) 所示：

$$精确率 = \frac{TP}{TP + FP} \tag{6-1}$$

$$召回率 = \frac{TP}{TP + FN} \tag{6-2}$$

$$F1 = \frac{2 \times 精确率 \times 召回率}{精确率 + 召回率} \tag{6-3}$$

根据这三个公式可以看出，精确率可以理解为正确预测的样本数与总样本数的比例，反映了模型的准确性，召回率是所有实际正类别中被模型正确预测为正类别的比例，评估的是覆盖率。F1 分数是精确率和召回率的调和平均数，用于综合评估模型整体性能。

另外，ROC 曲线是真正例率和假正例率之间的曲线，用于衡量分类器在不同阈值下的性能。AUC 则表示 ROC 曲线下的面积，用于综合评估分类器性能。AUC 值越接近 1，性能越好。

6.2
决策树

6.2.1   决策树定义

决策树（decision tree）是一种流行且使用广泛的机器学习算法，特别适用于无线感知领域的分类任务。决策树模型呈树形结构，其中每个内部节点表示在一个特征上的一个测试，每个分支代表测试的结果，每个叶节点代表一个类别标签（对于分类问题）或一个数值（对于回归问题）。

在决策分析中，决策节点代表需要作出的关键决策，每个决策节点引导着多个方案分支，代表不同的决策选项。在面临不确定性时，概率分叉点引入了可能发生的不同事件及其概率，而概率枝则表示这些事件的具体发生路径。最终，与概率分叉点关联的损益值用于评估每个可能性下的预期效用或损失，帮助决策者在不同决策路径中作出理性而全面的选择。这些概念共同构成了一个决策树，有助于系统化地分析和优化复杂的决策问题，决策示意图如图 6-2 所示。

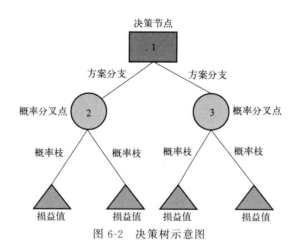

图 6-2   决策树示意图

在无线感知中，决策树的构建过程基于对数据集的递归分割。在每个内部节点，选择一个特定的感知特征，根据该特征对数据进行划分。这个选择通常基于某种度量，比如信息增益（用于分类）或方差减小（用于回归）。分割后，这个过程在每个子节点上递归进行，直到达到停止条件，例如节点包含的样本数小于某个阈值或树的深度达到预定的最大深度。

对于无线感知任务，决策树能够输出感知数据的类别标签，而对于回归任务，它输出的是一个连续值。在这里只讨论分类问题，其表示基于特征对实例进行分类的过程。它可以被认为是 if-then 规则的集合，也可以被认为是定义在感知特征空间与感知结果空间上的条件概率分布。决策树的优势之一是易于理解和解释，因为它的结构类似于人类对问题的决策过程。

6.2.2　决策树的步骤与构建

决策树在无线感知技术中的学习主要是为了从训练数据集中总结出一组分类规则或条件概率模型，以优化对无线信号的分类和预测。可能存在多个与训练数据集一致的决策树，也可能一个都没有，为的就是寻找一个矛盾较少，同时具备良好的泛化能力的决策树。换言之，所选条件概率模型不仅要对当前的感知数据集进行有效拟合，还应能够对未知数据进行准确预测，以实现良好的泛化性能。

在使用决策树时，首先从根节点出发，对感知实例在该节点的相关特征进行测试，接着会根据测试结果，将实例分配到相应的子节点。然后，在子节点继续执行这一流程，如此递归地对感知实例进行测试并分配，直至到达叶节点。最终，感知实例将被分类到叶节点所指示的感知结果中。那么这里面涉及的关键步骤包括：选择感知特征，通过这些特征分割感知数据；递归执行决策树的构建过程；确定叶节点的感知结果；建立整个感知树的结构；进行必要的剪枝以避免过拟合，并输出最终的感知决策树。

在作决策树预测的时候需要完成以下过程：

① 收集感知数据：无线感知数据可以通过各种手段获取，包括 WiFi 感知设备采集、毫米波雷达板采集等，或者从已有数据库中提取。选择合适的数据收集方法是关键的一步，以确保获得具有代表性和多样性的感知数据。

② 感知数据准备：对于无线感知，需要根据实际需要按照一定的规则去完成数据的整理，如信号强度、幅值、相位等信息，以便更好地适应决策树的构建算法。

③ 感知数据分析：通过各种方法对数据进行分析，了解数据的特征和分布，检查决策树的结构和规则是否符合无线环境的预期，要考虑到感知数据的时空变化特征。

④ 决策树算法训练：使用收集到的感知数据构建决策树的数据结构。选择合适的感知特征进行分裂，递归地构建树结构，直至达到停止条件。

⑤ 测试算法：使用已经建立好的感知经验树计算错误率，通过交叉验证等方法确保模型在无线数据上有较好的泛化性能。

⑥ 算法应用：将训练好的感知决策树应用于实际问题，进行预测和决策。

决策树的构造是一个递归的过程，它采用自上而下进行递归，下面给出基本决策树算法框架：

```
def wireless_DTree(S,A):
    """
    输入:S-无线感知训练样本集 A-无线感知属性集
    输出:以 Node 为根节点的一棵决策树
    """
    # 生成节点 Node
    Node=Node()
    # 如果所有样本属于同一类别 C
    if all_samples_same_class(S):
```

```
    # 将 Node 标记为类别为 C 的叶节点,返回
    Node.label=get_class_label(S)
    return Node
# 如果属性值为空或 S 中样本在 A 上取值相同
if not A or all_samples_same_value(S,A):
    # 将 Node 标记为叶节点,其类别为 S 中样本数最多的类,返回
    Node.label=get_most_frequent_class(S)
    return Node
# 从 A 中选择最优属性作为根节点
best_attribute=choose_best_attribute(S,A)
Node.attribute=best_attribute
# 对于每一个属性值
for value in get_attribute_values(S,best_attribute):
    # 为根节点 Node 增加一个分支
    branch=Node.add_branch(value)
    # 令 Si 表示 S 中在属性 best_attribute 上取值为 value 的样本子集
    Si=get_subset_with_attribute_value(S,best_attribute,value)
    # 如果 Si 为空集
    if not Si:
        # 将分支节点标记为叶节点,其类别为 S 中样本数最多的类,返回
        branch.label=get_most_frequent_class(S)
    else:
        # 递归创建决策子树,以 branch 为分支节点
        branch.child=wireless_DTree(Si,A-{best_attribute})
return Node
```

6.2.3 属性选择度量

(1) 信息增益与 ID3 算法

在介绍信息增益前,先介绍一个熵的概念,信息熵是度量样本集合纯度最常用的一种指标,它在无线感知技术中常用于评估数据集的不确定性,对于当前样本集合 D 中第 k 类样本所占的比例为 $p_k(K=1,2,\cdots,|y|)$,则 D 的信息熵定义如式(6-4)所示:

$$\mathrm{Ent}(D) = -\sum_{k=1}^{|Y|} p_k \log_2 p_k \tag{6-4}$$

其中,$\mathrm{Ent}(D)$ 的值越小,则 D 的纯度越高。计算信息熵时有一种约定:若 $p=0$,则 $p\log_2 p=0$,$\mathrm{Ent}(D)$ 的最小值为 0,最大值为 $\log_2|y|$。

信息增益的概念可以与数据集划分相结合,以优化感知和决策过程,假设希望通过某个属性来划分感知数据集,那么可以将数据集 D 看作是一组感知样本,而属性 a 则可能代表不同的感知特征或参数。与传统的 ID3 算法类似,可以通过计算每个属性的信息增益来评估

其对于感知任务的重要性，假设属性 a 将感知数据集 D 划分为 N 个子集，那么就可以通过对每个子集计算其熵，并将这些熵加权求和，得到引入属性 a 后的信息熵。信息增益即为引入属性 a 前后信息熵的变化。

属性的变化可以通过信号熵定义来描述，往往希望使用那些能够最大程度改变信息的属性来划分数据。因此，逐个计算每个属性的信息增益，以找到信息增益最大的属性，将其选为决策树的根节点。接着，根据根节点的属性值将感知数据集进行划分。对于每个子集，去重复计算剩余属性的信息增益，并选择信息增益最大的属性作为子树的根节点。这个过程一直持续下去，直到某个子集变得很纯，即其中的样本属于同一类别。整个过程描述了一个基于信息增益的感知数据集划分方法，类似于 ID3 算法的核心思想，该方法可以帮助无线感知系统在复杂的环境中更有效地选择和利用关键感知特征，以支持各种感知和决策任务。

ID3 决策树算法如下：

```
# 输入:无线感知数据集,感知属性集合,信息增益阈值
# 输出:最优感知决策树
def wireless_ID3_decision_tree(data_set,attribute_set,threshold):
    # (1)如果所有实例属于同一类,则为单节点树,并将类作为该节点的类标记,返回
    if all_samples_belong_to_same_class(data_set):
        return create_leaf_node(data_set)
    # (2)属性集为空,则为单节点树,并将类别数目最多的类作为该节点的类标记,返回
    if not attribute_set:
        return create_leaf_node_majority_class(data_set)
    # (3)计算每个属性对数据集的信息增益,选择信息增益最大的属性
    best_attribute=select_best_attribute(data_set,attribute_set)
    # (4)如果信息增益小于阈值,则为单节点树,将类别数目最多的类作为类标记,返回
    if information_gain(data_set,best_attribute)< threshold:
        return create_leaf_node_majority_class(data_set)
    # (5)对于每个属性值,依据最佳属性将数据集分割为若干非空子集
    # 将其中类别数目最多的类作为标记构建子节点,递归调用(1)~(4)构建子树
    root_node=create_decision_node(best_attribute)
    for attribute_value in get_attribute_values(best_attribute):
        subset=split_data_set(data_set,best_attribute,attribute_value)
        if not subset:  # Skip empty subsets
            continue
        child_node=wireless_ID3_decision_tree(subset,remaining_attributes(attrib-
ute_set, best_attribute),threshold)
        add_child_to_node(root_node,attribute_value,child_node)
    return root_node
```

(2) 信息增益率与 C4.5 算法

实际上，信息增益偏向于具有许多输出的测试，或者说是更加适用于具有大量值的属

性。ID3 算法存在一些限制，其中之一是其对具有大量取值的特征过于敏感。特别是在处理涉及大量属性或属性取值的分类问题时，ID3 可能表现不佳。若考虑将 ID3 用于任务如 Internet 搜索代理，这一敏感性就显得更为明显。

为了避免信息增益的偏好对构建决策树产生负面影响，也为了克服 ID3 在处理大量取值特征时的限制，C4.5 算法被引入作为对 ID3 的改进和扩展。C4.5 通过使用增益率而不是简单的信息增益来选择划分属性，有效地解决了对具有大量取值的特征过于敏感的问题，增益率的引入使得 C4.5 算法在处理具有大量不同取值的属性时更加合理，提高了决策树的泛化能力。这一改进使得 C4.5 成为了一个相对于 ID3 更为强大和健壮的决策树学习算法，这在无线感知技术领域的应用中尤为关键。增益率对属性的取值数量进行了归一化，使得算法在处理不同规模的属性时更为健壮。

信息增益率是对信息增益进行了修正，考虑了特征取值的数量对信息增益的影响。信息增益率 $G(D,X)$ 定义为信息增益与训练数据集 D 的比值，即

$$G(D,X)=\frac{g(D,X)}{H(D)} \tag{6-5}$$

C4.5 算法的核心思想是选择具有最大增益率的属性进行分裂。通过这种方式，算法能够更全面地考虑属性的特性，避免对那些可能仅仅因为取值较多而获得较高信息增益的属性过于偏好。因此，将 C4.5 算法与无线感知技术结合，不仅能够更有效地处理大量取值的特征，还能够更好地适应无线感知领域的复杂性和多样性，提高决策树在 Internet 搜索代理等任务中的性能和鲁棒性。因此，C4.5 在构建决策树时更加灵活和健壮，适用于处理具有不同取值数量的属性的情况。

在使用 C4.5 算法时，需要考虑如何使用无线感知特征进行数据集的划分。其中 c45_with_wireless_sensing 函数需要根据无线感知技术的特征重新实现信息增益率的计算和特征选择部分（calculate_best_feature 函数）。根据无线感知数据的特征与类标签的相关性，计算出每个特征的信息增益率，并基于最大信息增益率的特征进行数据集的划分。这样使得 C4.5 算法可以适应无线感知技术数据的特点，以更好地构建决策树模型。

C4.5 决策树算法如下：

```
class Node:
    def __init__(self,data=None,attribute=None,value=None,branches=None,label=None):
        # 数据子集,该节点用于划分的特征,划分特征的取值,子树/分支,叶子节点的类别标签
        self.data=data  # 当前节点对应的训练数据子集
        self.attribute=attribute  # 用于划分的特征
        self.value=value  # 用于划分的特征取值
        self.branches=branches  # 子树/分支
        self.label=label  # 叶子节点的类别标签
def c45_with_wireless_sensing(data,features,threshold):
    # 基本情况
    if all_same_class(data):
```

```
        # 如果所有实例属于同一类,则返回一个叶子节点
        return Node(label=data[0]['class'])
    if len(features)==0:
        # 如果特征集为空,则返回一个叶子节点,类别为数据中实例数最多的类别
        return Node(label=most_common_class(data))
# 计算每个特征的信息增益率
best_feature,best_value=calculate_best_feature(data,features,threshold)
# 检查信息增益率是否低于阈值
if best_feature is None or best_value is None:
        # 信息增益率低于阈值,则返回一个叶子节点,类别为数据中实例数最多的类别
        return Node(label=most_common_class(data))
# 根据最佳特征和取值划分数据
subsets=split_data(data,best_feature,best_value)
# 递归构建每个子集对应的子树
branches={}
for value,subset in subsets.items():
        branches[value]=c45_with_wireless_sensing(subset,features - {best_fea-
ture},threshold)
    # 返回当前节点及其子树/分支的树结构
    return Node(data=data,attribute=best_feature,value=best_value,branches=bran-
ches)def all_same_class(data):
    # 判断数据中所有实例是否属于同一类别
    return all(instance['class']==data[0]['class'] for instance in data)
def most_common_class(data):
    # 返回数据中实例数最多的类别
    class_counts=Counter(instance['class'] for instance in data)
    return class_counts.most_common(1)[0][0]
def calculate_best_feature(data,features,threshold):
    # 计算每个特征的信息增益率并找到最佳特征
    # (基于无线感知特征及其与类别标签的相关性)
    # ...
    # 返回最佳特征及其对应的取值
    # 如果没有特征满足阈值,则返回 None, None
    # ...
```

6.2.4　决策树剪枝

在感知和理解周围环境的无线信号时,由于数据中的噪声和离群点,可能会导致许多分支反映的是训练样本中的异常情况。当决策树的分支数量增加时,它更容易捕捉训练数据中的细节和噪声,这些数据在进行分析和预测时也可能面临过拟合问题。过拟合在无线感知中

可能表现为模型对于特定环境下的信号特性过度敏感，而无法很好地适应其他环境或未见过的情况，即模型在训练数据上表现很好，但在未见过的测试数据上表现不佳。这可能会影响无线信号的识别、定位或其他应用。

那么怎么在无线感知技术中防止过拟合呢？是否可以通过简化模型，使其更好地泛化到未见过的数据，提高模型的性能呢？最常见的防止过拟合的方法为剪枝处理，剪枝有两种方法：前剪枝和后剪枝。

前剪枝是一种决策树构建过程中的剪枝方法，通过提前停止树的构建来防止过拟合。在构建决策树的过程中，每个节点原本是按照信息增益、信息增益率或者基尼指数等纯度指标排列的，值越大，优先级越高。预剪枝通过在每个节点进行划分之前进行是否剪枝的判断，以提高树的泛化能力，即使用验证集按照该节点的划分规则得出结果。若验证集精度提升，则不进行裁剪，划分得以确定；若验证集精度不变或者下降，则进行裁剪，并将当前节点标记为叶子节点。通过这种方式，预剪枝可以在树的构建过程中动态地决定是否继续分裂节点，以最大程度地避免过拟合。

后剪枝是一种在决策树构建完成后对树进行修剪的技术，目标是去除那些在训练数据上表现良好但未见过的数据上可能过拟合的部分，以改善模型的性能。与前剪枝不同，后剪枝是在整个决策树已经构建好的情况下，通过修剪一些节点，将其变成叶子节点，并用该叶子节点的多数类别（或根据概率分布确定的类别）来代替整个子树的预测。这样做的原因是，某些分支可能只在训练数据中出现了一两次，因此在未见过的数据上可能不具备泛化能力。通过后剪枝，可以去除决策树中一些过于复杂的部分，提高模型的泛化能力，避免在训练数据上的过拟合。

分析两种方法的优缺点之后，可以发现后剪枝的决策树在分支方面通常比前剪枝的决策树更多。在一般情况下，后剪枝的决策树风险较低，很少出现欠拟合，其泛化性能往往优于前剪枝的决策树。但是，后剪枝需要首先构建一棵完全生长的决策树，然后自底向上对所有非叶子节点进行逐一评估。因此，与前剪枝相比，后剪枝在训练过程中的时间成本通常更高。

既然两种方法都有其各自的优缺点，那么是否可以将它们在无线感知技术的应用中进行结合使用呢？答案是可以的，前剪枝通常在树的构建过程中进行，在每次分裂前进行判断，避免过度拟合。后剪枝则在整个树已经建立后进行，通过删除部分分支或子树来提高模型的泛化能力。后剪枝的计算量通常较大，但所得到的树更加可靠。也可以将前剪枝和后剪枝的组合方法与特定的场景和需求相结合，以优化决策树模型在处理无线信号数据时的性能。

6.2.5 随机森林

随机森林（random forest，RF）是对决策树的一种组合和扩展形式，采用集成学习❶思想，该算法由多个决策树组成，每个决策树通过随机抽取样本进行训练，形成一个强大的分

---

❶ 集成学习是一种机器学习方法，其主要思想是通过结合多个学习器的预测结果，以期获得比单个学习器更好的性能和泛化能力。这种方法通过将多个弱学习器集成在一起，从而形成一个强学习器。

类器或回归器。整个集成的核心思想属于机器学习中的集成学习方法。

　　通过采用随机构造决策树的方法，随机森林提高了单棵树分类器的性能。这种随机抽样的过程使得随机森林能够有效处理大量数据而不易过拟合。算法的原理结构图（图 6-3）展示了随机森林的分类器组成和工作原理。

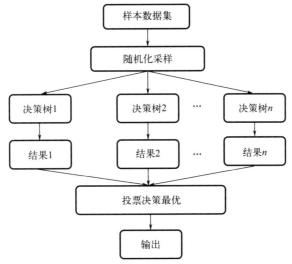

图 6-3　随机森林分类器原理结构图

　　算法名称中的"随机"和"森林"反映了两个关键特点。首先，随机性体现在样本随机性和特征随机性上。样本随机性指的是随机森林采用自助采样，即从原始数据集中有放回地随机抽取样本用于每个决策树的训练。这保证了每个树的训练集是独立的，引入了随机性。特征随机性是指在构建每个决策树的节点时，随机森林从所有特征中随机选择一个子集用于节点分割，确保了每个树的不同性，增加了集成的多样性。其次，"森林"表示构建了多棵决策树，每棵树都是独立的分类器，对于一个输入样本，每棵树都会产生一个分类结果。最后，通过对所有树的分类结果进行投票或平均，得到最终的输出。这体现了 Bagging（bootstrap aggregating）思想，即通过集成多个模型来提高整体模型的性能和泛化能力。

　　随机森林使用 CART 决策树❶作为弱学习器。与普通的决策树不同，RF 在决策树的构建过程中进行了改进。通常的决策树会在节点上的所有 n 个样本特征中选择一个最优的特征来进行左右子树的划分。相比之下，RF 通过随机选择节点上的一部分样本特征，这个数量小于 n，然后在这些随机选择的特征中再选择一个最优的特征来进行决策树的左右子树划分。这种随机性的引入进一步增强了模型的泛化能力。

　　对于 RF 的 CART 决策树和普通的 CART 决策树的区别在于，如果将随机选择的特征数设为 1，那么此时 RF 的决策树与普通的 CART 决策树没有区别。关于参数 n_{sub}，它表示随机选择的样本特征的数量。n_{sub} 越小，模型的鲁棒性越强，但对于训练集的拟合程度会减

---

❶　CART 决策树是一种用于分类和回归任务的树状模型。它通过对数据集进行递归的二分划分，将数据划分为不同的子集，然后在每个子集上构建简单的模型，最终形成一棵树。

小。也就是说，n_{sub} 越小，模型的方差会减小，但偏倚会增大。在实际案例中，通常通过交叉验证来调参，找到一个合适的 n_{sub} 值。

随机森林本质上是多个决策树的集合，每棵树都略有不同。其核心思想是通过构建多个预测相对较好但可能对部分数据过拟合的树，然后对这些树的结果取平均值来降低过拟合的风险。为了实现这一策略，需要构造许多决策树，每棵树对目标值进行可接受的预测，并且与其他树不同。在构建每棵树时，基于新创建的数据集，算法在每个节点上随机选择特征的一个子集，并对其中一个特征寻找最佳测试，而不是对每个节点都寻找最佳测试。选择的特征个数由 max_features 参数控制。每个节点中特征子集的选择是相互独立的，使得每个节点可以使用特征的不同子集来作出决策。

max_features 是一个关键参数，它决定了每次划分时考虑的特征数量。如果 max_features 等于 n_features，每次划分都考虑所有特征。如果等于 1，则无法选择测试特征，只能对随机选择的某个特征搜索不同的阈值。因此，max_features 的设置影响随机森林中树的相似性。较大的 max_features 导致树之间相似度高，而较小的 max_features 导致树之间差异较大。在实践中，可以通过调参获取合适的 max_features 值。

6.2.6　应用举例

随机森林在通过 CART 决策树构造基分类器前，要进行第二次随机操作——特征随机抽取。其不将特征集中的所有特征都用于决策树构建，仅在随机选取的特征的基础上再执行 CART 决策树算法。由于 CART 决策树是一个二叉树分类器，随机森林中的特征选择机制每次仅仅会选择比较少的特征作为输入。提取的检测特征比较多时，比如在一个样本同时有相关性特征 2 个和时频特征 $z(w+1) \times 4$ 个，时频特征的数量远大于相关性特征的情况下，当对特征进行随机选择时，由于相关性特征的占比远小于时频特征，因而在构建的基分类器中将有很大一部分没有包含相关性特征。然而，相关性特征往往也是重要特征之一，在对无目标及有目标情况进行区分时与时频特征起着同等重要的作用。为解决该问题，本书以一种基于调整特征权重的特征随机抽取方法为例，以使相关性特征在特征随机抽选时被选中的概率与时频特征相等。

本例抽取的特征数量选择为 $a = \text{round}\{\text{sqrt}[z(w+1) \times 4 + 2]\}$。设 F_i 表示特征集中的第 i 个特征并令 $W_1 = z(w+1) \times 4$。将输入特征集中共 $W_1 + 2$ 个特征进行编号，可得待选特征集合 $Z = [F_1, F_2, \cdots, F_{W_1+2}]$。$Z$ 中包括两类特征子集：时频特征集与相关性特征集。令待选时频特征集表示为 $Z_1 = [F_1, F_2, \cdots, F_{W_1}]$，待选相关性特征集表示为 $Z_2 = [F_{X_1}, F_{X_2}]$。那么对于任意一个子训练样本集，基于特征权重的特征随机选择方法具体步骤如图 6-4 所示。

通过上述方式，在随机森林构造过程中的特征随机选择部分将数量较少的相关性特征抽取概率提升，实现了基于多特征联合的目标检测。在一次样本子集抽选后执行上述步骤，则可通过 CART 决策树构建一个基分类器，抽取 b 个训练样本子集则可得到 b 个基分类器以构造随机森林。

输入：

　　待选特征集Z

输出：

　　已选特征集S

初始化：

　　已选特征集$S=\phi$

　　时频特征待选编号集$C_1=[0,1,\cdots,m],m=W_1$

　　相关性特征待选编号集$C_2=[m+1,m+2,\cdots,n],n=2W_1$

　　时频特征集$Z_1=[F_0,F_1,\cdots,F_m]$

　　相关性特征集$Z_2=[F_{X_1},F_{X_2}]$

计算过程：

1.	for time = 0 to a do
2.	u = random (0,n)
3.	if u ≤ m then
4.	从Z_1中抽取编号u对应的特征F_u
5.	将F_u添加进S并从Z_1中删除F_u
6.	m = m − 1
7.	n = n − 1
8.	else if u > m then
9.	if$(u-m)>\dfrac{W_1}{2}$ then
10.	从Z_2中抽取特征F_{X_2}
11.	将F_{X_2}添加进S并从Z_2中删除F_{X_2}
12.	else
13.	从Z_2中抽取特征F_{X_1}
14.	将F_{X_1}添加进S并从Z_2中删除F_{X_1}
15.	end if
16.	n = n − $\dfrac{n-m}{2}$
17.	end if
18.	time = time + 1
19.	end for

图 6-4　基于特征权重的特征随机选择

6.3

贝叶斯算法

6.3.1　贝叶斯决策理论

在班级中要举办一个抽奖活动，一共有 50 名同学，其中 49 个男同学，1 个女同学，抽奖环节只允许一名学生中奖，那让你去猜男生中奖概率大还是女生中奖概率大呢？大家都会说是男同学，那要是再加上有人说领奖的人穿着裙子，留着长头发的信息，再去判断男生中奖概率大还是女生中奖概率大。这时大家会去说是女同学。这是一个反映贝叶斯理论的简单例子，第一次预测男同学中奖是因为班级中男生很多，中奖的概率是 49/50，这个概率就是先验概率，没有观测到特征时的概率。但是之后加上新的信息，就会判断女生中奖概率大，这就是条件概率。那么最后作出的决策就是先验概率和条件概率综合的结果。

该算法的理论基础是由 18 世纪的数学家托马斯·贝叶斯提出的。贝叶斯定理描述了在拥有先验知识的情况下，如何根据新的观察或证据来更新这些知识，在无线感知应用中，其可以提供额外的信息，例如信号强度、频率等，从而得到后验概率。有两种重要的贝叶斯算法，朴素贝叶斯算法和正态贝叶斯算法，前者假定属性向量各分量之间相互独立，后者假设属性向量服从多维正态分布。

在这里先介绍几个知识点的概念，首先先验概率指的是在考虑任何新证据之前对事件的概率的初始预期，记作 $P(y_i)$，则

$$1 = \sum_{i=1}^{C} P(y_i) \tag{6-6}$$

对于上面的例子来说男生和女生中奖的概率是等于 1 的。这里就会发现决策规则是基于输入所采取的特定行动，它的局限很大，比如总是作出同样的预测。它无法利用更多的信息，如果先验概率是均匀的，那么规则效果不佳等。

要观测当前样本的更多信息，就要引入更多的样本所特有的特征，在无线感知技术中即提供多样化的信息，如信号频率、信号强度等，这些信息可以被视为新的证据。贝叶斯框架允许根据这些新的感知数据来更新先验概率，得到更精确的后验概率 $P(y|x)$。这种结合可以提高对环境变化的响应能力，并允许系统在面对不确定性时更灵活地调整预期和决策。

联合概率指的是两个事件共同发生的概率，通常表示为 $P(y,x)$，用公式(6-7)表示为

$$P(y,x) = P(y|x)P(x) = P(x|y)P(y) \tag{6-7}$$

贝叶斯公式是基于条件描述两个随机事件之间的概率关系，用公式(6-8)表示为

$$p(y|x) = \frac{P(x|y)P(y)}{p(x)} = \frac{p(x|y)P(y)}{\sum_i p(x|y_i)p(y_i)} \tag{6-8}$$

因此选择最大化后验概率的类别作为预测结果 y^* 是一种常见的分类方法，即在给定观察到的数据的情况下，选择具有最大后验概率的类别，用式(6-9)和式(6-10)表示为

$$y^* = \underset{i}{\arg\max} P(y_i|x) \tag{6-9}$$

$$y^* = \begin{cases} y_1 & P(y_1|x) > P(y_2|x) \\ y_2 & P(y_2|x) > P(y_1|x) \end{cases} \tag{6-10}$$

通过最大先验概率来确定最可能的类别，是一种直观且理论上坚实的分类方法。但是任何分类都不能保证 100% 正确，即使是 99.99% 的概率正确，也会有 0.01% 的风险，此时就要评估预测过程中的风险，风险的评估有多大呢？

$$P(\text{err}|x) = \begin{cases} P(y_2|x) & 决策为 y_1 \\ P(y_1|x) & 决策为 y_2 \end{cases} \tag{6-11}$$

$$P(\text{err}|x) = \min[P(y_1|x), P(y_2|x)] \tag{6-12}$$

如式(6-11) 和式(6-12) 所示，如果决策为 y_1，此时"犯错"的概率为 $P(y_2|x)$，同理如果决策为 y_2，此时"犯错"的概率为 $P(y_1|x)$。如果"犯错"后就会带来一些损失，比如把病人误诊为健康，或者把正常人误诊为病人，不同的错误带来的损失可能不同，在决策问题中，通常会面临多种可能的决策和多种可能的状态，每种状态下可能会发生不同的损失。条件风险是在特定决策下，对每种可能状态的损失进行加权平均后的期望值，用 $R(y_i|x)$ 表示，用公式(6-13) 表示为

$$R(y_i|x) = \sum_{j=1}^{n} \lambda_{ij} P(y_i|x) \tag{6-13}$$

这里也存在一种特例，就是 0-1 条件风险，用公式(6-14) 表示为

$$R(y_i|x) = 1 - P(y_i|x) \tag{6-14}$$

条件风险反映了在不同状态下采取不同决策所面临的风险，是决策理论中一个重要的指标。在实际应用中，通过实时监测和分析无线环境中的数据，系统能够更准确地了解当前状态，为决策提供更精确的输入，从而在不同环境条件下最小化期望损失。这也就是贝叶斯最优分类，用公式(6-15) 表示为

$$h^*(x) = \underset{y \in Y}{\arg\max}\, P(y|x) \tag{6-15}$$

6.3.2　朴素贝叶斯

朴素贝叶斯（naive bayes）算法是基于贝叶斯定理与特征条件独立假设的分类方法，该算法是有监督的学习算法，它借助贝叶斯定理来处理不确定性和进行概率推断。

观察贝叶斯公式(6-8) 中的 $P(x|y)$，它也被称为似然概率，假设 y 的类别有 k 个，每个样本有 n 维，则可以用公式(6-16) 写成：

$$P(X=x|Y=c_k) = P[X^{(1)}=x^{(1)}, \cdots, X^{(n)}=x^{(n)}|Y=c_k], k=1,2,\cdots,K \tag{6-16}$$

这是一个联合条件概率，可以得到条件概率为指数级别的参数，即 $K \prod_{j=1}^{n} S_j$。

这是非常复杂的，在实际应用中有很大难度，实用性不强，那朴素贝叶斯算法就是在一定程度上通过假设来简化这样的计算，从而使得分类算法在实际应用中变得可行。在这里朴素贝叶斯做了一个条件独立性假设，根据条件独立性，则用公式(6-17) 可表示为

$$P(x_1, x_2, x_3) = P(x_1)P(x_2)P(x_3) \tag{6-17}$$

这样就可以把联合概率变成每一个维度的条件似然的估计，用公式(6-18) 可表示为

$$P(X=x|Y=c_k) = \prod_{i=1}^{n} P[X^{(j)}=x^{(j)}|Y=c_k] \tag{6-18}$$

这样计算复杂度就变得很低，做了极大的"简化"，得到了模型的可用性，这也就是"朴素"的由来。上面的贝叶斯公式可以用式(6-19) 表示：

$$P(Y=c_k|X=x) = \frac{P(X=x|Y=c_k)P(Y=c_k)}{\sum_k P(X=x|Y=c_k)P(Y=c_k)} \tag{6-19}$$

将式(6-18) 和式(6-19) 结合进行简化，得到新的形式，即

$$P(Y=c_k \mid X=x) = \frac{P(Y=c_k)\prod_j P[X^{(j)}=x^{(j)} \mid Y=c_k]}{\sum_k P(Y=c_k)\prod_j P[X^{(j)}=x^{(j)} \mid Y=c_k]} \tag{6-20}$$

接下来去评估每一个维度的条件似然和先验概率即可。之后就可以采用最大后验概率的方式进行类别的预测，即分类样本函数，得到贝叶斯分类器，可以表示为

$$y=f(x)=\underset{c_k}{\arg\max} \frac{P[Y=c_k]\prod_j P[X^{(j)}=x^{(j)} \mid Y=c_k]}{\sum_k P(Y=c_k)\prod_j P[X^{(j)}=x^{(j)} \mid Y=c_k]} \tag{6-21}$$

分母对所有都相同，实际上就是对分子部分进行计算，得到先验概率和所有的似然概率，就可以进行类别的预测，因此对公式(6-21)可以改写为公式：

$$y=\underset{c_k}{\arg\max}P(Y=c_k)\prod_j P[X^{(j)}=x^{(j)} \mid Y=c_k] \tag{6-22}$$

6.3.3　朴素贝叶斯法的参数估计

在朴素贝叶斯分类器中，参数估计涉及两个主要方面：类别的先验概率和特征的条件概率。这些概率通常通过极大似然估计法来估计，该方法的目标是在给定训练数据的情况下，找到使得观察到的数据的似然概率最大的概率参数。

对于类别的先验概率，可以通过训练数据中每个类别的样本数量与总样本数量之比来估计。假设有 N 个样本，在样本中类别为 c_k 的个数是多少，这样的问题就是先验概率的极大似然估计，用公式(6-23)表示为

$$P(Y=c_k)=\frac{\sum_{i=1}^{N}I(y_i=c_k)}{N},k=1,2,\cdots,K \tag{6-23}$$

通过观察训练数据中每个类别下某个特征取某个值的样本数量与该类别样本总数之比，找到使得观察到的数据的似然概率最大的条件概率。假设第 j 个特征可能取值的集合为 $\{a_{j1},a_{j2},\cdots,a_{jS_j}\}$，则条件概率的极大似然估计可用公式表示为

$$P[X^{(j)}=a_{jl} \mid Y=c_k]=\frac{\sum_{i=1}^{N}I[x_i^{(j)}=a_{jl},y_i=c_k]}{\sum_{i=1}^{N}I(y_i=c_k)} \tag{6-24}$$

式中，$j=1,2,\cdots,n;l=1,2,\cdots,S_j$；$k=1,2,\cdots,K$。

6.3.4　朴素贝叶斯方法

（1）高斯朴素贝叶斯方法

在过去，对于无线感知技术的数据处理通常涉及对离散值的处理。然而，类似将学生成绩划分为 60 以下、60～70、70～80、80～90 和 90～100 区间并分别用特征值 1、2、3、4、5 表示，这样的连续型变量特征的划分需要人为设定且不够精确，比如在 50～55 分之间很

难区分。通过离散方式进行划分过于简化，难以准确反映实际的连续变化，为解决这一问题，可以采用高斯朴素贝叶斯模型来处理连续型特征。这种模型利用正态分布对数据进行建模，更适合处理连续值，无需手动制定固定的区间划分。

当无线感知数据为连续值时，如何去估计似然度 $P(x_i|y_k)$ 呢？高斯模型是这样做的，假设在 y_i 的条件下，x 服从高斯分布（正态分布）。根据正态分布的概率密度函数即可计算出 $P(x_i|y_k)$，用公式表示为

$$P(x_i|y_k)=\frac{1}{\sqrt{2\pi\sigma_{y_k,i}^2}}e^{-\frac{(x_i-\mu_{y_k,i})^2}{2\sigma_{y_k,i}^2}} \tag{6-25}$$

这里可以类似地假设无线信号强度或其他相关特征在给定条件下服从正态分布。通过收集样本数据并计算均值和方差，可以建立该特征的正态分布模型。这个模型可以用来估计在特定条件下某个具体信号强度值的概率密度。这种方法能够更准确地描述无线信号特征的分布，而无需事先将其离散化，从而更好地适应实际情况。

（2）多项式朴素贝叶斯

多项式朴素贝叶斯是一种朴素贝叶斯分类器的变体，为了更容易地理解多项式朴素贝叶斯，这里先以文本分类为例，在多项式模型中，设某文档 $d=(t_1,t_2,\cdots,t_k)$，t_k 是该文档中出现过的单词，允许重复，则先验概率为

$$P(c)=\frac{\text{类 } c \text{ 下单词总数}}{\text{整个训练样本的单词总数}} \tag{6-26}$$

类条件概率可以用公式表示为

$$P(t_k|c)=\frac{\text{类 } c \text{ 下单词 } t_k \text{ 在各个文档中出现过的次数之和} + 1}{\text{类 } c \text{ 下单词总数} + |V|} \tag{6-27}$$

式中，V 是训练样本的单词表（即抽取单词，单词出现多次，只算一个）；$|V|$ 则表示训练样本包含多少种单词。

$P(t_k|c)$ 可以看作是单词 t_k 在证明 d 属于类 c 上提供了多大的证据，而 $P(c)$ 则可以认为是类别 c 在整体上占多大比例（有多大可能性）。

对应到无线感知技术中，将多项式朴素贝叶斯应用于无线感知的场景，意味着可以使用多项式模型来处理无线感知的数据。可以将不同位置的无线信号强度看作文本中的单词，而不同位置则对应于文档，而文档中的单词则是不同的信号强度水平。这样，使用多项式朴素贝叶斯模型来进行位置的分类就高效很多。

（3）伯努利朴素贝叶斯

在伯努利朴素贝叶斯中，先假设各个特征在各个类别下服从 n 重伯努利分布（二项分布）。由于伯努利试验仅有两个结果，算法会首先对特征值进行二值化处理，将其转换为二进制（通常表示为 1 和 0）。对于无线感知数据，特征通常表示环境中的无线信号状态。每个特征可以对应于一个无线信号源或一个特定频段的状态。在这种情况下，可以将特征值进行二值化，表示某个位置是否在某个信号的覆盖范围内，或者是否检测到某个特定的信号。

在这种情况下，对于某个特征，可以将其二值化为 1 或 0，表示该特征是否在样本中出

现。这样就可以将一个样本表示为一个包含二进制特征值的向量。在这种情况下，伯努利朴素贝叶斯模型可以使用二项分布的概率质量函数进行建模，这反映了在给定类别的情况下，观测到或未观测到某个信号的概率。为了更清楚地理解，这里还是使用文档的例子，对应的 $P(c)$ 和 $P(t_k|c)$ 计算方式可以用式(6-28) 和式(6-29) 表示：

$$P(c)=\frac{\text{类 } c \text{ 下文件总数}}{\text{整个训练样本的文件总数}} \tag{6-28}$$

$$P(t_k|c)=\frac{\text{类 } c \text{ 下单词 } t_k \text{ 在各个文档中出现过的次数之和}+1}{\text{类 } c \text{ 下单词总数}+2} \tag{6-29}$$

6.3.5　应用举例

在进行 WiFi 感知行为的实验过程中，经常会发现有的天线数据流上的信号能量比较小，噪声干扰比较大，信号基本上淹没在了噪声之中，那么这种就属于"坏天线"数据流，这种"坏天线"数据流则会发生在不同的收发天线对之中。如果选择使用这些"坏天线"的数据流则将会产生明显的识别问题上的误判。因此，需要对这些"坏天线"数据流进行移除，进而提高行为动作的识别率，也就是说需要一种分类的方法，将这些天线数据流进行分类，从而移除"坏天线"数据流。

根据现有的理论研究分析，贝叶斯分类器在进行分类时，出现分类错误的情形是最少的，具有最好的分类效果。本书使用了朴素的贝叶斯分类器来寻找和消除这些"坏天线"数据流。保留下来对于行为动作比较敏感的天线数据流，进而来识别人体的动作行为，图 6-5 展示了移除这些坏的天线数据流的算法流程。

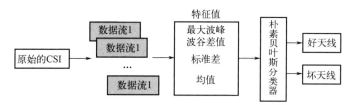

图 6-5　移除"坏天线"数据流的朴素贝叶斯分类器流程图

这个分类的过程如下：

① 首先在 MIMO 所提供的空间分集，也就是从每个天线收发对上的数据流中计算出最大的峰值和谷值的差值、平均值、标准差作为朴素贝叶斯分类器的特征属性，其对应的标签为"好"或"坏"天线数据流。实际操作时导入必要的库，这些库包括：Gaussian NB，它是 Scikit-learn 中朴素贝叶斯分类器的一种实现；train_test_split，用于将数据集划分为训练集和测试集；以及 accuracy_score，用于计算模型的准确率。这些库提供了构建、训练和评估贝叶斯分类器所需的基本工具。

② 对于不同种类的动作行为分别进行样本的训练，选择合适的训练样本数。将每种动作行为另外的样本数据用于分类器的训练，生成分类器。可使用 train_test_split 函数将数据集分为训练集和测试集。这是为了在模型构建过程中有一个独立的数据集来评估模型的性能。其中，test_size 参数表示测试集占总数据集的比例。

③ 之后，初始化贝叶斯分类器，创建了一个朴素贝叶斯分类器对象，使用的是高斯朴素贝叶斯模型，即 Gaussian NB（）。这个模型在处理连续型特征时非常有效，适用于 CSI 数据。为了让模型能够根据已知的 CSI 特征和睡眠状态标签学习如何进行分类，通过调用 fit 方法，可以将贝叶斯分类器拟合到训练集上，使其能够学习数据的分布和模式。通过生成的分类器进行分类，将标签为"坏"天线的数据流进行移除，保留下标签为"好"天线的数据流。还可以使用 accuracy_score 函数计算，使用训练好的贝叶斯分类器对新采集的数据进行天线好坏的预测。

通过这个案例，向大家展示了一个完整的贝叶斯算法移除"坏天线"的应用。这包括了加载和划分数据集、初始化和训练贝叶斯分类器，以及最终使用模型进行新数据的天线好坏的预测。

6.4
支持向量机

支持向量机（support vector mechine，SVM）是由 Vladimir Vapnik 等人在 20 世纪 90 年代初提出的一种机器学习方法。其理论基础最初根植于统计学习理论（statistical learning theory）。这一方法最初旨在研究模式识别和统计学习中的非线性分类问题，其核心思想是通过在特征空间中找到最大间隔超平面，将不同类别的数据点分隔开。这个最大间隔超平面由支持向量决定，这些向量是距离超平面最近的数据点。而在无线感知技术领域的应用中，SVM 展现出了其强大的潜力。

不同的空间维度对应的 SVM 形式是不同的，具体情况如表 6-1 所示。在无线感知环境中，SVM 可用于处理多类别分类问题，例如识别不同类型的信号或无线设备。在这个背景下，数据点可以对应不同位置或时刻的无线信号特征。

支持向量机的优势在于其能够适应高维空间中的复杂关系，并在处理小样本数据时表现出色。在无线感知中，这意味着即使在仅有有限的数据点的情况下，SVM 也能够有效地进行分类。支持向量，即离超平面最近的数据点，在无线感知中可以被视为关键的观测点，代表了具有重要信息的信号状态或无线设备。

随着研究的深入，SVM 的理论框架逐渐完善，包括处理非线性问题的核技巧的引入，以及对软间隔 SVM 的发展。这些创新使得 SVM 在更广泛的问题领域中得以应用，总体而言，SVM 以其坚实的理论基础、强大的泛化性能和适应性，广泛应用于信号分类、位置识别等任务，成为了处理无线感知中数据的重要工具之一。

表 6-1　不同空间维度对应不同的 SVM 形式

空间维度	SVM 形式	图形实例
二维空间	一条直线	
三维空间	一个平面	

空间维度	SVM 形式	图形实例
多维空间	超平面	

6.4.1　支持向量机的算法原理

与传统的二分类问题类似，SVM 在无线感知中的目标仍然是找到一个超平面，能够有效地将不同类型的无线信号或设备分隔开。虽然存在多个可以完成这一任务的超平面，但为了确定一个分类效果最好的超平面，会去采用支持向量和最大间隔的概念。具体来说，SVM 的工作可以概括为以下步骤。

数据表示与特征空间：在无线感知中，数据点可能对应于不同位置或时刻的无线信号特征。支持向量机将这些特征映射到一个高维的特征空间中。

超平面的选择：SVM 的目标是找到一个超平面，使得不同类别的无线信号在该超平面的两侧。这个超平面在无线感知中可能代表了不同信号类型的分界线，有助于准确地分类不同的信号。

支持向量的确定：在无线感知问题中，支持向量可以被视为具有特殊重要性的样本点，代表了具有关键信息的信号状态。通过对每个可能的超平面进行平移，使其与无线信号的特征点相交，这些相交的特征点即为支持向量。这些支持向量在无线感知中扮演着关键的角色，因为它们离超平面最近，对于定义无线信号的边界至关重要。

计算间隔：在无线感知中，超平面的间隔表示超平面到最近的支持向量的距离。通过计算支持向量到超平面的距离（通常用该距离的最小值表示），就可以得到一个关于无线信号分类性能的度量。

最大化间隔：与传统的 SVM 一样，在无线感知中，SVM 的优化目标仍然是最大化间隔。通过选择使得支持向量到超平面的距离尽可能大的超平面，可以提高分类模型的鲁棒性。这样的超平面更有可能在面对新的未见信号时表现良好，具有更好的泛化能力。在无线感知中，这意味着模型更能适应不同位置、时间条件下的信号特征，从而更有效地应对复杂的无线环境。

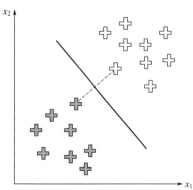

图 6-6　支持向量机

为了更加方便理解无线感知应用中支持向量机的使用，要先弄清楚二维空间的情况，要确定支持向量到超平面的间隔就要算出它们之间的距离，如图 6-6 所示，在图中已知几个点，计算出法线（图中虚线）的距离，用公式可表示为

$$\text{distance}(\boldsymbol{x}, b, \boldsymbol{w}) = \left| \frac{\boldsymbol{w}^{\mathrm{T}}}{\|\boldsymbol{w}\|}(\boldsymbol{x} - \boldsymbol{x}') \right| = \frac{1}{\|\boldsymbol{w}\|} |\boldsymbol{w}^{\mathrm{T}} \boldsymbol{x} + b|$$

$$(6\text{-}30)$$

因为是解决二分类问题，所以可以用 y 为样本的

类别。当 x 为正例的时候 $y=1$，当 x 为负例的时候 $y=-1$，表示两个不同的决策类别。那决策方程则可以用式(6-31)、式(6-32) 表示：

$$y(x)=\boldsymbol{w}^{\mathrm{T}}\boldsymbol{\Phi}(\boldsymbol{x})+b \tag{6-31}$$

$$\begin{aligned}y(\boldsymbol{x}_i)>0&\Leftrightarrow\boldsymbol{y}_i=+1\\y(\boldsymbol{x}_i)<0&\Leftrightarrow\boldsymbol{y}_i=-1\end{aligned}\geqslant\boldsymbol{y}_i\boldsymbol{y}(\boldsymbol{x}_i)>0 \tag{6-32}$$

在二维空间中目标是找到一条直线，使得数据点中距离这条直线最近的点到这条直线的距离尽可能远。这可以通过支持向量机的思想来理解。由于 $\boldsymbol{y}_i\boldsymbol{y}(\boldsymbol{x}_i)>0$，所以将绝对值展开之后依旧成立，点到直线的距离 d 可以化简成为

$$d=\frac{\boldsymbol{y}_i[\boldsymbol{w}^{\mathrm{T}}\boldsymbol{\Phi}(\boldsymbol{x}_i)+b]}{\|\boldsymbol{w}\|} \tag{6-33}$$

决策方程可以通过缩放变换使得其结果值 $|Y|\geqslant1$，即 $\boldsymbol{y}_i[\boldsymbol{w}^{\mathrm{T}}\boldsymbol{\Phi}(\boldsymbol{x}_i)+b]\geqslant1$，这样就可以得到目标函数公式(6-34)：

$$\boldsymbol{y}=\underset{\boldsymbol{w},b}{\arg\max}\left\{\frac{1}{\|\boldsymbol{w}\|}\boldsymbol{m}_i\{\boldsymbol{y}_i[\boldsymbol{w}^{\mathrm{T}}\boldsymbol{\Phi}(\boldsymbol{x}_i)+b]\}\right\} \tag{6-34}$$

由于 $\boldsymbol{y}_i[\boldsymbol{w}^{\mathrm{T}}\boldsymbol{\Phi}(\boldsymbol{x}_i)+b]\geqslant1$，所以只需要考虑 $\arg\max\limits_{\boldsymbol{w},b}\dfrac{1}{\|\boldsymbol{w}\|}$ 即可。那么要想让 $\dfrac{1}{\|\boldsymbol{w}\|}$ 最大，就要保证 $\|\boldsymbol{w}\|$ 最小。这里引用拉格朗日乘子法去处理有等式约束的优化问题，拉格朗日函数的作用是可以把所有约束条件囊括进一个多元函数，通过求该多元函数的最值来得到想要的条件最值。具体原理证明不在本书中详述，大家只需知道所谓拉格朗日函数就是将所有以小于零作为条件的各条件函数分别乘上一个系数，再加上要求最小值的目标函数后组成的多项式。针对上述条件最值问题，可构造拉格朗日函数，用式(6-35) 表示为

$$L(\boldsymbol{w},b,\boldsymbol{\alpha})=\frac{1}{2}\|\boldsymbol{w}\|^2-\sum_{i=1}^n\boldsymbol{\alpha}_i\{\boldsymbol{y}_i[\boldsymbol{w}^{\mathrm{T}}\boldsymbol{\Phi}(\boldsymbol{x}_i)+b]-1\} \tag{6-35}$$

式中，$\boldsymbol{x}_i$ 表示对于每一个样本的特征向量；$\boldsymbol{y}_i$ 表示其中每一个样本的标签。对于每一个样本都有一个 $\boldsymbol{\alpha}$，分别对 $\boldsymbol{w}$ 和 b 求偏导，根据对偶性质，可以得到两个条件，即 $\min\limits_{\boldsymbol{w},b}\max\limits_{\boldsymbol{\alpha}}L(\boldsymbol{w},b,\boldsymbol{\alpha})$ 和 $\max\limits_{\boldsymbol{\alpha}}\min\limits_{\boldsymbol{w},b}L(\boldsymbol{w},b,\boldsymbol{\alpha})$。也就是前者的问题转化成了后者的问题。

对 $\boldsymbol{w}$ 求偏导，得公式：

$$\frac{\partial L}{\partial\boldsymbol{w}}=0\Rightarrow\boldsymbol{w}=\sum_{i=1}^n\boldsymbol{\alpha}_i\boldsymbol{y}_i\boldsymbol{\Phi}(\boldsymbol{x}_n) \tag{6-36}$$

对 b 求偏导，得公式：

$$\frac{\partial L}{\partial b}=0\Rightarrow0=\sum_{i=1}^n\boldsymbol{\alpha}_i\boldsymbol{y}_i \tag{6-37}$$

代入 $L(\boldsymbol{w},b,\boldsymbol{\alpha})$，得公式：

$$L(\boldsymbol{w},b,\boldsymbol{\alpha})=\sum_{i=1}^n\alpha_i-\frac{1}{2}\sum_{i=1,j=1}^n\boldsymbol{\alpha}_i\boldsymbol{\alpha}_j\boldsymbol{y}_i\boldsymbol{y}_j\boldsymbol{\Phi}^{\mathrm{T}}(\boldsymbol{x}_i)\boldsymbol{\Phi}(\boldsymbol{x}_j) \tag{6-38}$$

继续对 α 求极大值，得公式：

$$L(\boldsymbol{w},b,\boldsymbol{\alpha})=\max_{\boldsymbol{\alpha}}\sum_{i=1}^n\boldsymbol{\alpha}_i-\frac{1}{2}\sum_{i=1}^n\sum_{j=1}^n\boldsymbol{\alpha}_i\boldsymbol{\alpha}_j\boldsymbol{y}_i\boldsymbol{y}_j[\boldsymbol{\Phi}^{\mathrm{T}}(\boldsymbol{x}_i)\boldsymbol{\Phi}(\boldsymbol{x}_j)] \tag{6-39}$$

条件为 $\sum_{i=1}^{n} \boldsymbol{\alpha}_i \boldsymbol{y}_i = 0$，$\boldsymbol{\alpha}_i \geqslant 0$。

极大值转换为求极小值问题，得公式：

$$L(\boldsymbol{w}, b, \boldsymbol{\alpha}) = \min_{\boldsymbol{\alpha}} \frac{1}{2} \sum_{i=1}^{n} \sum_{j=1}^{n} \boldsymbol{\alpha}_i \boldsymbol{\alpha}_j \boldsymbol{y}_i \boldsymbol{y}_j [\boldsymbol{\Phi}^{\mathrm{T}}(\boldsymbol{x}_i) \boldsymbol{\Phi}(\boldsymbol{x}_j)] - \sum_{i=1}^{n} \boldsymbol{\alpha}_i \tag{6-40}$$

条件为 $\sum_{i=1}^{n} \boldsymbol{\alpha}_i \boldsymbol{y}_i = 0$，$\boldsymbol{\alpha}_i \geqslant 0$。

只要求出式(6-40) 的极小值时对应的 $\boldsymbol{\alpha}$ 向量就可以求出 $\boldsymbol{w}$ 和 b。这里假设解出了 $\boldsymbol{\alpha}$，则分类器模型可以用表示为

$$f(x) = \boldsymbol{w}^{\mathrm{T}} \boldsymbol{\Phi}(x) + b = \sum_{i=1}^{m} \boldsymbol{\alpha}_i \boldsymbol{\Phi}(\boldsymbol{x}_j) \boldsymbol{\Phi}(\boldsymbol{x}_i)^{\mathrm{T}} \boldsymbol{\Phi}(x) + b \tag{6-41}$$

需要注意的是，支持向量机模型的构建，只和支持向量有关，对于非支持向量，其对应的 $\boldsymbol{\alpha} = 0$，并不会出现在模型构建中。这是支持向量机的一个重要的性质，即最终模型，只与支持向量有关。

6.4.2　软间隔

在前述讨论中，一直假设训练样本是完全线性可分的，即存在一个超平面能够将不同类别的样本完全分开。然而，实际的无线感知应用中很难遇到完全线性可分的数据集。即使数据集是线性可分的，按照完全线性可分的方式构建分类器也不一定能够在真实的无线环境中取得良好的泛化能力。这是因为在真实世界的无线信号数据中，可能存在噪声、干扰或离群点，这些因素使得在训练样本上百分之百正确分类的分类器对未见过的数据的泛化能力很差。

考虑到这一问题，特意引入软间隔的概念。在硬间隔的情况下，往往追求在训练集上百分之百的分类正确，但这可能导致两类之间的间隔很小，如图 6-7(a) 所示。这样的分类器在训练集上表现很好，但对于未见过的无线信号，泛化性能可能受到影响。为了解决这一问题，总会容许在训练样本上有一些样本分类错误，即容忍一些训练样本的误分类，如图 6-7(b) 所示。这样构造出来的分类器的间隔会相对较大，这种间隔被称为软间隔。

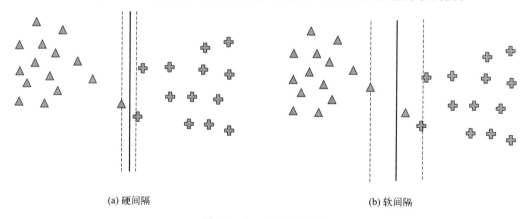

(a) 硬间隔　　　　　　　　　　　　　　(b) 软间隔

图 6-7　硬间隔和软间隔

硬间隔要求把两类点完全分得开，这其实是过于"严格"了，为了解决该问题，引入松弛因子的概念，允许模型在训练集上有一些误分类，以换取更大的间隔，从而提高模型对未见过数据的泛化性能，用公式表示为

$$y_i(wx_i + b) \geqslant 1 - \xi_i \tag{6-42}$$

得到新的目标函数：

$$\min \frac{1}{2} \| w \|^2 + C \sum_{i=1}^{n} \xi_i \tag{6-43}$$

当 C 趋近于很大时，意味着分类严格不能有错误；当 C 趋近于很小时，意味着可以有更大的错误容忍。之后代入到拉格朗日乘子法当中，得到式(6-44)：

$$L(w, b, \xi, \alpha, \mu) \equiv \frac{1}{2} \| w \|^2 + C \sum_{i=1}^{n} \xi_i - \sum_{i=1}^{n} \alpha_i [y_i(wx_i + b)] - 1 + \xi_i - \sum_{i=1}^{n} \mu_i \xi_i \tag{6-44}$$

式中，$w = \sum_{i=1}^{n} \alpha_i y_i \phi(x_n)$，$0 = \sum_{i=1}^{n} \alpha_i y_i$，$C - \alpha_i - \mu_i = 0$，$\alpha_i \geqslant 0$，$\mu_i \geqslant 0$。

使用上面同样的解法，可得公式：

$$L = \min_{\alpha} \frac{1}{2} \sum_{i=1}^{n} \sum_{j=1}^{n} \alpha_i \alpha_j y_i y_j x_i x_j - \sum_{i=1}^{n} \alpha_i \tag{6-45}$$

约束条件为 $\sum_{i=1}^{n} \alpha_i y_i = 0$，$0 \leqslant \alpha_i \leqslant C$。在无线感知技术中，引入软间隔的思想意味着允许模型在处理噪声、干扰或其他无线信号变化时更具弹性。通过容忍一些误分类，能够构建更鲁棒的分类器，更好地适应复杂的无线信号环境，从而提高在实际应用中的性能和泛化能力。

6.4.3　核技巧

在无线感知技术中，面临的问题通常是复杂的、非线性可分的。为了解决这些挑战，核技巧成为一种强大的工具。通过核技巧，就能够将数据从原始的低维空间的无线信号数据映射到高维空间，将在原始空间中线性不可分的问题转化为高维空间中线性可分的问题。这一过程中的优势在于避免了在高维空间中显式计算特征映射，从而降低了计算的复杂性。

支持向量机是一个在处理非线性问题中广泛应用核技巧的例子。在无线感知中，SVM 可以通过核技巧来处理复杂的信号模式和非线性关系。具体来说，核技巧允许在原始输入空间中执行高维空间中的内积运算，而无需显式计算或存储映射到高维空间的特征向量。这使得 SVM 等线性分类器能够通过在高维空间中学习线性决策边界来解决原始空间中的非线性问题。

如图 6-8 所示，原始数据在二维平面上可能是线性不可分的。然而，通过采用核函数将原始数据映射到三维空间，可以尝试找到一种变换的方法 $\Phi(x_j)$，也就是找到一个超平面，使得在这个高维空间中，原始数据变得线性可分，即可通过一个超平面将两类数据直接分开。这种转换使得支持向量机等线性分类器可以成功解决原始空间中的非线性问题。类似于式(6-39)，其对偶问题用式(6-46) 表示为

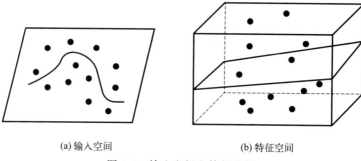

(a) 输入空间　　　　　　　　(b) 特征空间

图 6-8　输入空间和特征空间

$$L = \max_{\boldsymbol{\alpha}} \sum_{i=1}^{n} \boldsymbol{\alpha}_i - \frac{1}{2} \sum_{i=1}^{n} \sum_{j=1}^{n} \boldsymbol{\alpha}_i \boldsymbol{\alpha}_j \boldsymbol{y}_i \boldsymbol{y}_j \left[\boldsymbol{\Phi}^{\mathrm{T}}(\boldsymbol{x}_i) \boldsymbol{\Phi}(\boldsymbol{x}_j) \right] \tag{6-46}$$

要求解式（6-46）需要计算 $\boldsymbol{\Phi}^{\mathrm{T}}(\boldsymbol{x}_i)\boldsymbol{\Phi}(\boldsymbol{x}_j)$，这是样本 $\boldsymbol{x}_i$ 与样本 $\boldsymbol{x}_j$ 映射到新空间后对应向量的内积。如果将原始空间中的样本点全部采映射到新空间，然后对新空间中的每两个样本点进行内积运算，那么时间复杂度可能会变得过高。

实际上，可以假设存在一种函数，只使用高维空间中点的内积，直接在原始空间计算高维空间中的内积，用公式表示为：

$$\kappa(\boldsymbol{x}_i, \boldsymbol{x}_j) = \boldsymbol{\Phi}^{\mathrm{T}}(\boldsymbol{x}_i)\boldsymbol{\phi}(\boldsymbol{x}_j) \tag{6-47}$$

直接映射高维空间中点的内积，就会大大提高效率，这里称 $\kappa(\boldsymbol{x}_i, \boldsymbol{x}_j)$ 为核函数。在无线感知技术中，由于无法事先确定采用哪种升维方式处理后信号样本点才能在新的高维空间中变得线性可分，因此核函数就成为了支持向量机应用中至关重要的变量之一。只能通过实验和尝试来确定最适合问题的核函数及其参数。这种试验性的方法是因为不同的问题可能需要不同类型的核函数，而核函数的选择直接影响了支持向量机模型在解决特定问题时的性能。在实际应用中，通过尝试不同的核函数和参数组合，可以评估它们对问题的适用性，从而找到最有效的配置。

常见的核函数包括线性核、多项式核、高斯核等，它们适用于不同类型的数据和问题。表 6-2 中给出了 4 种常见的核函数。

表 6-2　常见的核函数

名称	表达式	参数
线性核	$\kappa(\boldsymbol{x}_i, \boldsymbol{x}_j) = \boldsymbol{x}_i^{\mathrm{T}} \boldsymbol{x}_j$	
多项式核	$\kappa(\boldsymbol{x}_i, \boldsymbol{x}_j) = (\boldsymbol{x}_i^{\mathrm{T}} \boldsymbol{x}_j)^d$	$d \geqslant 1$ 为多项式的次数
高斯核	$\kappa(\boldsymbol{x}_i, \boldsymbol{x}_j) = \exp\left(-\dfrac{\|\boldsymbol{x}_i - \boldsymbol{x}_j\|^2}{2\delta^2}\right)$	$\delta > 0$ 为高斯核的方程，影响核的宽度
S 型核	$\kappa(\boldsymbol{x}_i, \boldsymbol{x}_j) = \tanh(\beta \boldsymbol{x}_i^{\mathrm{T}} \boldsymbol{x}_j + \theta)$	$\beta > 0, \theta < 0$

6.4.4　应用举例

在室内 WiFi 定位技术中，由于室内环境复杂多变，存在家具家电等物品，有时也会有行人、宠物走动的情况，这使得无线信号受到不同程度的非视距、多径传播的影响。非视距传播导致非视距误差是室内 WiFi 定位技术，特别是基于信号模型测距的定位方法的主要误差来源。

区分 LOS 和 NLOS 情况是至关重要的，尽管有很多信号的统计特征可以区分，但是室内 WiFi 环境下 NLOS 识别面临的一个巨大挑战就是 NLOS 识别是一个线性不可分问题，因此选择将支持向量机引入解决该线性不可分问题。由于核函数可以将原空间的数据映射到新的高纬度空间，进而转换成一个线性分类的问题，以及 SVM 问题可以转换为凸优化问题，能利用现有的有效算法求得目标函数的全局最小值。

SVM 算法包含两个阶段，首先是训练数据，结合信号特征，利用 SVM 训练分类器，然后在线阶段通过离线阶段训练出的分类器对实时数据进行分类，完成 NLOS 的识别。

假设存在输入 N 组训练序列 $T=\{(x_1,y_1),(x_2,y_2),\cdots,(x_N,y_N)\}$，用于训练 NLOS 分类器，其中 $\boldsymbol{x}_i \in R^n$，$\boldsymbol{y}_i \in \{-1,+1\}$，$i=1,2,\cdots,N$，$\boldsymbol{x}_i$ 代表第 i 组特征参数，$\boldsymbol{y}_i$ 表示是 LOS 还是 NLOS，则分类决策函数可以表示为

$$y(x)=\mathrm{sign}[\boldsymbol{w}\boldsymbol{x}+b] \tag{6-48}$$

其中，sign 是符号函数，$\boldsymbol{w}$ 和 b 是从输入训练数据学习获取的参数，假设有一个定义为 $|\boldsymbol{y}_i-y(\boldsymbol{x}_i)| \leqslant \varepsilon$ 分类超平面，ε 为允许的误差，两边界超平面 $y(\boldsymbol{x})-\varepsilon=0$ 和 $y(\boldsymbol{x})+\varepsilon=0$ 的距离可以表示为 $d=2\varepsilon/\sqrt{\|\boldsymbol{w}\|_2^2+1}$，上述分类问题可以转换为求解约束最优化问题，定义为

$$\min \frac{1}{2}\|\boldsymbol{w}\|_2^2 + C\sum_{i=1}^{N}(e_i^2) \tag{6-49}$$

$$\mathrm{s.t.} \quad \boldsymbol{y}_i(\boldsymbol{w}^\mathrm{T}\boldsymbol{x}_i+b)1-e_i, \forall i, i=1,2,\cdots,N$$

式中，C 是惩罚因子；e_i 是松弛变量。从上式可以计算出：

$$\boldsymbol{w}=\sum_{i=1}^{N}(a_i-a_i^*)\boldsymbol{x}_i \qquad a_i,a_i^* \in [0,\mathrm{C/N}] \tag{6-50}$$

则分类决策函数可以表示为

$$y(\boldsymbol{x})=\mathrm{sign}\Big[\sum_{i=1}^{N}(a_i-a_i^*)\boldsymbol{x}_i\boldsymbol{x}+b\Big] \tag{6-51}$$

上式表示分类器仅仅依赖于输入和训练样本输入的，被称为线性可分支持向量机。由于输入变量 $\boldsymbol{x}$ 线性不可分，利用映射函数将原输入空间转换到 N 维特征空间，通常映射函数为高斯径向核函数，可以表示为

$$K(\boldsymbol{x}_i,\boldsymbol{x}_j)=\phi(\boldsymbol{x}_i)\phi(\boldsymbol{x}_j)=\exp\left[-\frac{\|\boldsymbol{x}-\boldsymbol{x}_k\|_2^2}{2\sigma^2}\right] \tag{6-52}$$

最终的分类决策函数可以表示为

$$y(\boldsymbol{x})=\mathrm{sign}\Big[\sum_{i=1}^{N}(a_i-a_i^*)K\boldsymbol{x}_i\boldsymbol{x}+b\Big] \tag{6-53}$$

离线阶段通过训练数据获取上式所示的分类决策函数，在线阶段将实时的特征参数输入决策函数则可进行 NLOS 识别。

6.5
KNN 算法

无线感知技术的领域往往涉及各种感知设备、数据格式等，这种多样性和复杂性使得大家在处理感知数据时面临着巨大的挑战。例如，当需要对无线信号进行分类、检测或预测时，如何有效地处理这些数据，从而提取有用的信息呢？

K-最近邻（k-nearest neighbors，KNN）算法在无线感知环境中展现了其卓越的应用价值。在无线感知环境中，KNN 不仅仅是一个算法，更是一种强大的工具，可以帮助大家理解感知数据的复杂关系，进行分类、识别和预测任务。

KNN 的独特之处在于其无需先验知识，而是通过比较数据点之间的相似性来进行决策。在无线感知中，这意味着可以根据信号特征的相似性利用 KNN 进行分类、异常检测或信号状态预测。通过考察周围数据点的邻近性，KNN 可以有效地适应不同无线环境中的变化，使其成为处理复杂和动态的感知数据的有力工具。

6.5.1　KNN 算法原理

K-最近邻算法，是一种在无线感知技术中非常有应用潜力的基本分类与回归方法。这种算法被广泛认为是一种经典而简单的有监督学习方法，属于懒惰学习（lazy learning），因为它在没有显式学习或训练过程的情况下直接使用训练数据。

在无线感知环境中，特别是在面对缺乏先验知识的数据分布时，K-近邻算法显得尤为理想。这一方法不仅适用于解决分类问题，还可用于回归问题。其基本原理是在对无线信号进行分类或预测时，首先扫描训练样本集，找到与测试样本最相似的样本。然后通过这些相似样本的类别进行投票，以确定测试样本的分类或回归值。此外，为了更精确地反映样本之间的相似程度，可以引入加权投票机制。

对于无线感知技术而言，KNN 的应用可以通过比较信号特征的相似性来实现设备分类、异常检测或信号状态预测。通过对周围数据点进行投票，KNN 可以在不需要先验知识的情况下适应不同信号的变化。此外，如果需要输出测试样本对应每个类别的概率，可以借助 KNN 通过统计不同类别样本的数量分布来估计概率，为无线感知系统提供更丰富的信息。

如图 6-9 所示，考虑一个无线感知的场景，其中有两种设备类型，分别用信号特征表示为三角形和正方形。现在希望通过 K-最近邻算法来识别新输入的无线信号。在这个场景中，训练样本包含已知类型的信号，其中一

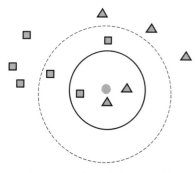

图 6-9　假设的无线感知场景

类对应三角形，另一类对应正方形。当一个新的未知信号（用圆圈表示）出现时，KNN 算法会计算它与训练样本中每个信号的相似度，找到最接近的 3 个邻居。在计算过程中，通常使用信号特征的距离来衡量相似，在新样本的 3-近邻中，假设有两个三角形和一个正方形。由于三角形的数量多，KNN 算法会预测新样本属于三角形类别。

将这个过程与无线感知技术结合，可以想象这些信号特征代表着不同的信号特征，通过比较无线信号的特征，可以利用 KNN 算法实时地对新的信号进行分类。

该算法的操作步骤如下：第一步采集训练数据集，收集包含不同类型无线信号特征的训练数据集。每个训练数据都应标有相应的信号特征。第二步是针对每个训练数据，从无线信号中提取特征，这可以包括信号强度、幅值或相位等，这些特征将用于衡量信号之间的相似性。第三步是载入训练数据集，每个数据点都包括信号特征和相应的信号类型标签。第四步是当接收到一个未标记的新无线信号时，提取相同的特征，并将其与训练数据集中的信号特征进行比较。第五步是使用适当的相似性度量（例如欧几里得距离或相关性系数），计算新信号与训练集中每个信号特征的相似性。第六步是选择最近邻，选择训练数据集中与新信号最相似的 K 个邻居。最后进行投票和预测类别，统计这 K 个邻居中各个信号类型的出现频率。可以采用简单的投票机制，也可以使用加权投票考虑邻居之间的距离权重。将新信号预测为具有最高频率的信号类型。

6.5.2　三个基本要素

在将 K-近邻算法与无线感知技术结合时，大家可以调整这三个基本要素以适应无线信号处理和识别的需求。

（1）K 值的选择

在无线感知技术中，K-近邻算法的 K 值选择和最近邻分类器的思想也扮演着重要角色。可以将其应用于无线信号处理和识别领域，在无线信号处理中，K 值的选择类似于在空间中找到最近的邻居，这决定了在预测或分类新信号时所考虑的相似信号数量。选取较大的 K 值，类似于考虑更多邻近信号的投票结果，使得系统更加稳健，对于噪声或局部信号波动不敏感。这种方法在信号识别中可能会减少误判或不必要的干扰影响，提高系统鲁棒性。

相反，较小的 K 值可能更适用于对细节进行精细分类或对局部信号特征进行更深入的分析。这种方法可能更适合处理复杂的信号环境，但也增加了对于噪声的敏感度，有可能导致对异常值或噪声更为敏感，进而影响系统的稳定性。

将最近邻分类器的概念应用于无线感知技术中，可以将其理解为测试样本（信号）与其最近邻（类似信号）之间的相似度评估。如果两个信号非常相似，那么它们很可能属于相同的类别或共享相似的特征。这种方法在无线信号识别中可以帮助减少误差率，提高分类的准确性。

在实际应用中，选择合适的 K 值需要进行权衡考虑。较大的 K 值可以减少噪声对预测的影响，但可能导致模型欠拟合。而较小的 K 值则可能提高模型的预测精度，但也增加了模型对噪声的敏感度。这里考虑 K 值的一个特例，也就是最近邻的分类器。令 z 为测试样

本 x 的最近邻，那么最近邻分类器出错的概率就是 x 与 z 类别标记不同的概率，出错概率可以用式（6-54）表示：

$$P(\text{err}) = 1 - \sum_{c \in Y} P(c|x)P(c|z) \tag{6-54}$$

由于 z 为测试样本 x 的最近邻，又可以将 $P(c|z)$ 等效为 $P(c|x)$，用公式表示为

$$P(\text{err}) \approx 1 - \sum_{c \in Y} P^2(c|x) \tag{6-55}$$

接下来为选择最优的一个类别，引入贝叶斯的概念，用 c^* 表示贝叶斯最优分类器的结果，用公式表示为

$$c^* = \arg \max_{c \in Y} P(c^*|x) \tag{6-56}$$

那么经过比较，可以得到公式：

$$P(\text{err}) \leqslant 1 - P^2(c^*|x) = [1 + P(c^*|x)][1 - P(c^*|x)] \leqslant 2[1 - P(c^*|x)] \tag{6-57}$$

此时，通过对式（6-54）~式（6-57）的观察，可以发现 KNN 的泛化错误率上界为贝叶斯最优分类器错误率的两倍。在无线感知技术中，选择最优的 K 值也是关键的。类似于在分类问题中利用交叉验证技术来确定最佳的 K 值，无线感知中也可以采用类似的方法。

开始时，可以从 $K=1$ 开始，利用验证集或者交叉验证的方法来评估分类器或模型的性能。对于无线信号识别或处理，可以使用不同的 K 值来对信号进行分类或匹配，然后评估每个 K 值下的误差率或准确性。重复这个过程，逐步增加 K 的值，直到达到一个预先设定的上限（如 20 或者 n 的开方），以观察模型性能的变化。

随着数据集的增大，K 值的增加也许是必要的，因为随着样本数量的增加，更多的邻居可能会提供更好的信号分类或匹配。这个过程类似于在分类问题中调整 K 值以平衡模型的复杂度和性能之间的关系。

借助交叉验证技术，可以在训练集和验证集上对不同 K 值下的模型性能进行评估。这有助于选择最适合特定信号处理任务的 K 值，确保模型在面对未知信号时有更好的泛化能力，同时尽可能减少过拟合或欠拟合的情况。

（2）距离度量方法

在无线感知技术中，K-近邻算法同样需要关注样本之间距离的计算，这对于确定不同信号样本的相似性以及找到最近邻的样本至关重要。距离的计算方法直接影响着模型的性能和准确性。

特征规范化在无线感知中同样具有重要意义。考虑一个场景，其中无线设备依赖多个特征（例如信号强度、频率等）进行感知和识别。然而，由于这些特征可能存在数量级的差异，例如信号强度的范围可能与频率的范围不同，直接进行距离度量可能导致模型在某些特征上偏向权重较大的特征，而对其他特征不敏感。

为了克服这个问题，类似于在一般 KNN 中的做法，无线感知中也需要在使用 K-近邻算法之前对特征进行规范化。数据规范化的两种常见方法是归一化和标准化。在这个背景下，归一化可以将特征值缩放到相同的范围，而标准化可以确保特征的均值为 0，标准差为 1，从而消除数量级带来的偏差。

① 归一化：如果大家对输出结果的范围有一定要求或者数据相对稳定，没有极端的最

大或最小值，那么采用归一化是一种理想的选择。归一化过程涉及将特征值按比例缩放，使其在一个统一的范围内，通常是 [0，1]。这样的规范化方法仅仅与最大值和最小值的差异有关，有助于消除不同特征之间由于数量级不同而引起的偏差，可以用公式表示：

$$X^* = \frac{X_i - X_{\min}}{X_{\max} - X_{\min}} \qquad (6\text{-}58)$$

式中，$X_{\max}$ 为最大值；$X_{\min}$ 为最小值。采用归一化方法可以更好地适应不同特征之间的差异，有助于提高 KNN 模型在感知和分类任务中的准确性和稳定性。

② 标准化：在无线感知的背景下，考虑到不同特征可能涉及信号强度、频率等参数，它们的取值范围可能差异显著。标准化是一种有效的方法。与归一化不同，通过标准化，可以以整体数据集的均值和标准差为基准，将这些特征的值映射到接近标准正态分布的范围内，输出范围在负无穷到正无穷之间。用公式表示为

$$X^* = \frac{X_i - \mu}{\sigma} \qquad (6\text{-}59)$$

其中，μ 和 σ 代表样本的均值和标准差。如果数据存在异常值和较多噪声，通过标准化处理，可以间接通过中心化避免异常值和极端值的影响。

特征规范好之后再去计算距离就会方便很多。两个样本属性向量 x_i 和 x_j 之间的距离用 $d(x_i, x_j)$ 表示，是一个将两个同维数向量映射为一个实数的函数，被称为距离函数。实际上，距离函数是一种向量范数，因此必须满足向量范数的三个准则，即正定性、对称性和三角不等式，分别用式(6-60)~式(6-62) 表示：

$$d(x_i, x_j) \geqslant 0 \quad \text{且} \quad d(x_i, x_j) = 0 \Leftrightarrow x_i = x_j \qquad (6\text{-}60)$$

$$d(x_i, x_j) = d(x_j, x_i) \qquad (6\text{-}61)$$

$$d(x_i, x_j) \leqslant d(x_i, x_k) + d(x_k, x_j) \qquad (6\text{-}62)$$

KNN 通过计算样本之间的距离来度量它们之间的相异程度。这个距离可以基于不同的度量方法，如欧氏距离、曼哈顿距离、切比雪夫距离等。选择合适的距离度量方法通常取决于具体的问题和数据特征。设特征空间 X 是 n 维实数向量空间 R^n，$x_i, x_j \in X$，$x_i = [x_i^{(1)}, x_i^{(2)}, \cdots, x_i^{(n)}]^{\mathrm{T}}$，$x_j = [x_j^{(1)}, x_j^{(2)}, \cdots, x_j^{(n)}]^{\mathrm{T}}$，$x_i$，$x_j$ 的 L_p 距离定义为公式(6-63)：

$$L_p(x_i, x_j) = \left[\sum_{l=1}^{n} |x_i^{(i)} - x_j^{(l)}|^p \right]^{\frac{1}{p}} \qquad (6\text{-}63)$$

这里 $p \geqslant 1$，当 $p = 2$ 时，称为欧氏距离，用公式(6-64) 表示为

$$L_2(x_i, x_j) = \left[\sum_{i=1}^{n} |x_i^{(1)} - x_j^{(1)}|^2 \right]^{\frac{1}{2}} \qquad (6\text{-}64)$$

当 $p = 1$ 时，称为曼哈顿距离，又叫街区距离，用公式(6-65) 表示：

$$L_1(x_i, x_j) = \sum_{l=1}^{n} |x_i^{(l)} - x_j^{(l)}| \qquad (6\text{-}65)$$

当 $p = \infty$ 时，它是各个坐标距离的最大值，为切比雪夫距离，用公式(6-66) 表示：

$$L_\infty(x_i, x_j) = \max_l |x_i^{(l)} - x_j^{(t)}| \qquad (6\text{-}66)$$

通过选择适当的距离度量方法，KNN 算法可以更好地适应无线感知数据的特点。这些

方法的选择应该考虑到数据的性质，确保在距离计算中充分捕捉到关键信息。这样的优化有助于提高 KNN 在无线感知技术中的分类准确性和性能。除了这些，其他常见的距离还有马氏距离、余弦距离、汉明距离等，感兴趣的读者可以查阅相关资料。

③ 分类决策规则：K-近邻算法的分类决策规则，通俗来说，采用多数表决法。对于无线感知技术而言，这意味着对于一个待分类的信号样本，观察其 K 个最近邻的样本，并通过这 K 个最近邻中出现最频繁的信号类型来确定最终的分类结果。

在无线感知中，KNN 算法的经验风险最小化思想是通过训练数据集中的经验分布来近似整体信号分布，以便对新信号样本进行分类。多数表决规则在这里体现了对于新信号样本的分类决策，依赖于周围邻居的信号类型，认为新信号样本更可能属于邻居中占据多数的信号类型。

对于一个无线感知的二分类问题，可以使用 0 和 1 表示两个信号类型。对于一个待分类的信号样本，如果其 K 个最近邻中有更多的样本属于信号类型 0，那么就倾向于将这个信号样本分类为类型 0。这是因为算法认为周围的邻居更多地属于类型 0，因此新信号样本也更有可能属于类型 0。

这种多数表决的决策规则是对经验风险最小化的一种实现方式，通过考虑周围邻居的信号类型分布来推断新信号样本的类型。在处理无线感知数据时，这样的方法可能具有较好的适应性和鲁棒性，但需要谨慎选择适当的 K 值，以平衡模型的复杂度和对噪声的敏感性。

6.5.3　KD 树

在无线感知技术中，面对大量的数据时，K-近邻算法的实用性可能受到限制。为了解决这个问题，引入了 KD 树的概念。

KD 树是一种二叉树结构，每个节点表示一个多维空间中的数据点，并与当前划分维度的坐标轴垂直的超平面相对应。这样的树将空间分割成左右两个子空间，当前节点所代表的超平面将空间划分为左子树（所有维度坐标值小于当前节点）和右子树（所有维度坐标值大于或等于当前节点）。KD 树以树形结构存储多维空间中的数据点，这种结构有助于快速检索。通过有效地修剪搜索空间，KD 树避免了不必要的数据点访问，优化了搜索过程。在无线感知技术中，这种优化可以提高对信号空间的快速搜索效率，尤其是在高维空间下，减少不必要的计算负担和数据点的访问次数。

（1）KD 树的构造

大家可以将 KD 树的构造方法与信号空间的特点相结合，以优化对无线信号数据的搜索和处理过程，KD 树中的 K 是特征维度的 K，不是样本数量的 K。下面说明一下 KD 树的构造方法：

输入：无线感知技术中的信号数据集，其中每个样本点表示一个信号在多维空间中的特征，维度为 K。

输出：优化后的 KD 树用于信号空间中的数据检索。

① 选择切分维度：以信号数据集中所有样本的特征维度的中位数为切分维度。这有助于确保树的平衡性，并根据信号特征的分布更精准地划分空间。

② 切分超平面：将超矩形信号空间沿选定的切分维度切割成两个子区域。将落在该切

分超平面上的信号样本点作为根节点。生成深度为 1 的左右子节点，其中左节点对应该维度坐标小于切分点，右节点对应坐标大于切分点。

③ 迭代切分：对于深度为 d 的节点，选择下一个切分维度，并以该节点区域中所有数据在该维度上的中位数作为切分点。将区域分为两个子区域，切分由通过切分点并与坐标轴垂直的超平面实现。生成深度为 $d+1$ 的左、右子节点，其中左节点对应坐标小于切分点，右节点对应坐标大于切分点。将落在该切分超平面上的信号样本点作为根节点。

④ 重复迭代：重复③，直到两个子区域没有信号数据存在为止。

（2）KD 树的最近邻搜索

在 KD 树中找出包含目标点 x 的叶节点，从根节点出发，递归地向下访问 KD 树。如果目标点 x 当前维的信号特征值小于切分点的特征值，则移动到左子节点，否则移动到右子节点，直到子节点为叶节点为止。将此叶节点的信号样本作为"当前最近点"。

当前最近点一定存在于该节点一个子节点对应的信号区域。检查该子节点的父节点的另一子节点对应的区域是否有更近的信号点。具体地，检查另一子节点对应的区域是否与以目标点为球心、以目标点与当前最近点之间的距离为半径的超球体相交。如果相交，可能在另一个子节点对应的区域内存在距目标点更近的信号点，移动到另一个子节点。接着，递归地进行最近邻搜索。如果不相交，向上回退。当回退到根节点时，搜索结束。最后的"当前最近点"即为目标点 x 的最近邻信号点。

6.5.4　K-近邻算法的优缺点

（1）优点

① 简单有效：K-近邻算法是一种直观而简单的分类算法，容易理解和实现。它是一种惰性学习算法，不需要在训练阶段建立模型，而是在预测时实时计算。

② 零训练时间：由于 K-近邻算法是惰性学习的一种，训练阶段的时间复杂度为 0，因为它仅仅是将数据集存储起来，而不进行复杂的学习过程。

③ 对异常值不敏感：K-近邻算法对个别噪声数据的影响较小，因为它是基于邻居的投票机制，少数异常值不太可能影响多数样本的分类结果。

④ 适合多分类问题：K-近邻算法适用于多分类问题，即对象具有多个类别标签。在这方面，它有时被认为比一些其他算法（比如支持向量机 SVM）表现更好。

（2）缺点

① 计算复杂度高、空间复杂度高：K-近邻算法的分类计算复杂度与训练集中的文档数目成正比。对于大规模的训练集，需要较大的计算和存储资源。

② 耗内存：由于 K-近邻算法需要保存全部的训练数据，对于大规模数据集，需要占用大量的存储空间。

③ 耗时：在预测时，K-近邻算法必须对数据集中的每个数据计算距离值，这在实际使用中可能非常耗时，尤其是对于大型数据集。

④ 缺乏基础结构信息：K-近邻算法无法提供数据的基础结构信息，即数据内在含义。相较于一些能够生成规则的算法（如决策树），K-近邻算法的解释性较差。

总体而言，K-近邻算法在某些场景下表现出色，但在大规模数据和高效率要求的情况下可能受到其计算和存储复杂度的限制。此外，对于对模型可解释性有较高要求的应用，K-近邻算法的不足之处也需要考虑。

6.5.5   应用举例

KNN 算法经常被用于 WiFi 感知进行室内定位，参与定位的近邻个数 K 对定位精度影响较大。如果 K 取值较小，被选取的近邻个数较少，若已选择的定位参考点误差较大，将导致定位误差较大。若选取的 K 值较大，一些距离较远的参考点将被选择作为定位近邻点，导致定位精度降低。因此 K 的选取在定位过程中十分重要。如果能实现 K 自适应环境变换，在每个待定位点都选择合适的 K 个近邻参考点，则定位精度就能得到一定提高。

本例以一种基于 K-Means 聚类算法改进的自适应 WKNN 算法[1]，该算法与经典的指纹定位算法相比，主要改进点在定位阶段，在对每一个待定位点进行定位时，都计算待定位点的 RSSI 指纹与指纹库中的每一条指纹的相似度，这里用欧式距离来衡量。在得到一系列衡量相似度的欧氏距离 $(d_1, d_2, \cdots, d_n)$ 后，采用 K-Means 聚类算法对该欧氏距离进行聚类，在得到聚类结果 $[(d_1, d_2, \cdots, d_k)(d_{k+1}, \cdots, d_p)(d_q, \cdots, d_n)]$ 后，将欧氏距离最小的参考点所在的类中的所有参考点作为定位的近邻参考点，假如 d_1 为最小的欧氏距离，则 (d_1, d_2, d_3) 对应的 3 个参考点作为最终定位的近邻点，该类中的参考点个数即为本次改进算法的近邻个数 K。

通过 K-Means 算法对相似度序列聚类后，相似度高的指纹将自动归为一类，实现了近邻个数 K 的自适应。该方法可以避免出现以往固定 K 值导致的将相似度较高的近邻点排除或将相似度较低的参考点选为近邻点的情况。改进的自适应 WKNN 算法流程如图 6-10 所示。

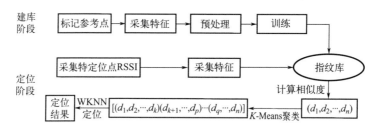

图 6-10   改进的自适应 WKNN 算法流程

本章小结

通过深入研究各种机器学习方法，包括决策树、贝叶斯算法、支持向量机和 KNN 算

---

❶ K-Means 聚类算法是一种常用的无监督学习算法，用于将数据集分成 K 个不同的组（簇），使得每个数据点都属于离它最近的簇的中心。

法，本章带大家深刻了解了如何将这些技术应用于无线感知系统。本章研究了决策树的相关知识，决策树作为一种直观且易于理解的机器学习算法，能够通过一系列决策节点逐步推断出无线信号的关键特征，可以更好地理解环境中的无线信号状况，从而更精准地进行决策和响应。

接下来，本章探讨贝叶斯算法在无线感知中的角色。贝叶斯决策理论为无线感知系统提供了一种概率推断的框架，使其能够更灵活地处理不确定性信息，通过考虑各种可能性来进行分类和预测。

进一步地，支持向量机作为一种强大的分类算法，其算法原理在处理高维数据上具有优势。在无线感知系统中，支持向量机可以帮助系统更好地划分不同信号之间的边界，从而更准确地识别出特定信号类型。特别是通过软间隔和核技巧的引入，支持向量机能够更好地适应复杂的信号环境。

此外，KNN 算法的原理和应用也是无线感知系统中的一大亮点。KNN 算法通过考虑邻近数据点的特征来进行分类，这使得它在无线感知中能够对局部信号状况进行精准的分析。KD 树的引入使得 KNN 算法在大规模数据集上的计算效率得到提升，从而更适用于实际的无线感知应用场景。

这些机器学习算法为无线感知系统带来了新的可能性。它们优化了数据处理流程，使系统能够更高效地处理复杂的数据，快速而准确地识别关键信号模式。通过引入这些先进的机器学习技术，无线感知系统在实时响应、环境适应性和数据处理效率方面都取得了显著的进展。

第 **7** 章

深度学习在无线感知中的应用

　　在前面的章节中，已经详细介绍了机器学习的基本概念以及各种机器算法的细节。本章将聚焦于无线感知中深度学习技术的探析，深度学习技术作为机器学习中的一个分支，拓展了经典模式识别算法的技术思路，实现了从"原始数据端"到"结果输出端"的映射，力图寻求整体任务的全局最优解，本章将特别强调其在无线感知技术与应用中的关键作用。

　　在无线环境中，无线信号中蕴含着丰富的信息，但常常面临信号衰减、多路径效应等复杂情境，也需要考虑无线环境的不断变化，包括移动设备、信号强度的快速变化等，相对于传统机器学习方法，深度学习网络的多层结构能更有效地捕捉信号的抽象特征，具备学习和提取这些复杂特征的能力，以及强大的适应性，通过训练可以自动调整权重和参数以适应不同环境下信号的变化，从而增强感知系统的鲁棒性。

　　此外，在处理多模态数据方面，深度学习也展现出明显的优势。无线感知任务涉及多种类型的数据，如图像、时序数据等，深度学习能够同时考虑这些不同类型的信息，提高感知系统的全面性和准确性。

7.1
深度神经网络（DNN）

　　深度神经网络（deep nueral network，DNN）作为人工智能的前沿技术备受关注，其在感知领域的应用为优化信号处理、提高网络性能和解决复杂问题提供了新的可能性。通过将深度学习引入无线感知技术，可突破传统感知模式的局限性，这种交叉融合通过结合感知的实时信息和深度学习的智能决策，打破了传统感知的束缚，使系统能够更加灵活地适应动态的信号环境，在优化信号处理、网络性能提升和解决复杂问题方面具备更强大的能力。

　　接下来，我们首先介绍神经网络的基本概念，解释神经网络的结构，为后续其他神经网络类型的学习以及无线感知应用奠定基础。

7.1.1　深度神经网络的结构

　　DNN，或称为深度神经网络，是一种具备多个隐藏层的神经网络结构。在深度学习领域，DNN 被广泛运用，展现出对学习和表达复杂数据模式具有强大能力。神经网络可视为深度学习的关键数据结构，如同一张网络，将深度学习的各个组成部分连接在一起。在神经网络中，神经元是最基本的单元，负责承担各种神经网络功能。此外，激活函数在深度神经网络中发挥重要作用，协助完成一些非线性任务，而损失函数则帮助神经网络评估预测值与真实值之间的偏离程度。接下来将详细介绍这四个关键组成部分。

　　（1）神经网络层

　　从结构上来看，DNN 的内部神经网络层可以分为三类，分别是输入层、隐藏层和输出层。

　　一般而言，网络的第一层是输入层，在无线感知技术中，输入层可以表示感知设备获取的原始数据，如无线信号的强度、幅值相位等，输入层的神经元个数取决于感知设备测量的特征数，这一层负责接收并传递原始信息给神经网络。最后一层是输出层，表示对无线环境的理解和预测，例如对无线信号强度的预测，输出层的神经元数量通常与应用中的类别数或需要预测的参数数量相对应。而中间的层数则被称为隐藏层，隐藏层的层数和每层神经元的个数根据事情的复杂度变化，事情越复杂，隐藏层的层数和每层神经元的个数就越多，其主要负责提取特征，并根据位置不同分工不同，随着越往后的隐藏层，其提取的特征越复杂，不同层次、不同复杂度的特征，反映无线环境中的模式和变化。这里的神经元在无线感知中可能对应于某个频段或特定信号特征。里面包含激活函数，以提供给从输出层提取特征的能力，若包含神经元过多，也可能会导致过拟合的问题，会限制网络的泛化能力，但如果过少又会导致网络无法表示输入空间的特征，同样会限制网络的泛化能力，激活函数是非常重要的部分之一，帮助神经网络更好地捕捉非线性关系。例如，可以使用适当的激活函数来建模无线信号的非线性特性。

神经网络层的主要结构示例如图 7-1 所示，深色表示输入层，浅色表示输出层，中间隐藏层的层数决定神经网络的深度，每个线条上都会有对应代表不同特征的重要性的权重。

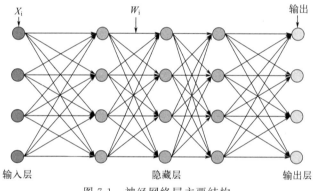

图 7-1　神经网络层主要结构

（2）神经元

神经元是神经网络中的基本单元，其结构具有独特特征。如图 7-2 所示，输入可以代表无线感知设备获取的各种信息，用符号 X 表示，通过连接线传递信息，每个连接线上的权重（W）可以表示不同信息的重要性或对感知任务的贡献，而中间的节点则代表人工神经元，在无线感知中，这可以对应感知设备中的处理单元，这些神经元通过非线性变换（激活函数）进行处理，其中参数 b 表示偏置，输出表示神经元的最终响应，对应对无线环境状态的某种预测或分类，在此模型中，有 m 个输入和 1 个输出。

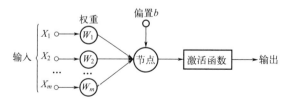

图 7-2　神经元

多个输入通过连接传递到人工神经元，经过神经元内部进行一次线性计算，再加上偏置值 b，随后通过激活函数 δ 进行非线性变换，最终得到输出 output。可以用式（7-1）表达输出，即：

$$\text{output} = \delta \left[\sum_{j=1}^{m} w^{(j)} x^{(j)} + b \right] \tag{7-1}$$

（3）激活函数

激活函数在神经网络中扮演着关键角色，对网络性能有着重要影响，正确选择激活函数能够提高网络的性能。激活函数决定了神经网络每个节点的输出，它是一个数学函数，对节点的输入进行处理，生成一个固定区间的数值，表示该节点是否被激活。激活函数的作用在于赋予神经元表达非线性关系的能力，使模型能够适应数据中的非线性关系，解决各种非线性问题。其目标是将输入的加权和映射到所需的范围，有助于确定神经元是否应该被激活。激活函数通常具有非线性、可微性和单调性的特点。以下是三个常见的激活函数：

① Sigmoid 函数，Sigmoid 函数可以用于将输入映射到一个概率范围，表示某一特定无线信号特征的存在概率，公式可以用式（7-2）表示：

$$\text{Sigmoid}(x) = \frac{1}{1 + e^{-x}} \tag{7-2}$$

将整个实数域上的所有 x 都对应到 0～1 的区间上，值域类似于概率，所以适用于二分类问题的输出层，但是它存在时间复杂度较高，可能会出现梯度消失的问题。

② tanh 函数，此函数可以被用于对输入进行归一化，将输入映射到 $[-1,1]$ 的范围，解决了非零对称的问题，相对于 Sigmoid 函数来说，出现梯度消失的可能性较小，但时间复杂度仍然很高，公式可以用式（7-3）表示：

$$\tanh(x) = \frac{\sinh(x)}{\cosh(x)} = \frac{e^x - e^{-x}}{e^x + e^{-x}} \tag{7-3}$$

③ ReLU 函数，此函数可以用于捕捉信号的非线性特征，特别是对于正值部分的强调，公式可以用式（7-4）表示：

$$\text{ReLU}(x) = \max(0, x) \tag{7-4}$$

在小于 0 的时候，整个函数都是 0，大于 0 的时候是一条直线，不存在梯度消失的问题，并且不像 Sigmoid 函数和 tanh 函数，计算量小很多，收敛速度非常快。但是它没有解决非零对称的问题，同时由于 x 小于 0 时，ReLU 函数的梯度衡为 0，这就可能出现一些神经元坏死的情况。激活函数的选择应该考虑到感知任务的特点，合适的激活函数能够增强神经网络对无线信号非线性关系的建模能力。

（4）损失函数

损失函数是深度学习中至关重要的数学函数，其主要作用是衡量模型的预测值与真实值之间的差异，即误差。通过损失函数就能够评估模型在训练数据上的表现，并据此调整模型参数，以便更准确地拟合目标变量。

在深度学习中，选择合适的损失函数对于模型的性能至关重要。不同问题和任务可能需要使用不同的损失函数，常见的损失函数有 0-1 损失函数、平方损失函数、绝对损失函数和对数损失函数。其中 0-1 函数，当预测值与正式值相等时，损失函数为 0，不相等时，损失函数为 1。其公式可表示为

$$L[Y,f(X)]=\begin{cases}1, & Y\neq f(X)\\0, & Y=f(X)\end{cases} \tag{7-5}$$

平方函数，将预测值与真实值相减再做平方，可用公式（7-6）表示。

$$L[Y,f(X)]=[Y-f(X)]^2 \tag{7-6}$$

绝对损失函数，将真实值与预测值相减后，再取绝对值，可用公式（7-7）表示。

$$L[Y,f(X)]=|Y-f(X)| \tag{7-7}$$

对数函数是取对数，可用公式（7-8）表示。

$$L[Y,P(Y|X)]=-\log P(Y|X) \tag{7-8}$$

正确选择和理解损失函数不仅有助于优化模型，还有助于解决特定问题的性能瓶颈。

7.1.2　运行机制

（1）前向传播

前向传播是指从感知层到输出层的信息传递过程，简单理解就是将上一层的输出作为下一层的输入，并计算下一层的输出，一直运算到输出层为止。在这个过程中，感知到的无线信号通过各个处理层，最终产生系统对当前信号状态的输出。

（2）反向传播

在深度学习中，了解梯度下降是理解反向传播算法的基础。梯度下降是一种优化算法，其目标是通过更新模型的权重和偏差来最小化损失函数，从而使模型能够更好地拟合训练数据。梯度下降的核心思想是通过更新模型参数，使损失函数最小化，有几个梯度下降的变体，其中三个主要的是批量梯度下降、随机梯度下降和小批量梯度下降。它们在计算时间和精度之间存在一些权衡。将损失函数视为系统对当前信号状态的误差，而模型参数则是影响信号感知性能的各种因素，通过梯度下降，系统就可以动态地调整这些参数，以最小化感知误差，从而更有效地适应不断变化的无线环境。

图 7-3 是一个损失函数的图像，它的最小值即为梯度为 0 的点，如果刚开始在左边的点向右下方向移动，在右边的点向左下方向移动，通过不停地移动最终达到最低点，即损失函数的最小值。

反向传播算法在深度学习中用于优化神经网络，

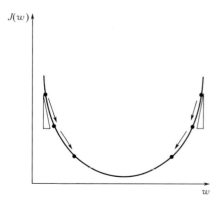

图 7-3　损失函数图像

通过计算损失函数对网络参数的梯度，指导参数的更新，从而使得模型逐渐适应训练数据。通过反向传播算法，系统可以根据感知误差指导性地调整这些参数，以提高感知准确性和适应性，尤其是在动态和复杂的无线环境中。

具体来说，如果将神经网络的层次结构类比为无线感知系统的各个处理阶段，反向传播算法可以帮助系统从感知误差中学习，类似于神经网络从训练数据中学习。通过链式法则，系统可以有效地计算每一层参数对于整体感知误差的贡献，从而实现高效的梯度计算和参数更新。

7.1.3　应用举例

这里以 WiFi 感知进行室内人员定位方法为例，对于定位问题，人的位置对信号产生影响，从无线物理层面来讲，人在室内活动的过程中对 WiFi 信号的传播有干扰，充当了移动反射源的角色。而除了人以外的干扰，环境的影响可以充当静态常量。这里可以用 DNN 的思想，采集不同位置的数据，并通过后验学习位置和 CSI 信号的关系，从而当有新的数据时，可以推断新的位置坐标。

定位问题是一个回归问题，但又区别于传统的回归，因为传统的回归输出形式为一个数值，而定位问题的特殊之处在于位置是一个二维的坐标，这也是为什么要考虑使用神经网络的原因，使用一个 DNN 模型，找到处理后的数据和位置之间的依赖关系。通过 DNN 二维回归定位可分为两个阶段：训练阶段和定位阶段。在训练阶段，首先需要一个人在室内 WiFi 信号范围内参考点采集一些 CSI 数据，经过降维等处理，代入到训练好的 DNN 模型中，得到输出结果。

假设 n 是 CSI 指纹数，l 是每一个 CSI 指纹的维度，每一个训练样本可以表示为 $[r_i,(x_i,y_i)]$，其中 $r_i \in \mathrm{R}^l$ 表示第 i 个降维预处理后的数据，$(x_i,y_i) \in \mathrm{R}^l$ 表示第 i 个训练样本的位置坐标。DNN 使用 $\{[r_i,(x_i,y_i)] \mid i=1,2,\cdots,n\}$ 数据训练网络模型参数。假设 $[r,(x,y)]$ 是测试样本，对应是测试样本中的 CSI 降维数据，也是对应 DNN 模型的输入，(x,y) 是通过模型预测得到的二维坐标。

定位方案采用基于 CSI 指纹的全连接深度神经网络实现，具体的网络模型结构已经介绍过，在本例中，隐藏层分别包含 $k_1,k_2,\cdots,k_i,\cdots,k_m$ 个神经元节点。网络的输入是 CSI 指纹 $r=(h_1,h_2,\cdots,h_l)$，输出层为预测位置坐标 (x,y)。在训练阶段，训练样本分批次地代入模型中更新模型参数权重。而在定位阶段，未知位置的 CSI 指纹输入到模型进行计算得到最终二维坐标 (x,y)。本例网络模型中用到的激活函数为线性修正单元 ReLU，其激活函数表达式为 $f(x)=\max(0,x)$。DNN 中反向传播需要定义一个损失函数去获取更新权重的方向，结合定位问题可采用均方差损失函数，也是预测值与真实值的平均误差。使用自适应矩估计算法更新权重，并不断减小损失函数直至收敛。

通过训练 DNN 定位模型，最优的网络结构被确定，包含 5 层隐藏层，每个隐藏层的神经元个数分别为 256、512、1024、512、256。学习率为 0.0001。

7.2
卷积神经网络（CNN）

　　卷积神经网络（convolutional neural network，CNN）作为深度学习的重要分支之一，在图像处理、自然语言处理等领域已经取得了显著的成果。现如今，它也被广泛应用于无线感知技术中，CNN 的应用涉及信号处理、分类、识别和理解等方面，为处理网格结构的感知数据提供了强大的解决方案。

　　卷积网络，或被称为卷积神经网络，是一种专门设计用于处理呈现网格结构数据的神经网络。卷积神经网络在无线感知中的应用体现在其对图像数据和时序数据的优越处理能力，其中图像数据则可以被视为三维像素网格，R（红色）、G（绿色）、B（蓝色）三种颜色构成彩色图片，即一个图片是一个三维矩阵，每个维度的矩阵分别对应 R、G、B 三种颜色，假设图 7-4(a) 的彩色图片尺寸为 $227\times227\times3$，图 7-4(b) 是该彩色图片的 RGB 结构，即三个大小为 227×227 的二维矩阵，则输入图片的深度（depth）为 3，宽度（width）和高度（height）分别为 227 和 227。时序数据，如来自无线传感器的信号，可以被视为在时间轴上有规律地采样形成的一维网格。这种网格结构的数据在传统信号处理中可能难以充分挖掘特征，而 CNN 通过卷积操作更好地捕捉了数据的局部关系，使其在感知任务中表现出色。

(a) 彩色图片　　　　　　　　　　　　(b) RGB三维矩阵

图 7-4　彩色图片的 RGB 结构

　　"卷积神经网络"一词表明该网络使用了卷积这种数学运算。在无线感知中，卷积神经网络的关键思想是通过卷积操作提取输入数据的特征，这对于处理无线信号中的模式、频谱特征等具有重要意义。通过卷积核对输入数据进行卷积操作，CNN 能够有效地捕捉到信号中的局部特征，从而更好地理解感知环境。随后的池化操作可以将特征图压缩成更小的尺寸，降低计算复杂度，同时保留关键信息。最终，通过全连接层，CNN 将这些特征图映射为最终的输出结果，实现对感知数据的分类或识别。

7.2.1　完整的 CNN 结构

图 7-5 展示了无线感知技术中时频图识别的整个流程，包括输入层、卷积层、池化层、全连接层和输出层。在这个流程中，卷积层起着至关重要的作用。

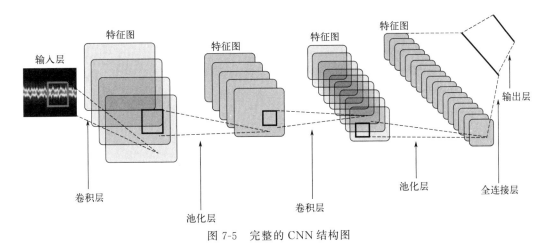

图 7-5　完整的 CNN 结构图

（1）输入层

类似于卷积神经网络中将图像数据转化为二进制形式以便训练模型，无线感知也需要对原始信号进行预处理和转换，以便有效地应用于算法模型中。对于无线感知，原始数据可能是通过无线感知设备捕获的信号强度、时域信息等。这些数据可能需要进行归一化、去噪或者特定形式的编码，以确保它们适用于感知算法的处理过程。

假设收集到的无线信号是一系列的频谱数据，在处理这些数据时，可以将其规范化为特定的格式，比如将频谱数据转换成矩阵或张量的形式，类似于图像的表示方法。这个矩阵的维度可以代表时间窗口和频率段，类似于图像的宽度、高度和通道数。然后可以应用卷积和池化等操作，从这些频谱数据中提取特征。

另外，信号数据可能需要进行数字化处理，类似于将图像像素值转换成二进制表示。在无线感知中，这可能意味着将连续的信号数据量化为离散值或二进制序列，以便将其输入到算法模型中进行处理和分析。

（2）卷积层

卷积层是卷积神经网络中的核心组件之一，负责通过卷积操作提取输入数据的特征，即卷积核，不同的卷积核可以得到不同的特征图，对于图片来说，纹理、颜色、边缘都是图片的特征。卷积的过程包括定义卷积核、进行卷积操作和使用激活函数。无线信号可能是由感知设备收集的信号强度、时域信息等，这些信号的特征提取类似于卷积操作，可以采用滑动窗口的方式来捕获局部信息并生成特征图。

卷积核可以被视为一种用于提取信号特征的窗口，可以理解为一个比图像尺寸小很多的小型滤波器，通过在输入数据上滑动并进行逐元素相乘求和的方式，提取局部特征。如图 7-6 所示，当滑动时，原图是 6×6 大小的矩阵，卷积核是 3×3 大小的矩阵，最右边是一

个 4×4 大小的特征图，当定义完卷积核后，卷积核会从原图的左上角开始寻找 3×3 的对应矩阵，之后需要让矩阵之中两个矩阵做点积，将结果填入到结果图中，就完成了一次卷积。之后需要继续将卷积核向右移动，在图中移动的是一个格子，也就是步长为 1。需要注意的是，步长也可以设置为其他数值，但是要适当，因为较大的步长会减小输出特征图的尺寸，而较小的步长会保持更多的细节。通过不断地循环，将结果图填满，也就得到了特征图。

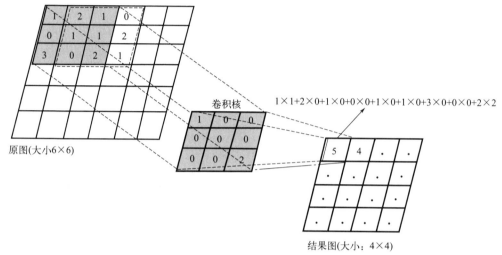

图 7-6　卷积过程

在计算的时候，边缘只被计算一次，而中间被多次计算，那么得到的特征图会存在丢失边缘特征的情况，最终会导致特征提取不准确，那为了解决这个问题，与图像处理中的填充操作类似，处理感知数据时可能也会采用填充技术以处理边缘信息。通过在信号数据周围添加额外的零值或其他合适的填充方式，可以确保在卷积操作过程中边缘信息得到充分考虑，避免丢失重要的信号特征。

卷积操作也可以包含多个卷积核，每个卷积核负责提取不同的特征。这些卷积核可以在训练过程中通过优化算法（比如反向传播）进行调整，以学习和捕获信号数据中的各种特征，从而生成更高层次的抽象表示。最后使用如 ReLU 的激活函数增强特征，并进行非线性变换以增强网络的表达能力。卷积层通过多次卷积操作，逐渐提取和组合高级抽象的特征，为网络的后续层提供更有意义的表示，以更好地理解和利用无线信号的信息。

（3）池化层

在无线感知技术中，当处理大量时频数据时，面临的问题包括信息过载、过拟合和高维度。这些问题可能导致算法性能下降和计算复杂性增加。为了应对这些挑战，可以借鉴卷积神经网络中的降采样技术，特别是池化操作，以在保留关键信息的同时减小数据的空间维度。

类似于卷积层，先定义一个池化窗口，选择一个小的时频区域作为池化窗口。该窗口可以在时频数据上滑动，执行池化操作，从而提取关键的频谱特征。通过对时频数据的不断池化，可以逐渐减小数据的尺寸，同时保留重要的特征信息。

为了提取最有代表性的特征，通常采用两种常见的池化策略：最大池化和平均池化。如

图 7-7(a) 所示，最大池化策略就是保留区域最大值，比如选择一个 2×2 的矩阵作为池化的一个区域，然后选择每个区域的最大的一个数值，图中分别用 7、8、5、4 去表征原来的特征，作为最后的一个池化的结果。另外一个是均值池化策略，如图 7-7(b) 所示，需要选择一个池化窗口将所有的数据相加求和之后再求平均值，图中可以用 3.5、5、3.5、1.75 去表征原来的特征。

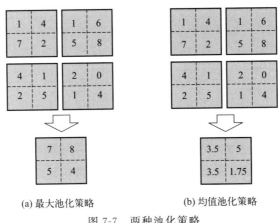

(a) 最大池化策略　　　　　　　(b) 均值池化策略

图 7-7　两种池化策略

　　通过将这些池化策略与无线感知技术相结合，在处理大规模时频数据时，可以降低计算复杂性，减小数据的维度，同时保留关键的时频特征，以更有效地进行时频分析和无线环境感知。池化层的引入可以更好地抽象和学习信号中的关键信息，从而提高模型对不同信号环境的适应性。

　　(4) 全连接层

　　全连接层在整个结构中充当了网络的关键分类器，"全连接"的意义在于前一层中的每个神经元都与下一层的每个神经元相连接，形成密集连接的结构。通过这些密集连接的结构，将通过卷积和池化等操作提取的特征映射到不同的类别。

　　全连接层的目标是通过学习适当的权重和偏置，将输入图像映射到不同的类别。在无线感知技术中，这意味着网络需要能够有效地识别和分类不同类型的信号特征，以满足感知系统对于信号处理的要求。训练过程中，通过优化这些权重和偏置，网络努力减小对训练数据的分类误差，以提高对新数据的泛化能力。

　　虽然全连接层执行的是线性变换，但为了更好地捕捉数据中的非线性关系，通常会在全连接层输出后应用激活函数去引入非线性变换，使得网络能够更灵活地适应无线信号的复杂模式，提高整体的表达能力。

　　(5) 输出层

　　输出层在卷积神经网络中具有多样化的形式，适应不同类型的问题。在分类问题中，输出层的目标是生成表示不同类别概率的概率分布。通常采用 Softmax 激活函数，将网络输出的原始数值转换为概率值，Softmax 函数能够将每个类别的原始得分映射到一个 [0,1] 的概率范围，并确保所有类别的概率之和为 1。对于回归问题，输出层直接输出网络计算得到的数值，而不需要经过 Softmax 转换。这样的设计在无线感知技术中可以应用于像信号强度这种的预测连续性参数。

在生成图像或图像分割任务中，输出层的结构会因任务性质而变化。在生成图像的情况下，输出层可能采用一些特殊的结构，如反卷积层（转置卷积），以便将网络的特征映射还原为图像。这在无线感知技术中可以用于生成环境中感知到的图像，为用户提供更直观的理解。而在图像分割任务中，输出层可能采用具有与输入图像相同分辨率的矩阵，每个元素表示相应位置的像素属于哪个类别。

7.2.2 卷积-感受野

在处理高维度输入，尤其是与无线感知技术相关的数据时，全连接层的每个神经元与前一层中的所有神经元相连接是不切实际的。相反，采用局部连接的方式，使得每个神经元只与输入数据的一个局部区域相连接，这种连接的空间大小就被称为神经元的感受野（receptive field）。其尺寸是一个超参数，实际上对应于滤波器的空间尺寸，而滤波器即为卷积核。

在卷积神经网络的各层中，神经元是三维排列的，包括宽度、高度和深度。深度指的是激活数据体的第三个维度，而不是整个网络的深度，整个网络的深度则指的是网络的层数。感受野的概念不仅存在于水平和垂直方向上，还包括深度方向。在深度方向上，神经元与输入的连接大小总是与输入数据的深度相匹配。

这样的局部连接和感受野的设计使得神经网络能够更有效地处理高维度的数据，尤其在无线感知技术中，这可能涉及来自不同传感器的多维数据。通过共享权重和参数，CNN减少了需要学习的参数数量，提高了模型的计算效率和泛化能力。这种结构在处理大规模图像数据时表现出色，对于多源、多维度数据的处理具有优越性，因此感受野成为许多无线环境感知任务的核心组成部分。

7.2.3 反向传播

（1）卷积-两个重要特点

局部连接和权值共享在卷积神经网络中的原则同样适用于无线感知技术，尤其在处理空间相关性和参数共享方面具有重要意义。在无线感知中，设备通常感知周围环境的局部信息，如图 7-8（a）所示，局部连接的思想可以被应用于感知空间中的相关性，意味着每个神经元只与输入数据的局部区域相连，而不是整个输入，这可以有效减少参数数量和计算复杂度，例如在一个无线感知网络中，相邻的感知节点可能对同一事件有相似的响应，因此通过局部连接，节点可以更好地捕捉到空间上的相关性。

如图 7-8（b）所示，当一个卷积核（或权重）在一个位置学到了有关环境的特征时，这个特征可能在其他位置同样适用。因此，通过共享权值，感知节点可以更好地泛化到不同位置和条件下。

如果不采用局部连接的结构，每个神经元将需要与输入数据中的每个元素建立连接，导致连接的数量呈二次增长。这种全连接结构会导致非常大的模型参数量和计算复杂度。在实际应用中，这样的网络可能会面临过拟合、训练时间过长等问题。

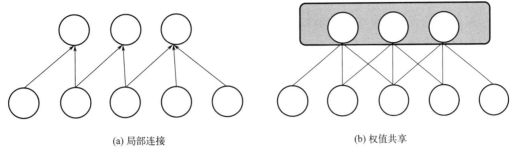

图 7-8 局部连接和权值共享

如果不使用权值共享，即每个连接仍然有独立的权重，仍然可能导致较大的参数量。如果只是采用局部连接而不使用权值共享，虽然能够减少一部分参数，但仍然可能会面临较大的计算复杂度和模型大小。综合使用局部连接和权值共享，可以在保持模型有效性的同时大幅减少参数数量，提高模型的训练效率和泛化能力。

（2）卷积-反向传播

卷积层的反向传播涉及两个主要步骤：反向卷积和梯度下降。在无线感知领域，反向卷积的过程仍然是将上一层的梯度误差传递到当前卷积层。与传统卷积层相比，无线感知中的输入数据可能是时域或频域的信号。在这种情况下，反向卷积的操作仍然涉及将梯度误差与输入信号进行卷积操作，以便更新当前卷积层的权重和偏置。

通过误差梯度图和当前卷积层的输入数据，计算当前卷积层的权重梯度和偏置项梯度仍然是必要的。在无线感知中，输入数据可能代表无线信号的特征或模式，因此权重的更新仍然需要考虑信号的时域或频域特性。权重梯度仍然可以通过将误差梯度图与输入数据进行卷积操作来计算，而偏置项梯度仍然可以通过对误差梯度图中的所有值进行求和来获得。

（3）池化-反向传播

假设池化操作采用的是最大池化策略，那最大池化函数的反向传播可以简单理解为将梯度只沿着最大的数值回传。因此，在前向传播经过池化层时，通常会记录池中最大元素的索引，以便在反向传播时更高效地传递梯度。

对于最大池化操作，梯度的计算可以直接将误差梯度传递到最大值所在的位置，而其他位置的梯度为零。这是因为在最大池化中，只有最大值对输出有贡献，其他位置的值在前向传播中没有影响，因此在反向传播时不需要传递梯度，这样会变得更加高效。经过池化层时，通常会把池化层中最大的元素索引记录下来，那在前向传播中最大值就会传过去，在反向传播中最大值也会直接单纯地传播过去，其他三个位置就可以不用管。

相反，对于平均池化操作，梯度的计算会将误差梯度平均分配到所有位置。这是因为在平均池化中，所有位置的值对输出都有一定的贡献，因此在反向传播时将误差梯度平均分配到所有位置，以更新相应的输入值。

7.2.4 应用举例

在众多定位技术中，基于到达角度测距（angle of arrival，AOA）和飞行时间测距

（time of flight，TOF）的定位方法一直是研究的热点，本例同样使用这种方法，而此方法的核心问题在于如何更精确地联合估计出 AOA 和 TOF。本例仿真环境设定为发射端发射信号采用 OFDM 信号，信道带宽为 40MHz，中心频率为 5.32GHz，相邻子载波间隔设置为 312.5kHz，选用 30 个子载波。接收端使用三个天线组成的线性天线阵列。通过设置不同的信道噪声功率以及信道衰减，对信号引入不同的到达角度（AOA）和飞行时间（TOF）组合来生成样本数据及标签，并将其分为训练集和测试集两部分其中从每个接收端模拟获得的 CSI 是一个复数矩阵，其大小为 Nant×Nsub，其中 Nant＝3，是接收设备的天线数量，Nsub＝30，是子频率的数量。下面将说明如何将此矩阵表示为神经网络的输入。

对于通信系统来说，接收到的 CSI 数据均为复数，然而目前深度卷积神经网络对输入为复数的情况并没有较为妥当的处理方式。为了获得输入的 CSI 图像，首先将从天线阵列接收到的 CSI 复数数据矩阵进行转换处理 $\boldsymbol{H}_{90\times1}$，接着将其分为实部矩阵 $\boldsymbol{H}_R$ 和虚部矩阵 $\boldsymbol{H}_I$，然后对其再进行转换得到 $\hat{\boldsymbol{H}}_0$，此方法可同时保留原 CSI 数据及其共轭矩阵，有效保留 CSI 的幅度和相位等信息。

$$\hat{\boldsymbol{H}}_0 = \begin{bmatrix} \boldsymbol{H}_R & -\boldsymbol{H}_I \\ \boldsymbol{H}_I & \boldsymbol{H}_R \end{bmatrix} \tag{7-9}$$

卷积神经网络通过卷积核来提取输入图像的特征，$\hat{\boldsymbol{H}}_0$ 矩阵中的元素为三根天线上的所有子载波按顺序排列，在大小一定的感受野中这种方式提供的子载波组合较为单一。考虑到与 TOF 和 AOA 相关的特征信息蕴含在 CSI 各个子载波中，需要提供各种不同的子载波组合。基于此本例提出了一种移动窗口截取的方法。

将重构矩阵 $\hat{\boldsymbol{H}}_0$ 作为初始矩阵，令 $h_{i,j}$ 表示矩阵 $\hat{\boldsymbol{H}}_0$ 第 $i(i=1,2,\cdots,180)$ 行第 $j(j=1,2)$ 列的值。首先生成一个与初始矩阵相同尺寸的窗口，接着以 2 为固定步长进行移动，移动过程中将窗口外的数据补充到窗口空白处，每次移动都将生成一个与初始矩阵具有同样尺寸的子矩阵，移动结束后将得到 89 个规模均为 180×2 的子矩阵，令 $\hat{\boldsymbol{H}}_{i,j=0,1,2,\cdots,89}$ 表示窗口移动 i 次得到的子矩阵。将所有子矩阵与初始矩阵进行拼接形成一个新矩阵，并将其命名为中间矩阵 $\hat{\boldsymbol{H}}$：

$$\hat{\boldsymbol{H}} = [\hat{\boldsymbol{H}}_0, \hat{\boldsymbol{H}}_1, \hat{\boldsymbol{H}}_2, \cdots, \hat{\boldsymbol{H}}_{89}]_{180\times180} \tag{7-10}$$

卷积神经网络擅长图像处理，彩色图片一般由 RGB 三通道组成。受此启发，为了能够更精确地提取各子载波信号中的 AOA 和 TOF 的相关特征，分别改变步长为 4 和 6，重复进行上述操作得到两个中间矩阵 $\hat{\boldsymbol{H}}'$，$\hat{\boldsymbol{H}}''$ 利用这三个中间矩阵按图 7-9 所示方式得到三维矩阵 $\boldsymbol{H}_{180\times180\times3}$，其中上面的为 $\hat{\boldsymbol{H}}''$，中间的为 $\hat{\boldsymbol{H}}'$，下面的为 $\hat{\boldsymbol{H}}$，将其作为神经网络的输入数据图像。

本例的目的是训练深度学习网络模型以估计出多径信号的 AOA 和 TOF。基于此设计的神经网络应该能够最大程度地近似表示 CSI 到 AOA、TOF 的映射关系。CNN 可以自动从大规模训练数据中学习参数，通过卷积核提取特征信息，且不同卷积核可以学习不

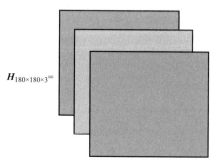

$\boldsymbol{H}_{180\times180\times3}=$

图 7-9　三维数据矩阵生成

同的特征，一般的卷积神经网络选取一定数量的相同尺寸卷积核。相较于图像识别中的特征提取，从 CSI 中提取与 AOA 和 TOF 相关的特征更为抽象，也更不易提取。AOA 和 TOF 的相关信息包含在每个子载波中，为了从 CSI 图像中最大限度地提取与 AOA 和 TOF 相关的特征，本例使用不同大小卷积核并联的方式，即不同尺度的卷积核可以与不同频率子载波的接收信号做卷积运算，将具有不同大小感受野的卷积核同时作用于各个子载波构成的输入图像，继而提取与各个子载波相关的数据特征。

将 CNN 结构中核心的卷积操作（卷积核大小分别为 1×1、3×3、5×5）以及池化操作（3×3）堆叠在一起，然后对各个卷积结果进行拼接。这种方式除了可以增加网络的宽度，同时也可以增强网络的表达能力，不同尺寸的卷积核可以通过不同大小的感受野（1×1、3×3、5×5）提取出 CSI 数据矩阵中蕴含的不同尺度的特征信息，最后通过对各个卷积的结果进行拼接来进行不同尺度特征的融合，在最大程度上提取输入的每一处细节特征信息。除此之外，为了减少计算成本，采用每个卷积核都连接一个 1×1 卷积核用来进行降维处理，降低特征图的厚度。

本例以 Inception V1❶ 为核心，设计的是一种如图 7-10 所示的多尺度卷积核卷积神经网络结构。不同大小的卷积核可以抓取 CSI 数据中的不同尺度范围的特征。数据源具有与标签相关的某些性质，从根本上来说，特征提取就是从数据源产生的已知数据中估计出这些未知性质，这是一个估计过程，从而特征提取时会引入一定误差造成提取的特征不准确。

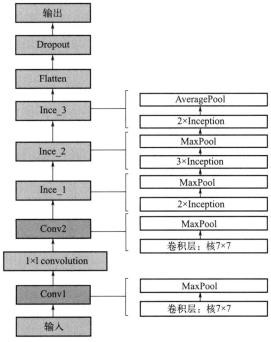

图 7-10　所设计的多尺度卷积核卷积神经网络结构

---

❶　Inception 模型的核心思想是在同一层中使用不同大小的卷积核和池化层，并将它们的输出连接在一起，使得网络能够同时捕捉不同尺度的特征。

这种误差来源主要有两个，其中一个来源是卷积层参数收敛程度不够造成的特征估计均值的偏移，为减少这种偏移引起的误差，更多地保留 CSI 所蕴含相关特征的纹理信息，保证所能提取特征的准确性，本例在网络中的各个卷积层后使用最大池化层。另一个来源是卷积核大小受限所造成的特征估计值的方差增大，也就是设定的各个卷积核可能不足以提取出所有与标签相关的特征。正如前面所提到的，从 CSI 中提取与 AOA 和 TOF 相关的特征比普通图像领域的特征更为抽象，也更不易提取。CSI 数据中与 AOA 和 TOF 相关的特征蕴含在接收信号的各个子载波中，网络中先后使用了不同卷积核尺寸的卷积结构，并多次使用 Inception V1 结构来对不同的子载波组合进行特征提取，以便获得更多 CSI 矩阵中与目标值（AOA 和 TOF）相关的特征。对于 AOA 和 TOF 估计，输入数据矩阵中的所有子载波都对估计结果有所影响，而卷积核并不能够将所有子载波组合都提取到，这些未提取到的子载波组合中的特征隐藏在 CSI 数据矩阵中，而平均池化可以更多地保留图像的背景信息，也就是未被提取的输入图像特征信息，故在最后一个 Inception V1 使用平均池化。

根据需要，在两个卷积层 Conv1 和 Conv2 中插入了卷积核大小为 1×1 的卷积层，这样可以有效减少参数量，缩短训练时间。为了避免过拟合，在 Flatten 层后引入了随机失活率为 0.4 的 Dropout 层。

一个合适的网络模型，除了合理的结构，样本与标签的选取也至关重要。将之前构建的 CSI 图像作为网络输入。以生成输入数据时使用的 AOA 和 TOF 作为标签，令 $\vec{y}_n$ 表示第 n 个样本的标签。为了更好地训练网络，将损失函数定义为

$$loss = \frac{1}{N} \sum_{n=1}^{N} \| \boldsymbol{H}(csi_n) - \vec{y}_n \|^2 \tag{7-11}$$

式中，$\boldsymbol{H}(csi_n)$ 是第 n 个 CSI 样本图像经过神经网络之后的输出；N 为总样本数。一般神经网络模型的参数是通过随机梯度下降（SGD）算法训练获得的，SGD 采用反向传播算法计算网络估计值和真实值之间的损失函数。在本次训练中，采用自适应矩估计法来更新网络中的参数集。自适应矩估计优化器使用低阶矩和一阶梯度在训练选项中进行有效的随机优化，因为计算效率高、内存要求低、对梯度的对角线重新缩放具有不变性，同时参数收敛速度较快，收敛过程比较稳定，在参数规模较大的问题中使用非常广泛。

这个例子提出了可以使用一种深度神经网络来模拟 CSI 到 AOA、TOF 的最佳映射关系。

7.3
循环神经网络（RNN）

尽管在处理单个物体的识别任务中，反向传播算法和卷积神经网络表现出色，但当涉及与时间先后关系有关的任务时，它们的性能受到了一定的限制，例如对于无线感知，要考虑

下一个时刻的信号状态预测或预测未来时刻的无线环境变化。这是因为它们仅考虑当前输入的影响，而忽略了时序数据中其他时刻输入的影响。

为了弥补 CNN 和 BP 算法在处理时序数据方面的不足，循环神经网络（recurrent neural network，RNN）被提出。RNN 是一类特殊的神经网络，它不仅考虑当前时刻的输入，还能够记忆网络前面的内容。这种设计使得 RNN 能够更好地处理与时间有关的任务，为处理时序数据和建模动态系统提供了强大的工具。在无线感知领域，RNN 的引入为时序特征的提取和建模提供了更加灵活和有效的手段。

本节将深入探讨 RNN 在无线感知中的原理和应用，探讨其在无线环境中的潜在优势以及如何更好地适应动态的信号变化。

7.3.1 循环神经网络原理

循环神经网络（RNN）是一种神经网络结构，其独特之处在于引入了循环连接，使得网络能够在内部传递信息并保持状态。关键特征在于能够对先前的感知信息进行记忆，并能够捕捉到时间上的依赖关系。与其他神经网络不同，循环神经网络的隐藏层输出不仅受当前的感知输入影响，还受到前一个时刻的隐藏状态影响。

这种记忆能力使得循环神经网络能够更好地处理动态变化的无线信号环境，例如当分析无线信号时，网络可以考虑之前的信号状态，以更准确地预测未来信号的变化。这种时间上的连续性使得循环神经网络成为处理时序数据和捕捉无线信号动态特性的有效工具。

（1）类型

无线感知技术与不同映射关系的神经网络结构的结合，提供了强大的工具来解决各种无线环境中的问题。

一对一：在这种情况下，输入与输出是固定的，例如图像分类。尽管可以使用循环神经网络（RNN），但它通常不是最理想的选择，因为 RNN 更适合处理序列数据。

一对多：对于将图像映射到文字描述的任务，无线感知技术可以捕捉到图像周围的环境信息，并通过序列到序列的模型（如 Seq2Seq）生成相应的文字序列。这种方法可以利用无线信号的时空变化来丰富图像描述。

多对一：在这里，输入是一个序列，而输出是固定的，例如情感分析，其中对输入序列进行建模，然后输出单个标签。RNN 是一种常见的选择，因为它能够处理序列数据。

多对多：这是序列到序列的映射，比如机器翻译，通常使用编码解码网络。Seq2Seq 模型包括编码器和解码器两个部分，能够有效地处理这种情况。

同步多对多：在文本生成或视频每一帧的分类等任务中，无线感知技术可以提供同步的时间信息，帮助 Seq2Seq 模型更好地理解和生成相应的序列，考虑到与每个时间步相关的无线信号特征。

（2）循环神经网络结构

RNN 的基本模型结构提供了对序列数据进行建模的框架，而将其与无线感知技术结合可以为网络引入更多上下文信息。

RNN 的基本模型结构包括一个或多个循环单元，这些单元通过时间步连接在一起，使得网络能够处理序列数据。相较于 CNN，RNN 的层级结构简单很多，主要由输入层、隐藏层和输出层组成。输入层可以接收包含来自无线信号的特征，如 WiFi 信号强度、信号质量等，对于每个时间步，输入被送入网络中；隐藏层的输出可以作为自身的输入，参数可以进行循环传递，隐藏层不仅可以传递先前时间步的信息，还可以保留并传递与无线环境相关的上下文。输出层生成网络的输出，引入对无线环境的建模，以更准确地生成适应当前无线环境的输出。RNN 的结构图如图 7-11 所示。

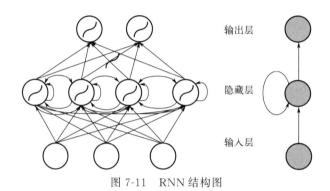

图 7-11　RNN 结构图

图 7-12 是 RNN 的隐藏层的层级展开图，用于展示 RNN 在处理序列数据时如何在不同时间步之间传递隐藏状态。其中，x_t 表示每一个时刻输入，o_t 表示每一个时刻的输出，s_t 表示每一个隐藏层的输出，中间的圆圈代表隐藏层的一个单元，隐藏层状态输出会传递到后面时刻的输入，以此类推，也就是说，隐藏层的状态输出会随着时间进行输入，U 表示当前输入的样本的权重，V 表示输出的样本权重，W 表示输入的权重，它们作为单元的参数进行共享。用式(7-12) ～式(7-14) 表示为

$$s_0 = 0 \tag{7-12}$$

$$s_t = g_1(Ux_t + Ws_{t-1} + b_a) \tag{7-13}$$

$$o_t = g_2(Vs_t + b_y) \tag{7-14}$$

式中，s_0 表示初始网络的输入；s_t 表示每个单元，共包含前一个单元的状态和当前序列的两个输入以及当前单元的状态和单元的预测的两个输出；g_1、g_2 表示激活函数。

在循环神经网络中，总存在一个状态（或记忆）会贯穿整个网络，使得当前时间步的输出值受到前面时间步输入值 x_{t-1}、x_t、x_{t+1} 的影响。这是通过循环连接实现的，其中隐藏状态在每个时间步都会更新，并在下一个时间步被用作输入的一部分。用式(7-15) 表示为

$$o_t = g(Vs_t) = Vf(Ux_t + Ws_{t-1}) = Vf[Ux_t + Wf(Ux_{t-1} + Ws_{t-2})]$$
$$= Vf\{Ux_t + Wf[Ux_{t-1} + Wf(Ux_{t-2} + Ws_{t-3})]\}$$
$$= Vf\{Ux_t + Wf\{Ux_{t-1} + Wf[Ux_{t-2} + Wf(Ux_{t-3} + \cdots)]\}\} \tag{7-15}$$

7.3.2　前向传播和反向传播

RNN 通过时间展开，执行前向传播的过程中，每个时间步都涉及输入数据和来自前一

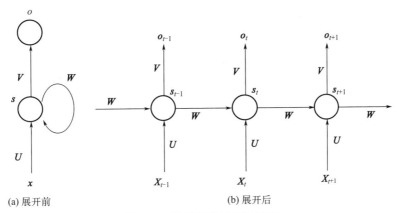

(a) 展开前　　　　　　　　　　　　(b) 展开后

图 7-12　隐藏层的层级展开图

时间步的隐藏状态。这时，网络生成输出并更新隐藏状态，同时将这一过程传递到下一个时间步。在整个前向传播期间，输入数据在时间维度上连续传递，并计算损失函数，反映了预测输出与实际目标之间的差异。可以发现，这个前向传播的过程已经在之前的网络模型结构进行了详细的介绍，因此在这里不再重复赘述。接下来，将重点关注描述 RNN 中的反向传播过程。

（1）交叉熵损失

交叉熵损失（cross-entropy loss）是一种用于度量两个概率分布之间差异的损失函数。在 RNN 中，当整个序列被视为一个训练实例时，总误差即为各个时间步的误差之和。这意味着针对序列中的每个时间步，模型的预测与实际标签之间的交叉熵损失会被计算，而这些损失值将被累加以形成整体的训练误差。损失就是真实值与预测的概率值进行相乘，单个输入的损失用式(7-16)表示，即

$$E_t(y_t, \widehat{y}_t) = -y_t \log(t) \tag{7-16}$$

在实际中，整个序列是由无数个 t 时刻进行，需要对 t 个时刻进行求和，总的损失用计算公式(7-17)表示为

$$E(y, \widehat{y}) = \sum_t E_t(y_t, \widehat{y}_t) = -\sum_t y_t \log(t) \tag{7-17}$$

在分类任务中，模型的输出可以看作是对每个类别的预测概率分布，而真实标签则对应于一个实际的概率分布，其中正确的类别概率为 1，其他类别概率为 0。交叉熵损失用于度量这两个分布之间的距离。这种损失函数的选择有助于有效地训练模型，特别是在处理序列数据时，因为它能够捕捉到模型预测与真实标签之间的概率分布差异，从而引导模型朝着更准确的方向学习。

（2）时序反向传播算法

反向传播算法用于计算损失函数对网络参数的梯度，以便通过梯度下降或其变体来更新参数。在 RNN 中，时序反向传播算法沿着时间步展开网络，并通过时间展开的结构来计算梯度，所以称为时序反向传播算法，其运行流程与一般的反向传播大有不同。

算法的目标就是优化参数 U、V 和 W 以及两个偏置的梯度，然后使用梯度下降法学习

出好的参数，由于这三组参数共享，所以需要将一个训练实例在每时刻的梯度相加。

（3）梯度消失与梯度爆炸

在深度神经网络中，应用链式法则后，往往会面临复合函数梯度连乘的问题。然而，由于普通神经网络中不存在"权值共享"的现象，因此每个偏导数的表达式求解出的值大多是不一致的。在连乘的过程中，一些偏导数值可能较大，而另一些可能较小。相对于存在权值共享的情况，普通神经网络并不容易出现梯度爆炸或梯度消失的问题。

然而在 RNN 中使用权值共享时，梯度消失的问题可能会显著增加，这是因为在反向传播过程中，相同的权重矩阵被连续地相乘。如果权重矩阵的特征值小于 1，梯度在每次传播中都会缩小，最终可能趋近于零，导致梯度消失问题，这使得网络难以捕捉到长期依赖关系。反之，如果权重矩阵的特征值大于 1，梯度在反向传播中会指数级增长，可能导致梯度爆炸问题。这会使权重更新变得非常大，导致网络的参数发散。

为了便于理解，把输入层到隐藏层之间的权重设为 W_{xh}，代表 x 和隐藏层 h 的连接，隐藏层到输出层的权重设为 W_{hy}，而隐藏层到隐藏层跨时间的权重为 W_{hh}，在反向过程中，是需要对三个权重进行反向传播的，对于 W_{xh} 和 W_{hy} 来说，一般的神经网络很简单，首先找到预测标签，会进行一个损失函数的计算，从损失函数上开始向权重进行求导，以求梯度。在 RNN 中，在任何时间上，损失函数 L_t 包含预测标签 $\hat{y}_t$ 和真实标签 y_t，每一个预测标签都会等于隐藏层到输出层的权重 W_{hy} 乘以 h_t，h_t 就是输入层到隐藏层之间的权重 W_{xh} 乘以当前时间的信息 X_t，加上上一个隐藏层传过来的 h_{t-1}，其中 h_{t-1} 都是可以继续被拆解的。对于上述步骤用式（7-18）～式（7-20）表示为

$$h_t = \sigma(W_{xh}X_t + W_{hh}h_{t-1}) = \sigma\left[W_{xh}X_t + W_{hh}\sigma(W_{xh}X_{t-1} + W_{hh}h_{t-2})\right] \tag{7-18}$$

$$\hat{y}_t = W_{hh}h_t \tag{7-19}$$

$$L_t = L(\hat{y}_t, y_t) \tag{7-20}$$

容易看出，RNN 中至少三个权重矩阵需要迭代，当完成正向传播后，需要在反向传播过程中对以上三个权重求解梯度，并迭代权重，这里以 W_{hh} 为例，需要求解的其中一个梯度为 $\dfrac{\partial L_t}{\partial W_{hh}}$。

对于式（7-20），将其展开，得到公式（7-21）：

$$L_t = L(\hat{y}_t, y_t) = L(W_{hy}h_t, y_t) = L\left[W_{hy}\sigma(W_{xh}X_t + W_{hh}h_{t-1}), y_t\right] \tag{7-21}$$

要求解上面三个梯度，其实就是对复合函数进行求导，根据链式法则，如果 $y = f(u)$ 是一个 u 的可微函数 $u = g(x)$ 是一个 x 的可微函数，则 $y = f[g(x)]$ 是一个 x 的可微函数：

$$\frac{dy}{dx} = \frac{dy}{du} \times \frac{du}{dx} \tag{7-22}$$

根据链式法则，可以得到式（7-23）、式（7-24）和式（7-25）：

$$\frac{\partial L_t}{\partial W_{hy}} = \frac{\partial L_t}{\partial \hat{y}_t} \times \frac{\partial \hat{y}_t}{\partial W_{hy}} \tag{7-23}$$

$$\frac{\partial L_t}{\partial W_{xh}} = \frac{\partial L_t}{\partial \hat{y}_t} \times \frac{\partial \hat{y}_t}{\partial h_t} \times \frac{\partial h_t}{\partial W_{xh}} \tag{7-24}$$

$$\frac{\partial L_t}{\partial \boldsymbol{W}_{hh}} = \frac{\partial L_t}{\partial \hat{\boldsymbol{y}}_t} \times \frac{\partial \hat{\boldsymbol{y}}_t}{\partial \boldsymbol{h}_t} \times \frac{\partial \boldsymbol{h}_t}{\partial \boldsymbol{W}_{hh}} \tag{7-25}$$

但是 $\boldsymbol{h}_t$ 是一个复合函数，可一直被拆分到最后一层，且假设激活函数为恒等函数，则损失函数 L_t 公式可用式（7-26）表示：

$$\begin{aligned} L_t &= L(\hat{\boldsymbol{y}}_t, \boldsymbol{y}_t) = L(\boldsymbol{W}_{hy}\boldsymbol{h}_t, \boldsymbol{y}_t) = L\big[\boldsymbol{W}_{hy}(\boldsymbol{W}_{xh}\boldsymbol{X}_t + \boldsymbol{W}_{hh}\boldsymbol{h}_{t-1}), \boldsymbol{y}_t\big] \\ &= L\{\boldsymbol{W}_{hy}[\boldsymbol{W}_{xh}\boldsymbol{X}_t + \boldsymbol{W}_{hh}(\boldsymbol{W}_{xh}\boldsymbol{X}_{t-1} + \cdots \boldsymbol{W}_{xh}\boldsymbol{X}_1 + \boldsymbol{W}_{xx}\boldsymbol{X}_0)], \boldsymbol{y}_t\} \end{aligned} \tag{7-26}$$

之后求解出嵌套了 t 层的 W_{hh} 的梯度，可得公式（7-27）：

$$\frac{\partial L_t}{\partial \boldsymbol{W}_{hh}} = \frac{\partial L_t}{\partial \hat{\boldsymbol{y}}_t} \times \frac{\partial \hat{\boldsymbol{y}}_t}{\partial \boldsymbol{h}_t} \times \frac{\partial \boldsymbol{h}_t}{\partial \boldsymbol{h}_{t-1}} \times \frac{\partial \boldsymbol{h}_{t-1}}{\partial \boldsymbol{h}_{t-2}} \times \cdots\cdots \frac{\partial \boldsymbol{h}_2}{\partial \boldsymbol{h}_1} \times \frac{\partial \boldsymbol{h}_1}{\partial \boldsymbol{W}_{hh}} \tag{7-27}$$

这时，许多偏导数的求解变得十分简单，得公式（7-28）：

$$\begin{aligned} \frac{\partial L_t}{\partial \boldsymbol{W}_{hh}} &= \frac{\partial L_t}{\partial \hat{\boldsymbol{y}}_t} \times \boldsymbol{W}_{hy} \times \boldsymbol{W}_{hh} \times \boldsymbol{W}_{hh} \times \cdots \times \boldsymbol{W}_{hh} \times \boldsymbol{h}_0 \\ &= \frac{\partial L_t}{\partial \hat{\boldsymbol{y}}_t} \times \boldsymbol{W}_{hy} \times (\boldsymbol{W}_{hh})^{t-1} \times \boldsymbol{h}_0 \end{aligned} \tag{7-28}$$

其中，$\boldsymbol{W}_{hh}$ 如果是小于 1 的值，那么 $(\boldsymbol{W}_{hh})^{t-1}$ 就会无限接近于 0，$\boldsymbol{W}_{hh}$ 如果是大于 1 的值，那么 $(\boldsymbol{W}_{hh})^{t-1}$ 就会无限接近无穷大，所以 $(\boldsymbol{W}_{hh})^{t-1}$ 高次项就是循环神经网络十分容易发生梯度爆炸和梯度消失的根源所在。

7.3.3　长短时记忆网络

长短时记忆网络（long short-term memory，LSTM）和循环神经网络在序列建模中有相似的结构，都由多个单元组成，这些单元在序列中串联起来。然而，LSTM 通过引入门控机制，如输入门、遗忘门和输出门，以及内部状态的更新，有效地解决了传统 RNN 在处理长序列时的梯度消失和梯度爆炸问题，使得其在学习长期依赖关系时表现更出色。

在深度学习领域中，LSTM 被广泛应用于各种序列建模任务，包括自然语言处理和时间序列预测。LSTM 的结构不仅仅增加了控制和记忆单元，更使其具备了较长的短期记忆能力，这对于处理长期依赖的信息非常有帮助，这使得 LSTM 成为一种强大的工具，有助于处理不同领域的复杂数据关系。本小节将详细介绍 LSTM 算法，并探讨其在无线感知领域的应用。

在深入探讨 LSTM 的结构时，我们将特别关注输入门、遗忘门和输出门的功能，以及如何通过这些门控制机制来实现对长期依赖关系的有效建模。针对无线感知领域的需求，本小节将介绍 LSTM 在处理时序性数据、信号识别和预测等方面的具体应用。这包括利用 LSTM 来捕捉无线信号的时变特性，提高信号识别的准确性，以及通过对时序数据建模来进行未来信号状态的预测。

（1）LSTM 的基本架构和原理

长短时记忆网络的结构与机制为其在处理时序性数据和信号预测等方面提供了独特的优势，LSTM 结构展开图如图 7-13 所示。首先，与传统的循环神经网络相比，LSTM 引入了记忆细胞（memory cell）的概念，这是一种独特的结构，有助于克服 RNN 在处理长序列数据时遇到的梯度消失和梯度爆炸问题。

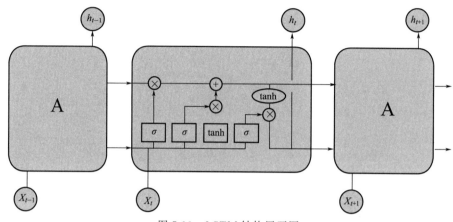

图 7-13　LSTM 结构展开图

在 LSTM 的记忆细胞中，长期信息和短期信息被明确分割，并赋予循环网络对信息进行选择的能力。这种改进使得 LSTM 能够更有效地捕捉和处理序列数据中的长期依赖关系。

LSTM 的记忆细胞包括两个关键变量，分别是隐藏状态和单元状态。隐藏状态主要负责记忆短期信息，特别是当前时间步的信息，而单元状态则用于保存长期状态信息。这样的设计使得 LSTM 能够更灵活地管理长期和短期的记忆，从而更好地适应复杂的信号环境。

此外，LSTM 引入了三个控制开关（门）来管理记忆细胞中的长期状态。这些门包括输入门、遗忘门和输出门，通过这些门的机制，LSTM 可以有选择性地控制信息的流动，以有效地处理和捕捉序列数据中的长期依赖关系。这种门控制机制为 LSTM 在无线感知技术中的应用提供了更大的灵活性和准确性。假设 W 是门的权重向量，b 是偏置项，那么门可以用公式(7-29)表示。

$$g(x)=\sigma(Wx+b) \tag{7-29}$$

它的输入是一个向量，输出是一个 $[0,1]$ 的实数向量，通过门输出的值与所需要控制的向量相乘，通过输出结果即可达到控制的效果。因为 σ 的值域是 $(0,1)$，所以门的状态都是半开半闭的。通过这些门的控制，LSTM 可以选择性地存储、遗忘和输出信息，从而更好地维护和利用长期状态。这种门控制机制是 LSTM 相对于传统 RNN 的重要改进之一。

① 遗忘门　这个门的功能可以被解释为决定上一时刻的记忆细胞中有多少信息需要保留到当前时刻。这个过程利用 Sigmoid 激活函数生成一个介于 0 到 1 之间的输出向量，该向量表示保留前一时刻记忆单元中信息的比例。从数学上来看，这相当于将上一时刻的记忆单元状态与一个在 $(0,1)$ 范围内的比例相乘，以此方式删除不需要的旧信息。例如如果遗忘门的输出是 0.9，那么它的含义是要保留百分之九十的历史信息，遗忘掉百分之十的历史信息，从而为全新的信息提供百分之十的空间。

这个比例是通过当前时间与上一个时间的短时时间进行计算得到的，使用 Sigmoid 函数作为激活函数。这个比例的计算可能受到整体算法和损失函数的影响，其中权重矩阵和偏置项扮演着关键的角色。因此，将这一门的概念与无线感知技术结合，可以理解为在处理历史信号信息时，通过遗忘门的控制机制，网络能够智能地选择性地保留或遗忘某些信息，以适应无线信号的动态变化。

其中的比例则通过当前时间与上一个时间 x_t 的短时时间 h_{t-1} 进行计算，σ 是 Sigmoid 函数，W_{xf} 和 W_{hf} 表示权重矩阵，会受到损失函数和算法整体的影响，b_f 表示偏置。用公式（7-30）可以表示为

$$f_t = \sigma(W_{xf}x_t + W_{hf}h_{t-1} + b_f) \tag{7-30}$$

② 输入门　输入门的作用是控制新信息进入记忆单元的程度，并且该门的操作是根据当前的输入和前一时刻的隐藏状态，通过 Sigmoid 激活函数产生一个在 0 到 1 之间的输出向量，这个输出向量决定了有多少新信息应该被添加到记忆单元中。其数学本质是在当前时间传入的所有信息上乘以（0,1）之间的比例，已筛选掉部分信息，将剩余信息融入长期记忆。首先要计算当前时间总共吸收了多少全新的信息，用公式（7-31）可表示为

$$\tilde{C}_t = \tanh(W_{xc}x_t + W_{hc}h_{t-1} + b_c) \tag{7-31}$$

然后依据 h_{t-1} 和 x_t，以及参数 W_i 来生成筛选信息的比例 i_t，用公式（7-32）表示为

$$i_t = \sigma(W_{xi}x_t + W_{hi}h_{t-1} + b_i) \tag{7-32}$$

最后将两者相乘，加入到长期记忆中。在此过程中，加入比例 i_t 和权重 W_c、W_i 来控制新信息聚合和比例计算的流程，使得输入数据可以被更加灵活地调节。

③ 输出层　在决定了要遗忘哪些信息，和把哪些信息加入到长期记忆之后，就可以更新用于控制长期记忆的细胞状态了，其由两部分组成，一部分是通过输入门确定要添加的新信息，另一部分是通过遗忘门确定要删除的旧信息。即先更新上一个状态值 C_{t-1}，将其更新为 C_t，首先将上一个状态值乘以 f_t 就可以表示为期待忘记的部分，之后再加上 $i_t\tilde{C}_t$，得到的就是新的候选值，可用公式（7-33）表示为

$$C_t = f_t C_{t-1} + i_t\tilde{C}_t \tag{7-33}$$

最后，基于细胞状态去运行一个 Sigmoid 层，它决定了聚义要输出细胞状态的哪些部分。其数学本质是令已经计算好的长期信息 C_t 乘以（0,1）之间的比例，从而筛选出对当前时刻最有效的信息。然后将细胞状态通过 tanh 函数（将值规范化到 -1 和 1 之间）进行标准化处理，并将其乘以输出门的输出，这样就可以只输出之前选择的那些部分，可以用公式（7-34）和式（7-35）表示：

$$o_t = \sigma(W_{xo}x_t + W_{ho}h_{t-1} + b_o) \tag{7-34}$$

$$h_t = o_t \tanh(C_t) \tag{7-35}$$

(2) 梯度问题的解决

由上面对于基本架构和原理的介绍，可以知道一共有 W_{hf}、W_{ho}、W_{hi}、W_{xi} 等八个权重。这里以遗忘门中用来控制要遗忘多少的比例的权重 W_{hf} 为例进行求导，由于其中 h_t 求导分为两部分，一部分是输出门的比例 o_t，从而管理输出门中的两个权重，另一部分是长期记忆 C_t，包括了输入门比例的求解、遗忘门比例的求解以及当时时刻输入新信息的比例的求解，h_t 在求导过程是可以被展开的。其公式可以用式（7-36）表示为

$$\frac{\partial \boldsymbol{L}_t}{\partial \boldsymbol{W}_{hf}} = \frac{\partial \boldsymbol{L}_t}{\partial \hat{\boldsymbol{y}}_t} \times \frac{\partial \hat{\boldsymbol{y}}_t}{\partial \boldsymbol{h}_t} \times \frac{\partial \boldsymbol{h}_t}{\partial \boldsymbol{C}_t} \times \frac{\partial \boldsymbol{C}_t}{\partial \boldsymbol{f}_t} \times \frac{\partial \boldsymbol{f}_t}{\partial \boldsymbol{h}_{t-1}} \times \frac{\partial \boldsymbol{h}_{t-1}}{\partial \boldsymbol{C}_{t-1}} \times \cdots \times \frac{\partial \boldsymbol{f}_1}{\partial \boldsymbol{W}_{hf}} \tag{7-36}$$

将公式(7-36)整理得式(7-37)和式(7-38):

$$\frac{\partial \boldsymbol{L}_t}{\partial \boldsymbol{W}_{hf}} = \frac{\partial \boldsymbol{L}_t}{\partial \hat{\boldsymbol{y}}_t} \times \frac{\partial \hat{\boldsymbol{y}}_t}{\partial \boldsymbol{h}_t} \times \frac{\partial \boldsymbol{h}_t}{\partial \boldsymbol{C}_t} \times \left(\frac{\partial \boldsymbol{C}_t}{\partial \boldsymbol{C}_{t-1}} \times \frac{\partial \boldsymbol{C}_{t-1}}{\partial \boldsymbol{C}_{t-2}} \times \cdots \times \frac{\partial \boldsymbol{C}_2}{\partial \boldsymbol{C}_1} \right) \times \frac{\partial \boldsymbol{C}_1}{\partial \boldsymbol{f}_1} \times \frac{\partial \boldsymbol{f}_1}{\partial \boldsymbol{w}_{hf}} \tag{7-37}$$

$$\frac{\partial \boldsymbol{L}_t}{\partial \boldsymbol{W}_{hf}} = \frac{\partial \boldsymbol{L}_t}{\partial \hat{\boldsymbol{y}}_t} \times \frac{\partial \hat{\boldsymbol{y}}_t}{\partial \boldsymbol{h}_t} \times \frac{\partial \boldsymbol{h}_t}{\partial \boldsymbol{C}_t} \times (\boldsymbol{f}_t \boldsymbol{f}_{t-1} \boldsymbol{f}_{t-2} \cdots \boldsymbol{f}_1) \times \frac{\partial \boldsymbol{C}_1}{\partial \boldsymbol{f}_1} \times \frac{\partial \boldsymbol{f}_1}{\partial \boldsymbol{w}_{hf}} \tag{7-38}$$

由式(7-37)和式(7-38)可以看出，在 LSTM 中避免了共享权重的相乘，同时利用 Sigmoid 函数将输出限定在 0 到 1 之间。这一特性有助于减小梯度爆炸的风险，但梯度消失问题则主要取决于输出门的值是否接近于 1。

当输出门的值接近 1 时，长期记忆会更多地受到历史信息的影响，这意味着梯度消失的风险较小，因为网络能够保持较多的历史梯度信息。相反，如果输出门的值接近 0，说明当前的长期记忆主要依赖于当前时刻的输入，而不太受历史信息的影响。因此，LSTM 能够同时较好地缓解梯度消失和梯度爆炸问题。

7.3.4 应用举例

这个例子是基于 WiFi 感知对睡眠动作和睡眠阶段的识别，所提出的 Wi-SAR 的识别方法是基于 Bi-LSTM 网络模型实现的，Bi-LSTM 是由前向的 LSTM 与后向的 LSTM 结合而成的模型，如图 7-14 所示。可以看到 $\boldsymbol{x}_t$ 时刻的正向隐层输出 $\overrightarrow{h}_t$ 和反向隐层输出 $\overleftarrow{h}_t$ 进行拼接，得到了当前时刻的隐层输出 $\boldsymbol{y}_t$。在这种结构下，先前和未来的信息在输出层均可以被利用，Bi-LSTM 具有 LSTM 没有的优势，因此这里利用 Bi-LSTM 网络模型实现对睡眠动作的识别。

为了更好地理解 Bi-LSTM 模型，本例以一层的 Bi-LSTM 网络结构为例，将其中的隐

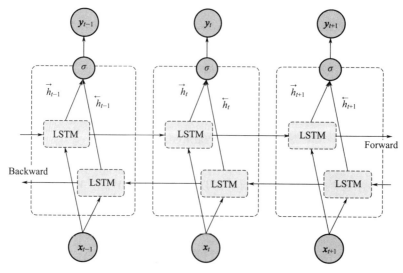

图 7-14 Bi-LSTM 网络结构

层展开，可以得到如图 7-15 所示的编码方式，利用滑动窗口的方法在时间序列上对样本进行遍历，可以得到如 $\{\boldsymbol{h}_0,\boldsymbol{h}_1,\boldsymbol{h}_2,\cdots,\boldsymbol{h}_{n-1}\}$ 的隐层状态序列，其中 n 表示当前隐层的隐元数量。在本例的 Bi-SAR 模型中输入特征为 CSI 数据经过数据预处理之后的幅值和相位差信息，以图 7-15 三组数据 $(\boldsymbol{F}_i,\boldsymbol{F}_j,\boldsymbol{F}_k)$ 为例代表输入特征，这些输入特征经过前向的 LSTM_L 得到图中所示的三个正向的向量，即正向的隐层输出 $(\boldsymbol{h}_{L0},\boldsymbol{h}_{L1},\boldsymbol{h}_{L2})$，经过逆向的 LSTM_R 得到图中下方所示的三个逆向的向量，即逆向的隐层输出 $(\boldsymbol{h}_{R0},\boldsymbol{h}_{R1},\boldsymbol{h}_{R2})$。最后将每个时刻的正向和逆向隐层输出进行拼接，可以得到向量 $\{[\boldsymbol{h}_{L0},\boldsymbol{h}_{R2}],[\boldsymbol{h}_{L1},\boldsymbol{h}_{R1}],[\boldsymbol{h}_{L2},\boldsymbol{h}_{R0}]\}$，即图中最下方所示的向量 $\{\boldsymbol{h}_0,\boldsymbol{h}_1,\boldsymbol{h}_2\}$，按照上述的编码方式依此类推就可以得到当前这一层隐层对特征的编码，也就是在双向时序上对特征的提取。

Bi-LSTM 的每一层隐层的输出都作为下一层隐层的输入，经过多次特征提取操作可以得到最后一层隐层的输出，在通常的多分类 Bi-LSTM 网络中，最后一层隐层的输出通过 softmax 函数将神经网络的输出值转化为概率表达式，找到其最大概率项，并作为分类结果。在模型训练上，将数据集按照 7∶3 的比例将原始数据集分为训练集和测试集，采用自适应矩估计作为优化器，初始学习率为 0.00，并使用交叉熵损失函数来对模型进行参数寻优。

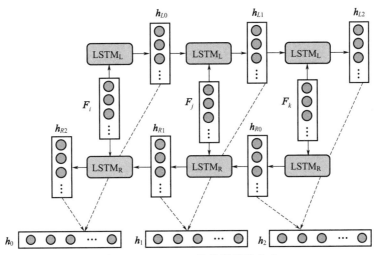

图 7-15　Bi-LSTM 的特征编码方式

本章小结

本章探讨了无线感知技术与深度学习中的深度神经网络、卷积神经网络、循环神经网络等神经网络结构的融合，揭示了这一结合对无线感知领域的深远影响。

首先，本章深入探讨了 DNN 的结构和原理。DNN 以其深层次的网络结构和强大的学习能力成为无线感知任务中的得力助手。通过对大量数据的学习，DNN 能够从中提取出高度抽象的特征表示，从而更好地捕捉信号环境中的复杂特征。在无线感知中，信号受到多种干扰和衰减，DNN的强大拟合能力使其能够适应各种信号变化，提高感知系统的性能。

其次，本章聚焦于CNN算法。CNN以其在图像处理领域的成功应用而闻名，其在无线感知中同样具有巨大的潜力，通过卷积层的局部感知和池化层的空间抽象，CNN能够有效捕捉信号空间特征，尤其在无线环境中行为识别、物体检测等方面表现出色。

最后，本章深入研究了RNN和其变体LSTM在时序感知任务中的应用。时序感知在无线感知中占据重要地位，涉及信号的时序变化。RNN和其变体LSTM作为专门处理时序数据的神经网络结构，为时序感知任务提供了强有力的工具。通过记忆单元的设计，LSTM尤其适用于长序列的建模，例如在步态识别、室内定位等领域应用广泛。

第 **8** 章
无线感知技术设计实例

本章将通过人体行为感知系统设计和夜间健康监护系统设计两个实例，系统地分析并解决一些无线感知技术问题，每个实例将从实例概述、系统方案、关键技术、实验结果分析等四个方面进行说明。人体行为感知系统提出了改进的 SVM 人体行为感知算法，提高了识别准确率，针对只适用于感知较少行为种类的问题，提出了一种具有更高的识别准确率的 Wi-Move 行为感知方法。夜间健康监护系统针对睡眠行为的特征提取与分类提出了一种基于 ResNet 的 Wi-Night 行为感知方法，并从不同时长和不同的睡眠动作两方面对子载波选择的影响展开研究。

8.1
人体行为感知系统设计

8.1.1　实例概述

人体行为感知系统主要实现对多种人体行为的识别。本实例在对一段包含连续人体行为的 CSI 信息使用预处理算法后，根据 CSI 幅值信息会静态保持稳定和动态产生波动的特性，提出了一种基于滑动窗口的分割算法，将整段连续的行为信息分割成多段单个完整的行为信息，并且提出了一种改进的 SVM 人体行为感知算法，在松弛变量中加入了权值变量因子。通过与传统的 SVM 算法比较，改进的 SVM 算法具有减小离群点干扰、提高识别准确率的优点。

针对多种类行为感知的场合，本实例提出了一种基于卷积神经网络的人体行为感知方法 Wi-Move。Wi-Move 首先对 CSI 信息进行预处理，并提取了全部子载波中的幅值信息与相位信息，考虑到卷积神经网络对输入数据有特殊的要求，Wi-Move 又将 CSI 信息转化为了含有 6 个通道的二维图像结构，再根据转化后 CSI 信息的结构，使用了基于 VGGnet-16 的网络模型提取 CSI 信息的特征，并完成对 9 种行为的感知并且获得了非常高的识别准确率。

8.1.2　系统方案

本实例的系统方案流程图如图 8-1 所示。

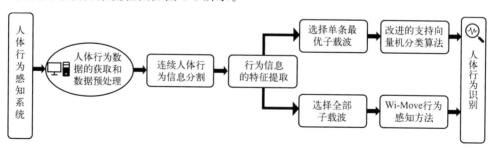

图 8-1　人体行为感知系统方案流程图

通过 Linux 802.11 CSI Tools 从 Intel 5300 无线网卡中解析 CSI 数据包并获取连续的人体行为数据。首先对连续人体行为信息进行数据预处理，包括使用 Hampel 异常值去除算法、小波阈值去噪算法。然后进行 CSI 分割，实例使用连续行为信息的分割算法，将一段时间内发生的多个人体活动分离开来。接着对连续多行为信息进行提取与感知，对于在行为种类较少的场合，使用了一种改进的支持向量机感知方法，这种感知方法实现简单，特征信息只来自于一条子载波的幅值信息，处理的数据量较小并且计算时间短，具有很高的感知效率。随着行为种类的增加，这种特征信息提取不全面的影响会显露出来，使识别精度难以满足要求。因此，为了充分利用所有接收天线中子载波的幅值信息与相位信息，提取更为全面的特征，在本实例中提出了一种基于 CNN 的 Wi-Move 行为感知方法。

8.1.3　关键技术

8.1.3.1　连续多行为信息的提取与感知方法

在人体行为识别中，如何实现对一段时间内发生的连续行为进行准确识别具有重要的研究意义，这其中的关键问题是需要在连续的人体行为信息中提取出只包含有一种行为的片段。在对 CSI 数据进行预处理后，可根据对连续行为数据变化规律的分析，并使用一种基于滑动窗口的分割算法来提取行为信息的片段，本例还使用了一种基于改进的支持向量机分类算法，对 4 种行为进行识别。

（1）CSI 数据的预处理

① Hampel 异常值去除算法：首先在采集到的 CSI 数据中，子载波的幅值会发生突变。在本实例中，通过使用 Hampel 异常值去除算法来去除这些异常值。经过异常值去除后的 CSI 幅值信息如图 8-2(b) 所示，可以看出，图 8-2(a) 中圈中的突变值已经被明显地去除。

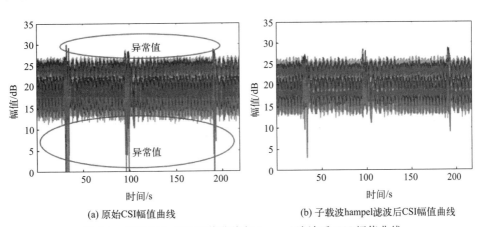

(a) 原始CSI幅值曲线　　　　　(b) 子载波hampel滤波后CSI幅值曲线

图 8-2　原始行为 CSI 幅值曲线与 hampel 滤波后 CSI 幅值曲线

② 小波阈值去噪算法：在去除了异常值之后，CSI 幅值信息中还包含有大量的环境噪声，这是由环境变化、电磁干扰等影响产生的。由于人体动作所引起的无线信号变化主要集中在低频范围内，而环境噪声主要集中在高频范围，因此本实例使用了小波阈值去噪算法来去除高频噪声。

在本实例中使用的小波阈值去噪算法的具体步骤如下所示。a. 对含噪信号 $s(t)$ 进行小波变换，得到一组小波分解系数 $w_{j,k}$；b. 通过对小波分解系数 $w_{j,k}$ 进行阈值处理，得到估计小波系数 $\overline{w_{j,k}}$；c. 利用估计小波系数 $\overline{w_{j,k}}$ 进行小波重构，得到估计信号 $\overline{f(x)}$，即为去噪后的信号。

在经过了小波阈值去噪后的 CSI 幅值信息如图 8-3 所示。可以看出，图 8-3 中的 CSI 幅值信息不但有效地去除了高频噪声的干扰，而且还可以保护原信号中的尖峰值，不至于发生滤波过渡的现象。

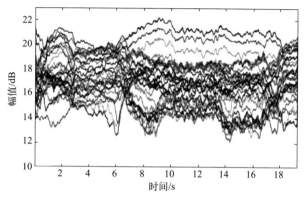

图 8-3   小波阈值去噪后的行为 CSI 幅值曲线

（2）连续行为信息的分割算法

经过预处理的连续多行为数据中，包含了这段时间内发生的多个人体活动，例如行走、挥手、跑步、踢腿等。在行为感知时，如果一个行为片段中只包含有一种行为的信息，将便于提取这种行为的特征，如图 8-4 所示。例如在提取行走行为的特征值时，只需要多个行走的运动片段，而不需要将行走和其他行为混合在一起。因此当一段 CSI 数据包含了多种行为时，自动地对其进行行为分割将带来极大的便利。

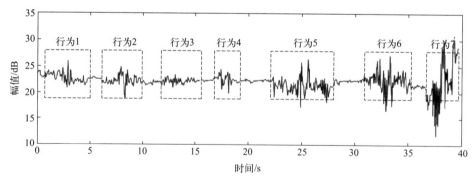

图 8-4   连续行为的 CSI 幅值信息

通过对图 8-4 中这一段连续行为信息的分析发现，当人体在环境中保持静止状态时，CSI 的幅值信息近似保持水平，在人体活动时，CSI 的幅值信息会随时间不断波动，而人体静止下来后，CSI 幅值信息又恢复平稳，体现了 CSI 幅值信息具有静态保持稳定和动态产生波动的性质。为了分析 CSI 幅值信息的这种性质，在图 8-5 中分别绘制了一段窗口内标准差、平均绝对偏差、四分位距和波动速度随时间变化的情况。

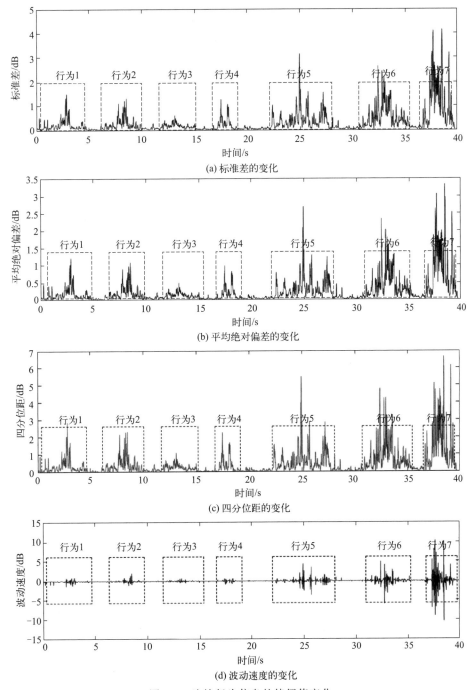

图 8-5　连续行为信息的特征值变化

从图 8-5 中可以看出，在人体静止时，标准差、平均绝对偏差、四分位距和波动速度的数值都比较小，近似等于 0，而在人体活动时，这些数值都发生了较大的变化，而且每种行为的变化程度也有较大的区别。因此，通过设定一个在 0 附近的阈值，并提取出所有大于阈值的部分，就可以将不同的行为片段分割出来。由此本实例提出了一种连续行为信息的分割算法，考虑到计算的简便性，本实例选择了使用标准差来进行分割。该算法的主要思想是：通过一个固定长度的滑动窗口来计算窗口内 CSI 幅值信息的标准差，由于在活动时的幅值信息波动较大，当窗口在其上面滑动时，计算得到的标准差都比较大，而两个行为之间的 CSI 幅值信息较为平缓，当窗口滑动到这段平缓部分时，计算得到的标准差较小，通过设定阈值，将一段连续窗口内标准差大于阈值的 CSI 片段提取出来，就完成了对一个行为信息的分割。其算法步骤如下所示。

① 设置滑动窗口的宽度大小为 w，并位于这段 CSI 数据的起始位置。通过公式

$$\sqrt{\frac{\sum\limits_{i=1}^{w}(x_i-\mu)^2}{w-1}}$$ 计算窗口内 CSI 数据 $X=(x_1,x_2,\cdots,x_w)$ 的标准差 σ。

② 将窗口向前滑动一步，并计算新窗口中 CSI 数据的标准差。

③ 重复第三步直到窗口滑动到末尾，并将所有窗口中计算得到的标准差放在一起，表示为 $\sigma=(\sigma_1,\sigma_2,\cdots,\sigma_k)$。

④ 设定阈值 γ，满足 $\sigma>\gamma$ 的连续标准差序列所对应窗口的 CSI 数据，即为一个行为的信息。

对这一段 CSI 信息使用连续行为信息分割算法后的结果如图 8-6 所示。从图 8-6 中可以看出，波动较大的幅值信息都被提取了出来，并且每一个片段中只包含有一种行为信息，接下来将使用分类器对其进行识别。

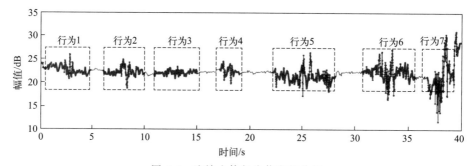

图 8-6　连续人体行为信息的分割

（3）行为信息的特征分析

① 特征提取：在一段行为信息中包含有大量的 CSI 数据，为了减小计算的数据量，本实例对每种行为的 CSI 幅值信息分别在时域和频域上选取了 9 种特征值，这些特征值相互独立、容易判别，并且在分类器中具有良好的可分性。其中，时域范围内提取的特征值如下所述。

均值，反映了 CSI 信号在一段时间窗口内的平均特征。

$$r_{\text{mean}}=\frac{1}{n}\sum_{i=1}^{n}r_i \tag{8-1}$$

最小值，表示了在一段时间窗口内的最小值特征。

$$r_{\min}=\min_{i=1,\cdots,n}r_i \tag{8-2}$$

最大值，表示了在一段时间窗口内的最大值特征。

$$r_{\max} = \max_{i=1,\cdots,n} r_i \tag{8-3}$$

众数，表示了该窗口数据中出现次数最多的数值。

$$r_{\mathrm{mode}} = \mathrm{mode}_{i=1,\cdots,n} r_i \tag{8-4}$$

方差，反映了随机变量与均值之间的偏离程度。

$$r_{va} = \frac{1}{n-1} \sum_{i=1}^{n} (r_i - r_{\mathrm{mean}})^2 \tag{8-5}$$

变异系数，又称离散系数，表示了数据相对于均值的离散趋势。

$$CV = \frac{\sqrt{r_{va}}}{r_{\mathrm{mean}}} \tag{8-6}$$

能量，等于该窗口内所有数据的平方和。

$$r_{\mathrm{energy}} = \sum_{i=1}^{n} r_i^2 \tag{8-7}$$

频域范围内提取的特征值为功率谱密度，表示信号自相关函数的傅里叶变换，其计算公式为

$$P_{xx}(n) = F[R_{xx}(i)] = \sum_{i=0}^{N-1} R_{xx}(i) \mathrm{e}^{-\mathrm{j}2\pi\frac{n-i}{N}} \tag{8-8}$$

式中，$R_{xx}(i) = \frac{1}{N-1} \sum_{i=0}^{N-1} x(m)x(m+i)$ 是信号的自相关函数，用来描述信号在频域内的能量分布。由功率谱密度，可以提取到振幅的统计特征，提取的特征值如下所述。

振幅幅值：

$$u_{\mathrm{amp}} = \frac{1}{N} \sum_{i=0}^{N} D(i) \tag{8-9}$$

振幅方差：

$$\sigma_{\mathrm{amp}} = \sqrt{\frac{1}{N} \sum_{i=0}^{N} [D(i) - u_{\mathrm{amp}}]^2} \tag{8-10}$$

② 特征分析：当检测区域中有人体活动发生时，上述 9 个特征值均会发生一定的变化，但是在不同行为动作的影响下，每个特征值的变化都存在一定差别，为了比较不同行为之间特征值的差别，在图 8-7 中绘制了 4 种行为的特征值在不同子载波上的变化情况。

从图 8-7 中可以看出，这些特征值在 4 种行为之间都有差别，但是在不同的子载波上略有不同。总体的变化规律是：在索引值相对较低的子载波上，不同行为的特征值差别较为明显，而在索引值相对较高的子载波上，有些行为的特征值会有混淆的现象，例如在功率谱密度的振幅幅值和振幅方差上混淆比较严重。这说明在进行行为识别时，选择索引值相对较低的子载波将有利于提高识别准确率。然而在本实例的系统中，CSI 数据是由 3 根接收天线采集的，每根接收天线中包含 30 条子载波，所以每个人体行为对应有 90 条子载波的数据。众多的子载波会导致数据量庞大，而且不同子载波间的差异也会对识别结果产生影响，因此，需要在这些子载波中选出一条最优的子载波作为该行为的数据信息。

（4）最优子载波的选择

在接收天线众多的子载波中，通过实验发现，相同的人体行为可以独立地影响 3 根接收

天线，进而影响不同的子载波。图 8-8(a) 为第 10 条子载波在 3 根接收天线中的 CSI 幅值信息，虽然子载波的索引数相同，但是在相同人体行为的影响下显示出不同的波动状态。图 8-8(b) 为同一根接收天线中 3 条不同子载波的波动情况，尽管它们的绝对值不同，但呈

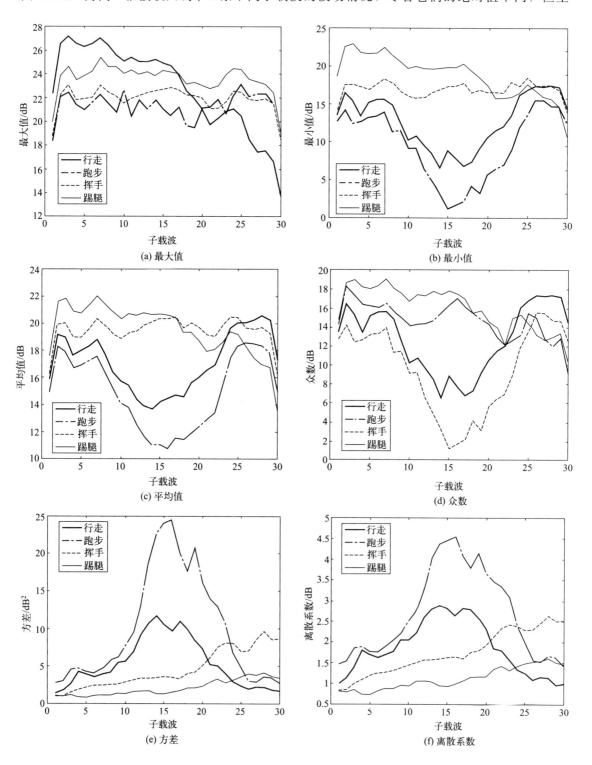

(a) 最大值　　　　(b) 最小值

(c) 平均值　　　　(d) 众数

(e) 方差　　　　(f) 离散系数

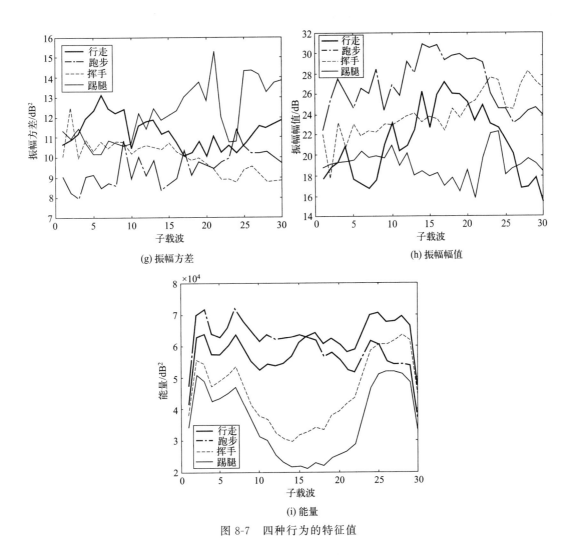

(g) 振幅方差

(h) 振幅幅值

(i) 能量

图 8-7　四种行为的特征值

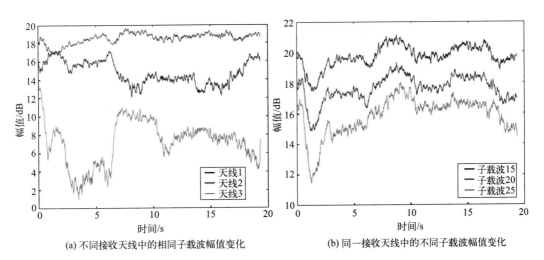

(a) 不同接收天线中的相同子载波幅值变化

(b) 同一接收天线中的不同子载波幅值变化

图 8-8　子载波幅值变化

现出相似的波动状态。基于以上两个观察可以得到，每一条子载波在受到相同人体行为的影响下，表现为波动程度与幅值大小的不同。

　　由于频率的多样性，不同子载波对人体活动具有不同的敏感度。图 8-9（a）为接收天线 1 中 30 条子载波中的幅值信息随时间的变化情况。可以发现，索引值较小的子载波受人体行为的影响大，而索引值较高的子载波（即从 15 到 30）对人体行为则不太敏感，这与特征值在不同子载波中的变化规律相同。这是因为不同的子载波具有不同的中心频率和波长，在多径和阴影效应的影响下，不同子载波表现出不同的幅值信息，所以对人体行为不敏感的子载波应该被过滤掉。本实例利用 CSI 幅值信息的方差来量化子载波对人体行为的敏感度，图 8-9（b）为接收天线 1 中 30 条子载波的方差，具有较高振幅方差的子载波 7 具有较大的动态响应，对人体行为最敏感。因此，本实例选取具有最大 CSI 振幅方差的子载波来进行人体行为识别。

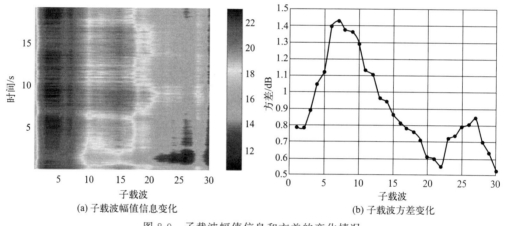

(a) 子载波幅值信息变化　　　　　　　　(b) 子载波方差变化

图 8-9　子载波幅值信息和方差的变化情况

（5）改进的支持向量机分类算法

　　在 SVM 分类算法中，一个分离超平面并不能完全将行为信息的特征值分成两部分，因此松弛变量 ξ 的引入是为了允许部分训练集中的样本出现分类错误，并对这些错误的训练样本增加惩罚因子 C，表示了对样本点分类错误的惩罚力度。但在传统的 SVM 中并没有考虑到样本中离群点对寻找最优超平面的影响，而 CSI 幅值信息很容易受到环境的影响，对一些行为的幅值信息造成异常波动，使得这些样本成为训练集中的离群点。如果离群点成为了支持向量将会使 SVM 寻找到的最优超平面与真实的最优超平面有较大的差别，对识别能力造成严重影响。因此本实例针对行为感知中训练样本存在离群点的问题，对传统的 SVM 分类算法进行了改进，在每一个样本点中都加入了带有权值变量 β 的松弛变量 $\beta\xi$，并且满足 $0\leqslant\beta\leqslant1$，这就意味着分类器对每一个样本的重视程度都不一样，若样本点距离类中心越远，则该点属于这类的可能性越小，赋予较小的权值，就相当于丢弃这些样本，反之则赋予较大的权值，以此来减小离群点对分类性能的影响。

　　假设在训练集中有 m 个数据样本，每个样本有 n 个特征值属性，第 i 个样本可以表示为 $\{\boldsymbol{x}_i,\boldsymbol{y}_i\}(i=1,2,\cdots,m)$，其中 $\boldsymbol{x}_i=\{\boldsymbol{x}_{i1},\boldsymbol{x}_{i2},\cdots,\boldsymbol{x}_{in}\}$，表示第 i 个样本的特征值集合，

$y_i \in \{-1, +1\}$ 表示第 i 个样本的类别标签。设分离超平面的方程为

$$\boldsymbol{w}\boldsymbol{x}_i + b = 0 \tag{8-11}$$

式中，$\boldsymbol{w} = \{w_1, w_2, \cdots, w_n\}$；$b$ 表示偏倚。

由几何关系可知，在分离超平面上方的点满足式(8-12)，在分离超平面下方的点满足式(8-13)：

$$\boldsymbol{w}\boldsymbol{x}_i + b > 0 \tag{8-12}$$

$$\boldsymbol{w}\boldsymbol{x}_i + b < 0 \tag{8-13}$$

代入类别标签值后，可以使边缘部分的分离超平面表示为

$$H_1 : \boldsymbol{w}\boldsymbol{x}_i + b \geqslant 1, y_i = +1 \tag{8-14}$$

$$H_2 : \boldsymbol{w}\boldsymbol{x}_i + b \leqslant -1, y_i = -1 \tag{8-15}$$

综合以上两个公式可以得到

$$y_i(\boldsymbol{w}\boldsymbol{x}_i + b) \geqslant 1 \tag{8-16}$$

训练集中满足上述公式等式成立的样本被称作支持向量，这些点落在超平面 H_1 或 H_2 上。可以看出，分离超平面与 H_1 和 H_2 的距离均为 $\dfrac{1}{\|\boldsymbol{w}\|}$，边缘间隔是 H_1 与 H_2 的距离，即 $\dfrac{2}{\|\boldsymbol{w}\|}$。因此，现在的问题转化为使 $\dfrac{2}{\|\boldsymbol{w}\|}$ 取最大值的规划问题，即使 $\dfrac{\|\boldsymbol{w}\|^2}{2}$ 取最小值：

$$\min \frac{\|\boldsymbol{w}\|^2}{2}, y_i(\boldsymbol{w}\boldsymbol{x}_i + b) \geqslant 1 \tag{8-17}$$

为了防止过拟合现象的发生，本实例在式(8-17)中加入带有权值变量 β_i 的松弛因子后变为

$$\min \frac{\|\boldsymbol{w}\|^2}{2} + C\sum_{i=1}^{m} \boldsymbol{\beta}_i \boldsymbol{\xi}_i \tag{8-18}$$

$$y_i(\boldsymbol{w}\boldsymbol{x}_i + b) \geqslant 1 - \boldsymbol{\xi}_i, \boldsymbol{\xi}_i \geqslant 0 \tag{8-19}$$

式中，$\boldsymbol{\xi}_i$ 为松弛变量，也被称为软间隔；C 为惩罚因子，C 值越大表示越不能容忍分类错误，当 C 值趋近于无穷大时，表示不允许有分类错误，此时 SVM 的识别效果与不加松弛变量时是一样的，$\boldsymbol{\beta}_i$ 为松弛因子的权值变量，并满足 $0 \leqslant \beta \leqslant 1$，计算公式为

$$\boldsymbol{\beta}_i = \mathrm{e}^{-\frac{(x_i - \mu)^2}{2\sigma^2}} \tag{8-20}$$

式中，μ 为训练样本的均值；σ 为训练样本的标准差。由式(8-18)可知，$\boldsymbol{\xi}_i$ 是衡量错分程度的度量，因此 $\boldsymbol{\beta}_i\boldsymbol{\xi}_i$ 就变为了对重要性不同的样本点错分程度的度量，若样本点距离类中心越远，则该点属于这类的可能性越小，$\boldsymbol{\beta}_i$ 赋予较小的权值，反之则赋予较大的权值。

对于式(8-18)的凸最小化问题，可以使用拉格朗日乘子法求解。设拉格朗日变量为 $\boldsymbol{\alpha}$，可以得到拉格朗日函数为

$$L(\boldsymbol{w}, b, \lambda) = \frac{\|\boldsymbol{w}\|^2}{2} + C\sum_{i=1}^{m} \boldsymbol{\beta}_i \boldsymbol{\xi}_i + \sum_{i=1}^{m} \boldsymbol{\alpha}_i [y_i(\boldsymbol{w}\boldsymbol{x}_i + b) - 1] \tag{8-21}$$

式中，$\boldsymbol{\alpha}_i$ 是大于 0 的拉格朗日乘子。求 $L(\boldsymbol{w}, b, \lambda)$ 关于权重向量 $\boldsymbol{w}$ 和偏倚 b 的偏导数，并使其等于 0，可以得到：

$$w = \sum_{i=1}^{m} \boldsymbol{\alpha}_i \boldsymbol{x}_i \tag{8-22}$$

$$\sum_{i=1}^{m} \boldsymbol{\alpha}_i \boldsymbol{y}_i = 0 \tag{8-23}$$

将式(8-22)代入式(8-21)，可以得到：

$$L(\boldsymbol{w},b,\lambda) = \frac{\|\boldsymbol{w}\|^2}{2} + C \sum_{i=1}^{m} \boldsymbol{\beta}_i \boldsymbol{\xi}_i + \sum_{i=1}^{m} \boldsymbol{\alpha}_i [\boldsymbol{y}_i (\boldsymbol{w} \cdot \boldsymbol{x}_i + b) - 1]$$

$$= \frac{1}{2} \sum_{i=1}^{m} \sum_{j=1}^{m} \boldsymbol{y}_i \boldsymbol{y}_j \boldsymbol{\alpha}_i \boldsymbol{\alpha}_j <\boldsymbol{x}_i \cdot \boldsymbol{x}_j> - \sum_{i=1}^{m} \sum_{j=1}^{m} \boldsymbol{y}_i \boldsymbol{y}_j \boldsymbol{\alpha}_i \boldsymbol{\alpha}_j <\boldsymbol{x}_i \cdot \boldsymbol{x}_j> + \sum_{i=1}^{m} \boldsymbol{\alpha}_i$$

$$= \sum_{i=1}^{m} \boldsymbol{\alpha}_i - \frac{1}{2} \sum_{i=1}^{m} \sum_{j=1}^{m} \boldsymbol{y}_i \boldsymbol{y}_j \boldsymbol{\alpha}_i \boldsymbol{\alpha}_j <\boldsymbol{x}_i \cdot \boldsymbol{x}_j> \tag{8-24}$$

通过 Karush-Kuhn-Tucker（KKT）最优化条件，将 $L(\boldsymbol{w},b,\lambda)$ 转化为对偶问题，可以得到：

$$\max W(\boldsymbol{\alpha}) = \sum_{i=1}^{m} \boldsymbol{\alpha}_i - \frac{1}{2} \sum_{i=1}^{m} \sum_{j=1}^{m} \boldsymbol{y}_i \boldsymbol{y}_j \boldsymbol{\alpha}_i \boldsymbol{\alpha}_j <\boldsymbol{x}_i \cdot \boldsymbol{x}_j> \tag{8-25}$$

$$\sum_{i=1}^{m} \boldsymbol{\alpha}_i \boldsymbol{y}_i = 0, 0 \leqslant \boldsymbol{\alpha}_i \leqslant C \boldsymbol{\beta}_i \tag{8-26}$$

使用序贯最小优化算法，可以解得 $\boldsymbol{\alpha}^* = \{\boldsymbol{\alpha}_1^*, \boldsymbol{\alpha}_2^*, \cdots, \boldsymbol{\alpha}_m^*\}$，再利用式(8-26)可以得到：

$$w^* = \sum_{i=1}^{m} \boldsymbol{y}_i \boldsymbol{\alpha}_i^* \boldsymbol{x}_i \tag{8-27}$$

又因为支持向量满足式(8-14)和式(8-15)的等式关系，可以得到：

$$b^* = -\frac{\max_{\boldsymbol{y}_i = -1}(\boldsymbol{w}^* \cdot \boldsymbol{x}_i) + \min_{\boldsymbol{y}_i = 1}(\boldsymbol{w}^* \cdot \boldsymbol{x}_i)}{2} \tag{8-28}$$

所以最终求得的决策函数为

$$f(\boldsymbol{x}) = \mathrm{sign}(<\boldsymbol{w}^* \cdot \boldsymbol{x}_i> + b^*) = \mathrm{sign}\left(\sum_{i=1}^{m} \boldsymbol{y}_i \boldsymbol{\alpha}_i^* <\boldsymbol{x}_i \cdot \boldsymbol{x}_j> + b^*\right) \tag{8-29}$$

样本数据经过线性变换之后，随着维度的增加，计算量也会呈指数倍增长。通过核函数可以在低维空间中计算映射后的高维向量 $<\boldsymbol{x}_i \cdot \boldsymbol{x}_j>$，从而减少在高维空间的计算复杂度。常用的核函数见本书 6.4.3 节。

使用不同的核函数一般不会导致结果有很大差异，而且目前也没有一个标准来确定选择哪种核函数会更好。在实践中，径向基函数（radial basis function，RBF）核函数在很多情况下的适应力都很强，在对样本的具体情况不了解时，一般研究者都选择 RBF 核函数。因此本实例也选择 RBF 核函数，加入核函数后，式(8-25)和式(8-29)变为

$$\max W(\boldsymbol{\alpha}) = \sum_{i=1}^{m} \boldsymbol{\alpha}_i - \frac{1}{2} \sum_{i=1}^{m} \sum_{j=1}^{m} \boldsymbol{y}_i \boldsymbol{y}_j \boldsymbol{\alpha}_i \boldsymbol{\alpha}_j K(\boldsymbol{x}_i \cdot \boldsymbol{x}_j) \tag{8-30}$$

$$\sum_{i=1}^{m} \boldsymbol{\alpha}_i \boldsymbol{y}_i = 0, 0 \leqslant \boldsymbol{\alpha}_i \leqslant C \boldsymbol{\beta}_i \tag{8-31}$$

$$f(\boldsymbol{x}) = \mathrm{sign}(<\boldsymbol{w}^* \cdot \boldsymbol{x}_i> + b^*) = \mathrm{sign}\left[\sum_{i=1}^{m} \boldsymbol{y}_i \boldsymbol{\alpha}_i^* K(\boldsymbol{x}_i \cdot \boldsymbol{x}_j) + b^*\right] \tag{8-32}$$

在式(8-31)中，改进后 SVM 的约束为 $0 \leqslant \boldsymbol{\alpha}_i \leqslant C \boldsymbol{\beta}_i$，而传统 SVM 的约束为 $\boldsymbol{\alpha}_i \geqslant 0$，并且

式(8-30) 和式(8-32) 中改进后 SVM 的对偶问题和决策函数与传统 SVM 的对偶问题和决策函数相同，这说明加入权值变量 β 后的 SVM 与传统的 SVM 只是在约束条件上有所不同。改进后的 SVM 给拉格朗日乘子 α 添加了约束区间，最大值只能取到 $C\beta$，而离群点的拉格朗日乘子通常都具有很大的值，这意味着约束区间限制了离群点的影响，并且约束也保证了可行域的边界，因此改进的 SVM 具有消除离群点影响的作用，减少环境对 CSI 信息的影响。

另外，改进的 SVM 算法使用了传统 SVM 算法对于多分类问题的方法。因为 SVM 本质上是一种两类分类器，不支持多分类问题，所以对于多分类问题需要多个 SVM 分类器的组合来完成。在本实例中采用了如图 8-10 所示的多分类方法，在每一次的分类中挑选出两个类别的样本，其余的样本通过 SVM 分配到这两个类别中，这样经过 3 层的 SVM 分类器，就实现了对 4 种行为的分类。而对于更多类别的分类问题，可以采用相同的方法，将第 3 层的 4 种类别再分为 8 类，直到满足类别的要求。

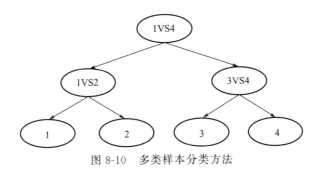

图 8-10　多类样本分类方法

8.1.3.2　基于 CNN 的 Wi-Move 行为感知方法

在上节中主要研究了对连续多行为信息的提取与感知方法，使用了一种改进的支持向量机感知方法，这种感知方法实现简单，特征信息只来于一条子载波的幅值信息，处理的数据量较小并且计算时间短，在行为种类较少的场合具有很高的感知效率。但是随着行为种类的增加，这种特征信息提取不全面的影响会显露出来，使识别精度难以满足要求。因此，为了充分利用所有接收天线中子载波的幅值信息与相位信息，提取更为全面的特征，在本节中提出了一种基于 CNN 的 Wi-Move 行为感知方法，对 9 种行为进行识别。

（1）Wi-Move 的数据预处理

在上面的感知方法中，只使用了 CSI 的幅值信息，这是因为相位信息在人体行为的影响下没有幅值信息那样明显的波动规律，所以人工提取的相位信息特征值不具有良好的可分性，但是 Wi-Move 使用了深度网络来提取特征信息，因此 Wi-Move 在幅值信息的基础上还加入了相位信息。然而相位信息虽然可以从 CSI 数据包中提取到，但是由于硬件系统的不完善，导致了采集到的相位信息中有测量误差，其中的主要原因是接收天线和发射天线之间的中心频率不能完全同步，使接收信号产生了载波频率偏移。因此，采集到的原始相位信息在识别中的应用是有限的。在本实例中使用了线性变换算法来减小 CSI 相位信息中的随机相位偏移。

在采集到的子载波中，真实的测量相位可以表示为

$$\hat{\varphi}_i = \varphi_i + 2\pi \frac{m_i}{N}\Delta t + \beta + Z \tag{8-33}$$

其中，φ_i 为原始相位，$\widehat{\varphi}_i$ 为测量相位，Δt 为采样频率偏移所造成的时间延迟，m_i 为子载波的索引值，N 为快速傅里叶变换的窗口大小，β 为未知相位偏移，Z 为测量噪声。从 IEEE 802.11n 的规范中可以获得子载波索引 m_i，和 FFT 的窗口大小 N，但是 β 和 Z 是未知的，所以无法得到真实的相位信息。

然而，考虑到整个频带上的相位信息时，可以使用相位变换算法来消去未知项 β 和 Z。首先定义相位斜率 a 和偏移量 b 两个参数：

$$a=[(\varphi_{30}-\varphi_1)/m_{30}-m_1]+(2\pi/N)\Delta t \tag{8-34}$$

$$b=(1/30)\sum_{i=1}^{30}\varphi_i+(2\pi\Delta t/30N)\sum_{i=1}^{30}m_i+\beta+Z \tag{8-35}$$

由于 30 条子载波的索引值在 IEEE 802.11n 中是对称的，因此可以得到：

$$\sum_{i=1}^{30}m_i=0 \tag{8-36}$$

$$b=(1/30)\sum_{i=1}^{30}\varphi+\beta+Z \tag{8-37}$$

将测量相位 $\widehat{\varphi}_i$、偏移量 b 和相位斜率 a 代入式(8-33)，同时忽略测量噪声 Z，可以得到：

$$\widetilde{\varphi}_i=\widehat{\varphi}_i-am_i-b=\varphi_i-\frac{\varphi_{30}-\varphi_1}{m_{30}-m_1}m_i-\frac{1}{30}\sum_{i=1}^{30}\varphi_i \tag{8-38}$$

虽然通过式(8-38)可以得到真实的测量相位信息，但是由于相位的递推特性，相位值发生了折叠，如图 8-11(a) 所示，随着子载波索引数的增大，三根接收天线的相位信息都发生了折叠。为了消除测量相位值的折叠，在本实例中使用了相位校准算法，其基本算法步骤如下所示。

算法步骤：

1. 输入：pre_ph，表示 30 条子载波上的测量相位值 φ_i；
2. 输出：ph，表示 30 条子载波上的校准相位值 $\widehat{\varphi}_i$；
3. 设置参数：nph，表示 pre_ph 经过相位补偿后得到的真实相位；
4. 设置参数：k，表示子载波索引值，范围为 $-28\sim+28$；
5. 设置参数：$phdif=0$，$nph(1)=pre\_ph(1)$；
6. for $i=2$:30 do
7. 　if $pre\_ph(i)-pre\_ph(i-1)>\pi$ then
8. 　　$phdif=phdif+1$
9. 　end
10. 　$nph(i)=pre\_ph(i)-phdif*2*\pi$
11. end
12. $a=\dfrac{nph(30)-nph(1)}{k(30)-k(1)}$
13. $b=sum(nph)/30$
14. for $i=1$:30 do
15. 　$ph(i)=nph(i)-a*k(i)-b$
16. end

在该算法的第 8～11 行中，通过判断相邻子载波之间的测量相位变化是否大于给定阈值 π，并减去 2π 的倍数来恢复被折叠的测量相位值。经过相位校准后的相位值如图 8-11(b)

所示，可以观察到，三根接收天线的校准相位范围比测量相位小很多。

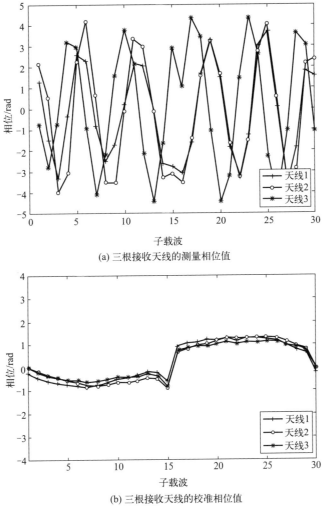

(a) 三根接收天线的测量相位值

(b) 三根接收天线的校准相位值

图 8-11　三根接收天线的测量相位和校准相位值

图 8-12 为一条子载波中 100 个 CSI 数据的极坐标图，其中原始相位用蓝色十字表示，校准后相位用红色圆点表示。可以观察到，原始相位随机分布在所有的角度上，经过相位校准后都集中分布在了 330°和 0°之间的扇形区域中，消除了相位偏移。

（2）基于 CNN 的人体行为感知 Wi-Move

在前面所提出的人体行为感知方法中，只利用了一根接收天线中的一条子载波信息。然而，不同子载波上的 CSI 信息是相关的，如果不同的子载波没有联系起来，有可能会丢失一些与子载波相关的信息。因此，基于 CNN 的人体行为感知方法为了充分利用所有接收天线中子载波的信息，将 CSI 信息转换为了二维图像的结构，以时间作为 x 轴，子载波作为 y 轴，并采用基于卷积神经网络的图像处理技术对 CSI 信息进行特征提取。

根据 CSI 信息结构的研究可知，一根接收天线上的 CSI 幅值信息与相位信息可以用式（8-39）和式（8-40）表示：

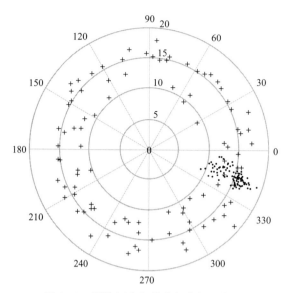

图 8-12   原始相位与校准相位极坐标图

$$\boldsymbol{A} = \begin{bmatrix} A_{11} & A_{12} & \cdots & A_{1m} \\ A_{21} & A_{22} & \cdots & A_{2m} \\ \vdots & \vdots & \ddots & \vdots \\ A_{30\_1} & A_{30\_2} & \cdots & A_{30\_m} \end{bmatrix} \tag{8-39}$$

$$\widetilde{\boldsymbol{\varphi}} = \begin{bmatrix} \widetilde{\varphi}_{11} & \widetilde{\varphi}_{12} & \cdots & \widetilde{\varphi}_{1m} \\ \widetilde{\varphi}_{21} & \widetilde{\varphi}_{22} & \cdots & \widetilde{\varphi}_{2m} \\ \vdots & \vdots & \ddots & \vdots \\ \widetilde{\varphi}_{30\_1} & \widetilde{\varphi}_{30\_2} & \cdots & \widetilde{\varphi}_{30\_m} \end{bmatrix} \tag{8-40}$$

其中，$\boldsymbol{A}$ 为幅值信息矩阵，$\widetilde{\boldsymbol{\varphi}}$ 为相位信息矩阵。根据矩阵中元素数值的大小可以将其转化为不同灰度的图像，如图 8-13 和图 8-14 所示为一根接收天线中不同行为的 CSI 幅值信息与相位信息灰度图像。

从图 8-13 和图 8-14 中可以看出，不同行为的 CSI 幅值信息灰度图像差别比较大，而一些行为的相位信息灰度图像差别较小，其中挥手、踢腿、跳跃、蹲起和拳击行为的灰度图像比较接近，但是从相位信息的灰度图像中可以很清晰地显示出这些行为发生的次数和时间。不同行为的 CSI 幅值信息与相位信息都具有一定的特点，因此，基于 CNN 的 Wi-Move 行为感知方法同时使用了 CSI 的幅值信息与相位信息，通过将不同接收天线中的幅值信息与相位信息组合来构建输入特征图，然后将其送入卷积神经网络，就实现了对人体行为的感知。

（3）Wi-Move 输入特征图的构建

在 Wi-Move 中，由深度网络分层提取 CSI 全部子载波中幅值与相位的特征信息，因此不需要人工来选择并提取特征值。但卷积神经网络大多都应用于图像分类领域，对输入数据

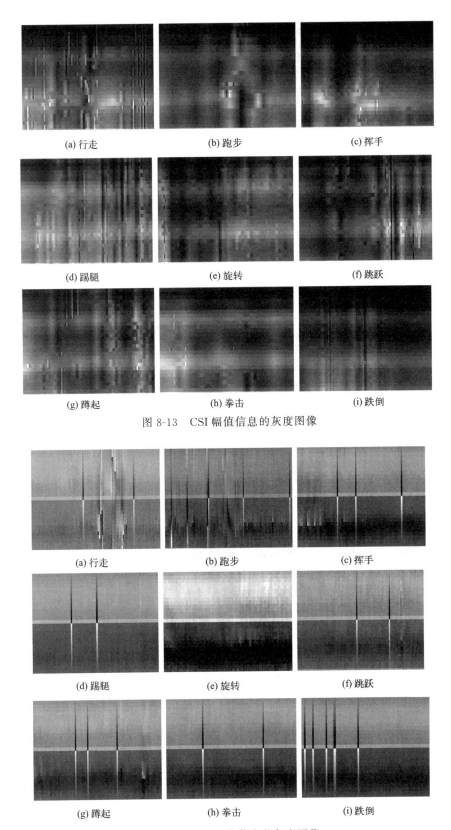

图 8-13　CSI 幅值信息的灰度图像

图 8-14　CSI 相位信息的灰度图像

有特殊的要求，其形状必须为（batch size，height，width，depth）的一个四维数组，其中第一维表示图像的 batch 大小，其他三个维度分别表示图像的各个属性，即高度、宽度和深度（即彩色通道的数量）。例如在如图 8-15 所示的一幅二维彩色图像中，通常将其看作由 R、G、B 三种基础色进行堆叠而形成，这三种基础色又分别对应了三个大小相同的二维矩阵，矩阵的数值表示了这一通道颜色的深浅。只有这种结构的数据才能够被输入到神经网络中，因此将卷积神经网络在图像分类领域的技术应用在 CSI 的人体行为识别上，首先需要将 CSI 数据转化为二维图像的结构，如图 8-16 所示。分别将 3 根接收天线的幅值信息与相位信息作为卷积神经网络的 6 个通道，也就是将 3 根接收天线幅值信息与相位信息的 6 张灰度图像叠加在一起，构成 CSI 输入特征图，之后全部将其送入神经网络。考虑到行为识别的实时性，Wi-Move 将输入特征图的大小设置为 30×100（$m = 100$），即 100 个时间点所采集的 CSI 信息，若采样频率为 $50\mathrm{Hz}$，则 Wi-Move 可以识别最近 2s 内发生的行为活动。

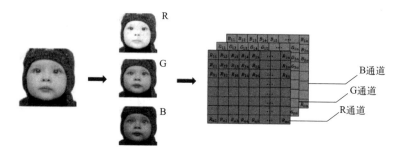

图 8-15　二维彩色图像的 RGB 结构

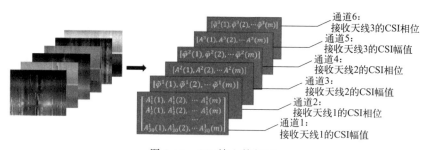

图 8-16　CSI 输入特征图

（4）Wi-Move 的网络设计

① Wi-Move 的网络结构：在 Wi-Move 中使用了一种基于 VGGnet-16 的网络模型，用于提取 CSI 数据的特征，其网络结构如图 8-17 所示。该网络共有 16 层的结构，其中包含 13 个卷积层、5 个池化层和 3 个全连接层，网络的输入是在上文中构建的 CSI 输入特征图。

卷积层主要通过卷积核对输入数据进行卷积操作，来提取输入数据的抽象特征，其计算公式为

$$\boldsymbol{y}^{j} = f\left(\sum_{i=1}^{I} k^{ij} * \boldsymbol{x}^{i} + b^{j}\right), j = 1, 2, \cdots, J \tag{8-41}$$

式中，I 和 J 分别为输入和输出数据的通道数；x^i 为第 i 个通道的输入；y^j 为第 j 个通道的输出；k^{ij} 表示卷积核；" $*$ "表示卷积操作；b 为偏置量；f 为非线性激活函数。

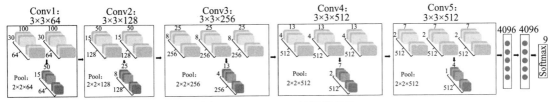

图 8-17　Wi-Move 的网络结构

池化层是对相邻区域的特征信息进行聚合统计，用概率统计特征取代全部特征，并对卷积层的运算结果实现降维，保留有效信息，其数学表达式为

$$X_j^l = f\left[\mathrm{down}(X_j^{l-1})\right] \tag{8-42}$$

式中，down 函数表示下采样函数，通常有平均池化和最大值池化两种方式，Wi-Move 的池化层选择了最大值池化方式，用于减少网络中的训练参数。

全连接层实现了本层神经元与上一层神经元的全部连接，并将前层的特征进行加权求和，将输出转化为了一维向量。最后一层是 Softmax 层，其作用是对输出概率做归一化处理，使其范围都在（0,1）之间。对于一个输入数据 $\boldsymbol{x}$，预测其 $\boldsymbol{y}=i$ 类别的概率分布公式如下：

$$p(y=i/\boldsymbol{x};\theta) = \dfrac{\mathrm{e}^{\boldsymbol{\theta}_i^{\mathrm{T}}\boldsymbol{x}}}{\displaystyle\sum_{j=1}^{k}\mathrm{e}^{\boldsymbol{\theta}_i^{\mathrm{T}}\boldsymbol{x}}} \tag{8-43}$$

若 $\boldsymbol{x}$ 为 k 维的输入向量，则预测其 k 个类别的概率值表示如下：

$$\boldsymbol{h}_\theta(\boldsymbol{x}^{(i)}) = \begin{bmatrix} p(\boldsymbol{y}^{(i)}=1\,|\,\boldsymbol{x}^{(i)};\boldsymbol{\theta}) \\ p(\boldsymbol{y}^{(i)}=2\,|\,\boldsymbol{x}^{(i)};\boldsymbol{\theta}) \\ \cdots \\ p(\boldsymbol{y}^{(i)}=k\,|\,\boldsymbol{x}^{(i)};\boldsymbol{\theta}) \end{bmatrix} = \dfrac{1}{\displaystyle\sum_{j=1}^{k}\mathrm{e}^{\theta_j^{\mathrm{T}}x}} \begin{bmatrix} \mathrm{e}^{\boldsymbol{\theta}_1^{\mathrm{T}}\boldsymbol{x}^{(i)}} \\ \mathrm{e}^{\boldsymbol{\theta}_2^{\mathrm{T}}\boldsymbol{x}^{(i)}} \\ \cdots \\ \mathrm{e}^{\boldsymbol{\theta}_k^{\mathrm{T}}\boldsymbol{x}^{(i)}} \end{bmatrix} \tag{8-44}$$

式中，$\boldsymbol{h}_\theta(\boldsymbol{x})$ 是假设函数；$\boldsymbol{\theta}_i$ 是待拟合的模型参数，求得概率值最高的类别即是神经网络预测分类的结果。

② Wi-Move 的网络层次：在 Wi-Move 中全部使用了 3×3 大小的卷积核和 2×2 大小的池化核，小卷积核可以减少参数量并加快网络的训练速度。同时，还使用了两个 3×3 卷积层的串联和三个 3×3 的卷积层串联的结构，增大了感受视野。并且为了使网络具有良好的非线性特点，Wi-Move 在每一个卷积层和全连接层的输出上都使用了 ReLU 作为非线性激活函数。其结构参数如表 8-1 所示。

表 8-1　Wi-Move 的网络结构参数

特征层	卷积核个数	卷积核大小	步长	训练参数量
Conv1	64	3×3	1	3456

续表

特征层	卷积核个数	卷积核大小	步长	训练参数量
Conv2	64	3×3	1	36864
Pool1	64	2×2	2	0
Conv3	128	3×3	1	73728
Conv4	128	3×3	1	147456
Pool2	128	2×2	2	0
Conv5	256	3×3	1	294912
Conv6	256	3×3	1	589824
Conv7	256	3×3	1	589824
Pool3	256	2×2	2	0
Conv8	512	3×3	1	1179648
Conv9	512	3×3	1	2359296
Conv10	512	3×3	1	2359296
Pool4	512	2×2	2	0
Conv11	512	3×3	1	2359296
Conv12	512	3×3	1	2359296
Conv13	512	3×3	1	2359296
Pool5	512	2×2	1	0
FC1	4096			102760448
FC2	4096			16777216
Output	9			36864

在 Wi-Move 的结构中，第一个卷积层包含有 64 个大小为 3×3、步长为 1 的卷积核，该卷积核要求输入数据的大小为 30×100×6，之后连接了第二个卷积层。第二个卷积层将第一层的输出作为自己的输入，并使用了相同的卷积核对第一个卷积层的输出进行滤波。经过两个相同结构的卷积层滤波后，将结果输入到最大池化层，最大池化层包含有 64 个大小为 2×2、步长为 2 的池化核，以此来达到缩小数据尺寸和降维的目的。在第一个和第二个卷积层中使用了两个 3×3 卷积层串联的结构，这种串联结构可以增大卷积层的感受视野，因为两个 3×3 卷积层的串联相当于 1 个 5×5 的卷积层，而参数量只有 5×5 的一半，并且两个 3×3 卷积层的串联可以包含 2 个非线性操作，而一个 5×5 的卷积层只能有 1 个非线性操作，这样使得前者对于特征的学习能力更强。在经过了前三层的卷积和最大池化操作后，输出数据的大小为 15×50×64，之后三层的结构与前三层相同，只是卷积核和池化核的数量变为 128 个，输出数据的大小变为 8×25×128。为了提取更深层的特征信息并增大卷积核的感受视野，在接下来的卷积层中使用了三个 3×3 卷积层串联的结构，三个 3×3 卷积层的感受野相当于一个 7×7 的卷积层，并且卷积核和池化核的数量也增加到 256 个，并在最后增加到 512 个。经过所有的卷积和最大池化操作后，最终输出数据的大小变为 1×4×512，之后输入到全连接层。

在三个全连接层中，前两层都包含有 4096 个神经元，这样的结构可以使多分类的

Logistic 回归目标最大化，即最大化了预测分布下训练数据中正确标签的对数概率平均值，从而提高分类准确率。最后一层是具有 9 个神经元的 Softmax 层，对输出概率做归一化处理，使其范围都在（0,1）之间，并输出 9 种不同行为的标签。

（5）Wi-Move 网络模型的优化

① 批标准化：Wi-Move 因为采用了比较深的网络结构，所以在训练过程会出现收敛速度缓慢、学习困难等问题。例如在正向传播的过程中，随着网络深度的增加，靠后层的神经元节点由于受到前方神经元的干扰，输入值可能会呈现指数型增大或者接近于 0 的情况，这时会降低对网络参数的学习能力。因此 Wi-Move 使用了批标准化（batch normalization，BN）来解决这些问题。以 sigmoid 函数为例，图 8-18(a) 为没有经过任何处理的输入数据，如果数据集中在梯度很小的区域，那么学习率就会很慢甚至陷入长时间的停滞。

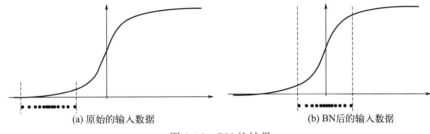

图 8-18　BN 的结果

在经过 BN 层后，数据就被移到如图 8-18(b) 所示的中心区域，对于大多数激活函数而言，这个区域的梯度都是最大的或者是有梯度的（比如 ReLU），这可以看作是一种对抗梯度消失的有效手段。从图 8-18 中可以看出，BN 层其实就是把每个隐藏层神经元的激活输入分布从偏离均值为 0、方差为 1 的正态分布通过平移、均值、压缩或者扩大曲线尖锐程度，调整为均值为 0、方差为 1 的正态分布，其计算公式为

$$\mu_B = \frac{1}{m} \sum_{i=1}^{m} x_i \tag{8-45}$$

$$\sigma_B = \frac{1}{m} \sum_{i=1}^{m} (x_i - \mu_B)^2 \tag{8-46}$$

$$\hat{x}_i = \frac{x_i - \mu_B}{\sqrt{\sigma_B^2 + \varepsilon}} \tag{8-47}$$

$$y_i = \gamma \hat{x}_i + \beta = BN_{\gamma,\beta}(x_i) \tag{8-48}$$

式中，μ_B 为每个训练批次数据的均值；σ_B 为每个训练批次数据的方差。在使用求得的均值和方差对该批次的训练数据做归一化处理后，就获得了符合标准正态分布的数据，其中 ε 是为了避免除数为 0 时所使用的微小正数。由于归一化后的 $\hat{x}_i$ 基本会被限制在正态分布下，造成网络的表达能力下降，所以在训练网络时会通过学习得到两个新的参数尺度因子 γ 和平移因子 β，将 $\hat{x}_i$ 乘以 γ 调整数值大小，再加上 β 增加偏移后就得到了新的输出 y_i，减小了正态分布的影响。

在卷积层和全连接层之后都加入 BN 层，这样不仅可以协调多层之间的参数更新问题，加快网络的训练速度，而且还可以增加网络的鲁棒性。

② Dropout 优化：在训练网络的过程中还经常会出现网络参数过拟合的问题，为了防止过拟合问题的发生，Wi-Move 使用了过拟合 Dropout 函数，Dropout 函数的主要作用是：在一次训练时的迭代中，对每一层中的神经元（总数为 n）以概率 p 随机剔除，用余下的 $(1-p)n$ 个神经元所构成的网络来训练本次迭代中的数据。这样可以使一个神经元的训练不依赖于另外一个神经元，减弱特征之间的协同作用，使网络变得简单紧凑。当传入不同的数据时，一些神经元节点的过拟合现象会相互抵消，同时 Dropout 函数也可以减少靠后层的神经元对前层神经元的输出依赖性，输入值不会再呈现指数型增大或者接近于 0 的情况，使网络具有更强的鲁棒性。在以 50% 的概率舍弃神经元后的网络结构如图 8-19 所示。

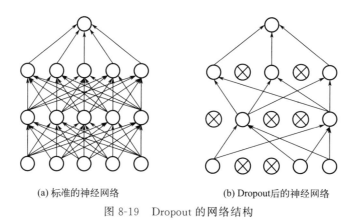

(a) 标准的神经网络   (b) Dropout后的神经网络

图 8-19   Dropout 的网络结构

在引入 Dropout 后，网络中的每个神经元都添加了一道概率流程，其对应的神经网络公式变化为

$$\widetilde{y}^l = r^l y^l, r^l \sim \text{Bernoulli}(p) \tag{8-49}$$
$$z_i^{l+1} = w_i^{l+1} \widetilde{y}^l + b_i^{l+1} \tag{8-50}$$
$$y_i^{l+1} = f(z_i^{l+1}) \tag{8-51}$$

为了减少测试集中的错误，有时需要将多个不同神经网络的预测结果取平均，而 dropout 具有随机性，在每次 dropout 后，网络模型都可以看成是一个不同结构的神经网络，而此时需要训练的参数数量是不变的，所以这就解决了训练多个独立神经网络的时耗问题。在测试输出的时候，将输出权重除以 2，就达到了类似平均的效果。

8.1.4　实验结果分析

根据前面给出的两种行为感知方法，下面对这两种方法进行了行为感知实验，并给出了实验设备和 CSI 数据的采集过程。在实验结果的基础上，分析了改进的 SVM 算法相对于传统 SVM 算法的优点，比较了 Wi-Move 方法中不同用户、不同实验环境和不同网络参数对识别结果的影响。最后，对比了 KNN、DTW、改进的 SVM 和 CNN 四种算法在不同行为种类情况下的识别性能。

（1）实验设备与实验环境

① 实验设备　通过使用 Intel 5300 无线网卡、TP-LINK 无线路由器和 Linux 802.11

CSI Tools 开源软件包实现对 CSI 数据的采集。Intel 5300 无线网卡可以同时使用 3 根天线接收信息，因此可以通过终端的指令实现对每根天线工作参数的控制，并且有效的控制接收信号。TP-LINK 无线路由器包含有 3 根 2.4GHz 和 1 根 5GHz 的天线，连接到电脑终端后作为发射端向无线网卡发送数据包，Linux 802.11 CSI Tools 可以从 Intel 5300 无线网卡中解析 CSI 数据包并获取 CSI 信息。图 8-20 为无线网卡和无线路由器，终端运行的操作系统为 Ubuntu16.04。装有无线网卡的电脑终端作为检测点（DP），无线路由器作为接入点（AP），并连接上电脑终端。接收端连接了 3 根 12dB 增益的接收天线，无线路由器使用 5GHz 的发射天线，因此发射端与接收端构成了一个 1×3 的 MIMO 系统阵列。

图 8-20　硬件设备

② 实验环境　实例的实验环境选择在办公室和实验室内进行，其平面图如图 8-21 所示。图中 RX 为接收天线的位置，TX 为发射天线的位置，实验人员在 RX 与 TX 之间的位置移动。在办公室的环境中，存在一些其他人员坐在椅子上操作电脑、手机等，在实验室的环境中，没有其他人员存在。

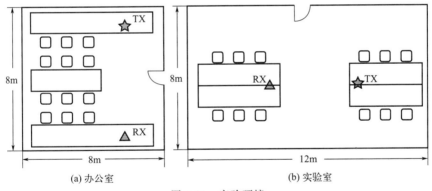

(a) 办公室　　　　　　(b) 实验室

图 8-21　实验环境

③ 实验数据　在实验阶段，分别将发射天线与接收天线固定于 0.6m 处的高度，并且位于视距距离，之间没有其他干扰物。在办公室和实验室的实验环境中，分别采集两名志愿者行走、跑步、挥手、踢腿、旋转、跳跃、蹲起、拳击和跌倒 9 种常见的行为。其中，改进的 SVM 分类算法对行走、跑步、挥手和踢腿 4 种行为进行识别，Wi-Move 方法对全部 9 种行为进行识别。表 8-2 为实验数据的收集情况，在单人的场景下每个行为的平均采集时间为 3s，其 CSI 幅值信息的变化情况如图 8-22 所示，CSI 相位信息的变化情况如图 8-23 所示并且从每种行为的数据中各选出 160 个作为训练集，剩下的作为测试集使用。

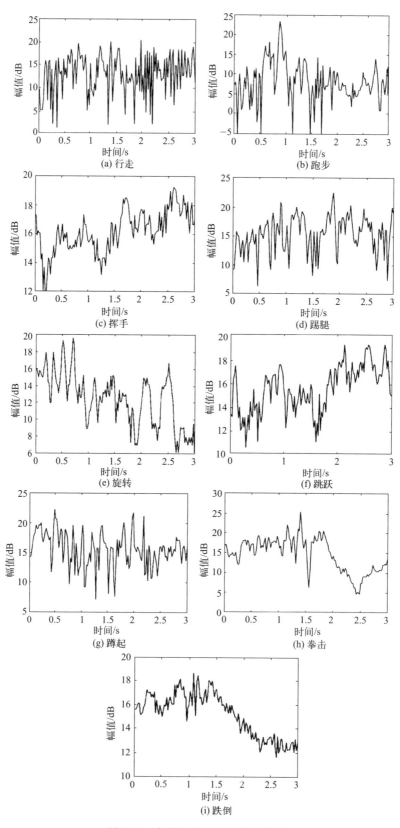

图 8-22　九种行为的 CSI 幅值信息

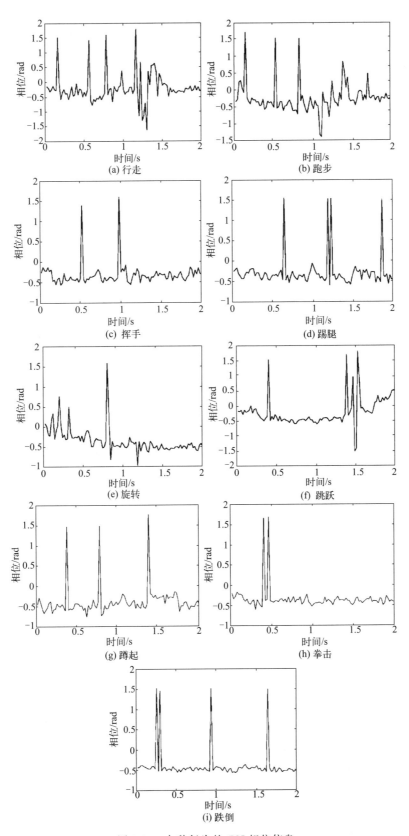

图 8-23　九种行为的 CSI 相位信息

表 8-2 数据收集情况

测试行为	男志愿者	女志愿者	合计
行走	100	100	200
跑步	100	100	200
挥手	100	100	200
踢腿	100	100	200
旋转	100	100	200
跳跃	100	100	200
蹲起	100	100	200
拳击	100	100	200
跌倒	100	100	200

（2）改进的 SVM 算法的识别结果

① SVM 的参数寻优结果　在训练 SVM 分类器时，实例使用了 libsvm 工具包，选择的核函数为径向基函数，并且将训练集和测试集的 CSI 特征值进行归一化处理。其中，训练集为 640×9 的特征数据，测试集为 160×9 的特征数据，交叉验证系数设置为 5，共进行 5 次训练与测试，最终得到的是 5 次识别结果的平均值。4 种行为的属性标签值设置为 1 到 4，并建立尺寸为 800×1 的属性标签矩阵，分别与训练集和测试集对应。图 8-24 为分类器在训练过程中的参数寻优结果的 3D 视图和等高线图。

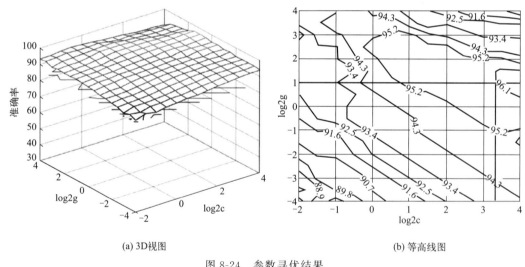

(a) 3D视图　　　　　　　　　　(b) 等高线图

图 8-24　参数寻优结果

从图 8-25 中可以看出，改进的 SVM 分类器对训练集的识别准确率最大可以达到 96.1%，按照参数寻优的原则，在训练准确率相同时，惩罚因子系数 c 和核函数参数系数 g 选取 c 值最小的那对（c,g）值，因此最终选择的惩罚因子系数 c 为 11.3137，核函数参数系数 g 为 2。

② SVM 的识别结果　SVM 分类器对测试集数据的识别结果如图 8-25 所示，在图 8-25 中分别对比了传统 SVM 算法和改进 SVM 算法对 4 种行为的识别结果。在改进的 SVM 分类

算法中，总体的识别准确率从 90.6％提升到了 95.6％，其中行走、跑步和踢腿行为的中正确识别个数都有了增加，但是所增加的个数并不多，只有 2 到 3 个左右，而且挥手行为没有增加。因为改进的 SVM 分类算法的主要作用是消除离群点的干扰，所以这说明了在每一种行为的数据集中或多或少都会存在离群样本，但是这种离群样本只占少数部分，数量并不多。

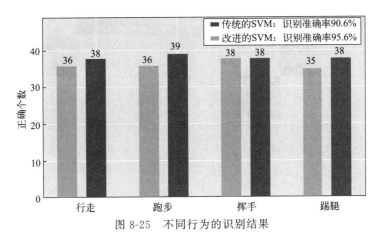

图 8-25　不同行为的识别结果

　　改进的 SVM 分类算法相对于传统的 SVM 分类算法的主要区别在于，松弛因子中加入了带有权值变量 β 的松弛变量 $\beta\xi$，权值变量 β 可以根据样本点距离类心的远近而赋予不同的值，这就使离群点对分类器的影响得到了有效的遏制。为了比较改进的 SVM 分类算法与传统的 SVM 分类算法在抗离群点干扰方面的表现，在图 8-26 中分别画出了两种算法对于行走和跑步二分类问题的分离超平面，其中右下部分的数据点是人为加入的噪声点。从图 8-26 中可以看出，传统的 SVM 算法会因为离群点而使超平面偏离实际位置，而改进的 SVM 算法可以很好地避免这个问题，因此改进的 SVM 分类算法在抑制离群点干扰方面具有更大的优势。

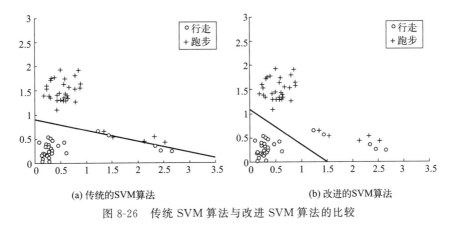

图 8-26　传统 SVM 算法与改进 SVM 算法的比较

　　图 8-27 为传统 SVM 算法与改进 SVM 算法对每一种行为识别结果的混淆矩阵。从图 8-27 中可以看出，传统的 SVM 分类算法对每一种行为错分的混淆情况都很严重，特别是对行走

和踢腿行为的识别准确率都低于了90%。而改进的 SVM 分类算法在一定程度上得到了改善，每种行为的识别准确率都提高到了95%以上。

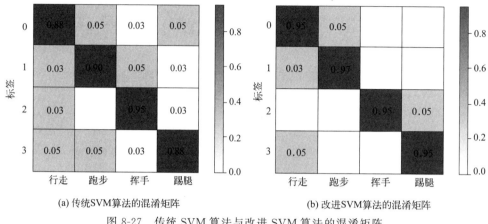

(a) 传统SVM算法的混淆矩阵　　　　　　　　(b) 改进SVM算法的混淆矩阵

图 8-27　传统 SVM 算法与改进 SVM 算法的混淆矩阵

③ 连续行为的识别结果　使用改进的 SVM 分类算法对 4 种连续行为的识别结果如表 8-3 所示，这里的正确识别指的是能够识别出连续行为中的每个行为，且行为发生的顺序识别正确。对于被割裂的行为，如果每个割裂部分都识别为同一行为，那么实例仍然认为识别正确。例如对于连续行为动作"挥手＋行走"，若识别结果为"挥手＋行走＋行走"，其中行走行为被分割为两个部分，但两个部分都识别为行走，所以实例仍然认为识别正确。

表 8-3　连续行为的识别结果

行为	实验数据	正确个数
挥手＋行走	30	30
踢腿＋跑步	30	29
挥手＋踢腿＋跑步	30	26
挥手＋踢腿＋行走＋跑步	30	26

从表 8-3 中可以看出，三种和四种连续行为的正确识别个数低于两种连续行为的正确识别个数，这是因为包含多种动作的连续行为会产生较大程度的动作割裂，并且这种情况会随着连续行为中行为个数的增加而加剧。在连续行为分割算法中，若行为分割不完整或者包含了下一个行为的部分信号，均会对下一次分割造成影响。因此，当连续行为信息中包含的行为数增加时，信号长度增加，分割的结果也会受到影响。

(3) Wi-Move 的识别结果

① 网络的训练结果　在训练网络时，实例将批尺寸设置为128，学习率设置为 0.0001，过拟合 Dropout 率设置为 0.5，图 8-28 为网络训练过程中准确率和损失函数值的变化曲线。从图 8-28 中可以看出，初始的训练准确率较小，损失函数值较大，但网络收敛速度极快。在迭代 500 步左右时，训练准确率已达到100%，损失函数值也已经收敛至 0 附近，虽然在训练的初始阶段中，会出现训练准确率和损失函数值波动的情况，但网络会及时对参数进行修正，保持网络参数稳定在最优点。

② 不同用户对识别结果的影响　　在参加实验的两名志愿者中，其中一名为男性，身高为170cm，体重为60kg，另一名为女性，身高为158cm，体重为49kg，图 8-29 为两名志愿者在实验室环境下每种行为的识别结果。从图 8-29 中可以看出，男性志愿者与女性志愿者相比获得了更高的识别准确率，因为从身高和体型的角度考虑，男性志愿者的身高体型相对较大，对信号的传播以及多径效应的影响更明显，因此识别准确率相对较高。而女性的身高体型较小，对于旋转和拳击行为的身体动作幅度会比男性小，识别准确率也会相对较低。但对于跑步、跳跃、蹲起和跌倒这些行为，男性和女性志愿者都获得了准确的识别。

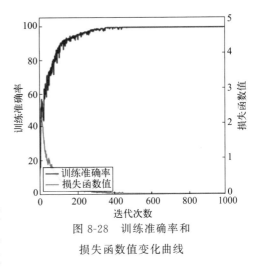

图 8-28　训练准确率和损失函数值变化曲线

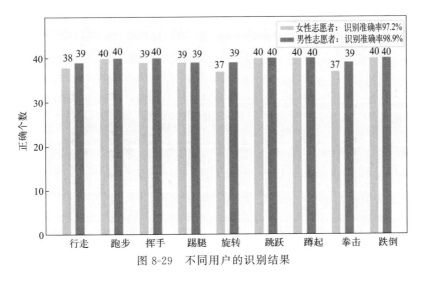

图 8-29　不同用户的识别结果

③ 不同实验环境对识别结果的影响　　在实验室和办公室的实验环境下，每种行为的识别准确率如图 8-30 所示。从图 8-30 中可以看出，在办公室环境下的识别准确率较低，这是因为办公室的环境相对狭窄，而且障碍物较多，在采集数据的过程中，还有一些其他人员坐在椅子上操作电脑、手机等，会对实验数据造成一定干扰。其中，对于行走、跑步和摔倒这3 种动作幅度较大的行为，在办公室环境存在干扰的情况下仍然可以获得较高的识别准确率，而挥手和旋转这种动作幅度较小的行为则受干扰影响比较严重，识别准确率较低。而实验室的环境相对空旷，在采集数据的过程中，没有其他人员存在，每一种行为都获得了较高的识别准确率。

在图 8-30 的识别结果中，训练集数据与测试集数据均来自于同一个实验环境，为了比较不同实验环境下训练集和测试集对识别结果的影响，在图 8-31 中显示了实验室环境下应用办公室环境的测试集和办公室环境下应用实验室环境测试集的识别结果。从图 8-31 中可

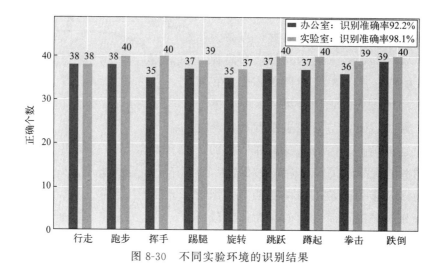

图 8-30　不同实验环境的识别结果

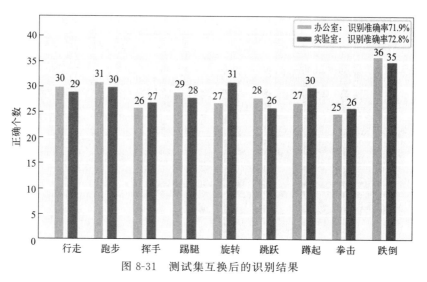

图 8-31　测试集互换后的识别结果

以看出，将测试集数据应用到新环境中时，只有跌倒这种动作幅度大、发生时间短的行为还能做出较为准确的识别，而其他行为的准确率都下降到了 70% 左右。这是因为在办公室环境中存在较多的干扰，训练集数据都是在有较多 NLOS 路径下采集的，而实验环境干扰较小，训练集数据主要是在 LOS 路径下采集的，由于采集信号的路径不同，识别结果也会受到严重的影响。在接下来的实验结果中，为了减少实验环境中的干扰信息，都将使用在实验室环境下采集的数据。

④ 不同网络参数对识别结果的影响　网络参数对测试集数据的识别结果如图 8-32 所示，在图 8-32 中分别对比了在不同的训练批尺寸大小下，分别使用幅值信息和相位信息的识别准确率。在仅使用 CSI 相位信息的识别结果中识别准确率都很低，在批尺寸设置为 128 时，获得最高的准确率也只有 73.4%。这是因为 CSI 相位信息在人体活动的影响下没有明显的波动规律，不能很好地反映人体行为，所以在人体行为识别中不适合仅使用 CSI 相位信息。但 CSI 幅值信息对人体活动非常敏感，在批尺寸设置为 128 时，仅使用 CSI 幅值信息

所获得的最高准确率可达 92.8％，这说明使用 CSI 全部子载波的幅值信息可以获得更高的识别准确率。在同时使用幅值与相位信息进行识别时，识别准确率最高可达 98.1％，而且在不同的批尺寸下，相比于仅使用幅值信息的识别准确率可以提高 6％左右，这说明 CSI 相位信息对幅值信息有一定的补充作用，同时使用幅值信息与相位信息可以在一定程度上提高识别准确率。批尺寸的设置也会对识别结果产生影响，在批尺寸设置为 128 时，识别准确率都相对高于设置为 64 和 256 的情况，因为在训练网络时适当的增大批尺寸，可以使网络获得较好的收敛速度和精度，但是过大的批尺寸也会使准确率降低，这是因为过大的批尺寸使目标函数更倾向于收敛到局部极小值，导致网络的泛化性能下降。

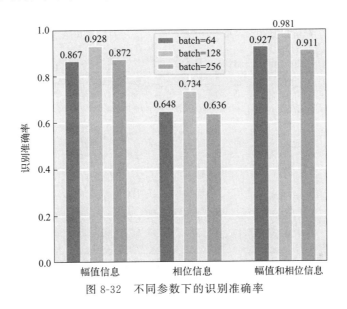

图 8-32　不同参数下的识别准确率

图 8-33 为批尺寸设置为 128 时 CSI 幅值信息和相位信息对不同人体行为的识别结果。从图 8-33 中可以看出，使用 CSI 幅值信息的识别结果要明显优于相位信息。在仅使用 CSI 幅值信息时，除了踢腿和旋转，其他 7 种行为基本都可以做出准确识别。在仅使用 CSI 相位信息时，识别准确率相对较低，绝大部分的跑步和跌倒都没有正确识别，但对于跑步、挥手、踢腿、旋转、跳跃和拳击这些行为也可以获得比较准确的识别结果，特别是仅使用幅值信息不能准确识别的踢腿和旋转行为，相位信息做出了较为准确的识别。因此，在同时使用幅值信息与相位信息时，相位信息对幅值信息提供了很好的补充作用，每一种行为都获得了近似准确的识别。

为了更进一步地比较识别结果，在图 8-34 中绘制了识别结果的混淆矩阵。从图 8-34 中可以看出，在仅使用 CSI 幅值信息时，行走和踢腿容易被混淆，这是因为这两种行为的幅值信息具有相似的波动规律，而且旋转也容易被识别为拳击。在仅使用相位信息时，大部分行为都容易被混淆，特别是绝大部分的行走都被识别为了跑步，绝大部分的摔倒被识别为了拳击。在这 9 种行为中，只有行走和跑步需要身体有位移变化，而其他 7 种行为都是在原地发生，行走可以被看作是速度较为缓慢的移动，跑步则是速度较快的移动，由此可以发现相位信息对于区分不同速度的位移是不敏感的，将绝大部分的行走都识别为了跑步。当同时使

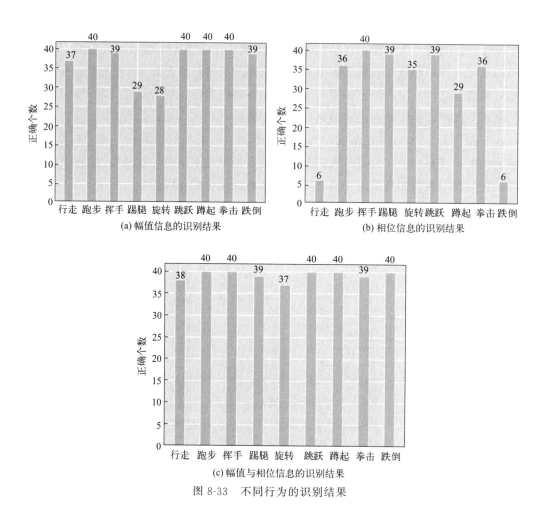

图 8-33　不同行为的识别结果

用幅值与相位信息来识别时，一些容易被混淆的行为都得到了准确的识别，但还是存在少部分的旋转被识别为了跳跃、蹲起和拳击。

（4）不同识别算法的影响

在实验中还对比了基于 KNN、DTW、改进的 SVM 和 CNN 四种识别算法对不同行为种类的识别准确率，如图 8-35 所示。

从图 8-35 中可以看出，随着行为种类的增加，KNN 和 DTW 分类算法的识别准确率在急剧下降，特别在行为种类增加到 6 时，KNN 和 DTW 的识别准确率已经低于 80%，不能满足识别精度的要求。这是因为 KNN 算法对数据的依赖程度很高，如果在数据集中有部分错误的数据分布在需要分类的数据旁边，那么就会导致预测的数据分类不准确。在行为种类比较小时，数据集还比较分散，KNN 还可以获得较高的准确率，然而随着行为种类的增加，数据集交叉重叠的现象会加重，KNN 的识别准确率也会急剧下降。对于 DTW 算法也存在同样的问题，DTW 算法采用了模板匹配的方法，通过计算识别数据与模板数据之间的距离，将距离最小值所对应的模板类别作为识别数据的类别。但是这种算法对模板数据的依赖程度很高，如果模板数据存在误差，将会对识别结果产生严重影响，而且随着行为种类的增加，有些行为信息也会有相似的波动规律，会对 DTW 这种基于模板匹配的分类算法带来

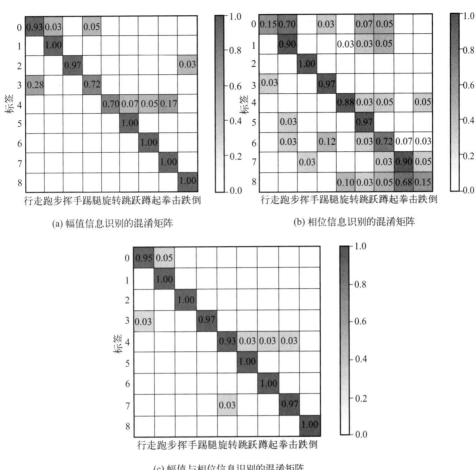

(a) 幅值信息识别的混淆矩阵　　(b) 相位信息识别的混淆矩阵

(c) 幅值与相位信息识别的混淆矩阵

图 8-34　不同行为的混淆矩阵

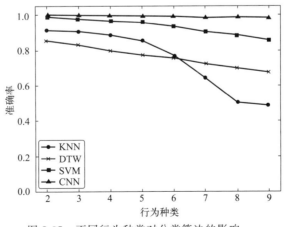

图 8-35　不同行为种类对分类算法的影响

影响，因此 DTW 的识别准确率也相对较低。对于改进的 SVM 分类算法，在行为种类少于
5 种时，改进的 SVM 能够达到 95% 以上的识别准确率，而且改进 SVM 的训练时间远小于
CNN，在保证识别准确率的同时具有更高的效率，适用于行为种类较少的场合。而 CNN 在

行为种类增加到 9 时，仍然可以达到 98％ 的识别精度，这是因为在实例所提出的 Wi-Move 方法中，CNN 使用了全部 CSI 子载波的幅值信息与相位信息，相比于 SVM 只使用一条子载波的幅值信息，CNN 所提取的特征信息更为全面，所以更适用于多种类行为的分类问题。除了识别准确率外，实时性也是分类算法重要的评价指标，因此在表 8-4 中比较了这四种分类算法的识别性能。

表 8-4　识别算法性能的比较

分类算法	是否训练	训练时间	识别时间
KNN	否	无	2.2s
DTW	否	无	9.2s
SVM	是	15s	0.02s
CNN	是	1h	0.05s

从表 8-4 中可以看出，虽然 KNN 和 DTW 分类算法不需要训练，实现较为简单，但 DTW 的平均识别时间需要 9.2s，很难满足实时性的要求。而改进的 SVM 分类算法的训练时间和识别时间都相对较低，可以满足实时性的要求。对于 CNN 算法，虽然首次对网络进行 1000 次迭代训练大约需要 1h 的时间，但是当网络训练完成后，平均识别时间只有 0.05s，能够在保证实时性的同时对多种类行为进行准确识别。

8.2
夜间健康监护系统设计

8.2.1　实例概述

夜间健康监护系统主要实现对呼吸心跳的检测和睡眠行为的识别。首先对数据去除异常值之后提出了基于滑动窗口的睡眠行为和呼吸心跳的分割算法。然后使用离散小波变换的分解重构进行呼吸和心跳数据的提取，使用离散小波变换的阈值去噪进行睡眠行为的提取。呼吸心跳的感知采用幅值和相位线性变换之后的相位信息，并采用计算信号周期性的方法选择呼吸和心跳数据的较优子载波。

针对分割提取后的呼吸心跳数据有长有短的问题，在分析了峰值检测法和快速傅里叶变换检测法的算法复杂度的基础上，提出了基于不同时长的检测方案。在对夜间睡眠行为分析和分类的基础上，提出了基于残差网络的 Wi-Night 睡眠行为感知方法。该方法在对睡眠行为 CSI 信息进行预处理的基础上，利用全部子载波的幅值和相位差信息，将它们构建成残差网络能够使用的六个通道的输入特征图，并根据 CSI 数据特征，对网络进行了优化。

8.2.2　系统方案

本实例的系统方案流程图如图 8-36 所示。

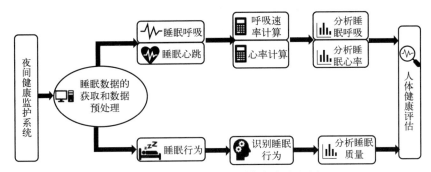
图 8-36　夜间健康监护系统方案流程图

通过 Linux 802.11 CSI Tools 从 Intel 5300 无线网卡中解析 CSI 数据包并获取连续的睡眠数据。进行睡眠数据的预处理，包括异常值的去除和睡眠行为、呼吸心跳的分割。由于呼吸心跳和睡眠行为有不同的 CSI 特点，采用离散小波变换的分解重构进行呼吸和心跳数据的提取，采用离散小波变换的阈值去噪进行睡眠行为的提取。将提取出的睡眠行为和呼吸心跳数据分别输入到睡眠行为模块和呼吸心跳模块。睡眠行为模块对分割提取的睡眠行为进行识别，并分析睡眠质量。呼吸心跳模块对呼吸和心跳数据进行呼吸速率和心率的检测，并分析检测结果。将睡眠行为的识别结果和呼吸、心跳的检测结果，综合起来进行人体健康评估。

8.2.3　关键技术

(1) 睡眠行为和呼吸心跳的分割和提取

在先前研究的基础上，本小节对连续的夜间睡眠数据进行了数据预处理，包括异常值去除和对睡眠行为和呼吸心跳数据的分割，分别提取睡眠行为和呼吸心跳数据，并选择呼吸、心跳数据的较优子载波。

① 数据预处理

a. 异常值去除：本实例的异常值去除与前面的实例的做法相同，因此不再赘述。

b. 分割算法：本小节提出了睡眠行为和呼吸心跳的分割算法，其流程如图 8-37 所示。该算法通过一个固定长度的滑动窗口来计算窗口内 CSI 幅值的标准差。当窗口滑动到睡眠行为的时候，计算得到的标准差较大，而当窗口滑动到呼吸心跳的时候，计算得到的标准差很小，通过设定阈值 1，将其中标准差大于阈值的 CSI 片段分割出来，即睡眠行为，其余的片段即为呼吸心跳，实现了睡眠行为和呼吸心跳的分割。

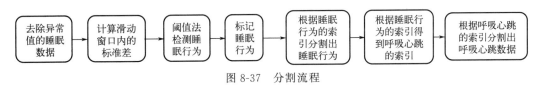
图 8-37　分割流程

对去除异常值的睡眠数据进行了睡眠行为和呼吸心跳的分割算法处理，如图 8-38(a) 所示，睡眠数据中有睡眠行为 1、2、3 以及第 1、2、3、4 段呼吸心跳数据，用 1、2、3、4 表示。对第 30 个子载波进行分割算法处理，将累积移动标准差大于阈值的睡眠行为用红色点标记如图 8-38(b) 所示，并得到了其中睡眠行为的索引以及呼吸心跳的索引，通过索引将睡眠行为和呼吸心跳数据分割出来，第 30 个子载波分割出的四段呼吸心跳数据如图 8-39(a)～(d) 所示，分割出的三个睡眠行为如图 8-39(e)～(g) 所示。

② 数据提取

a. 呼吸和心跳的幅值提取：由于呼吸频率和心跳频率分布在不同的频段，频段以外的都视为噪声，离散小波变换可以在时域和频域提供最优的分辨率，还可以对数据实现多尺度分析。因此本实例采用 DWT 对呼吸心跳数据进行相应的分解重构。

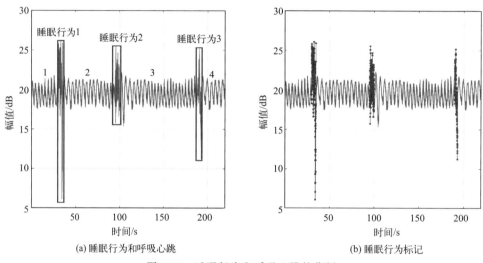

(a) 睡眠行为和呼吸心跳　　　　　　　　　　(b) 睡眠行为标记

图 8-38　睡眠行为和呼吸心跳的分割

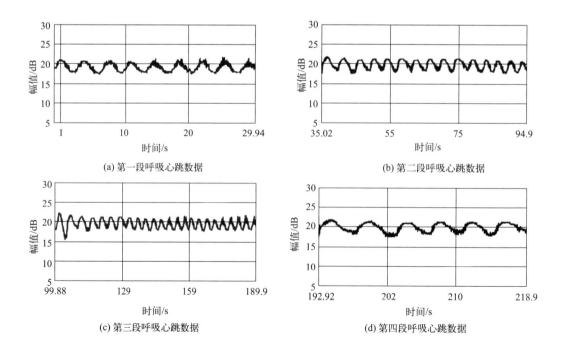

(a) 第一段呼吸心跳数据　　　　　　　　　　(b) 第二段呼吸心跳数据

(c) 第三段呼吸心跳数据　　　　　　　　　　(d) 第四段呼吸心跳数据

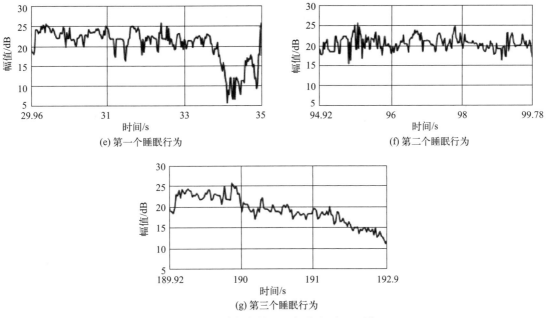

(e) 第一个睡眠行为　　　　　　　　　　(f) 第二个睡眠行为

(g) 第三个睡眠行为

图 8-39　分割出的睡眠行为和呼吸心跳

小波分解后的频率范围和采样频率有关，在每一层分解后采样频率减半，假设输入信号的采样频率为 Fs，在小波 N 层分解之后，第 N 层的近似系数和细节系数的频率范围分别为式(8-52)和式(8-53)：

$$0 \sim \frac{Fs}{2^{N+1}} \tag{8-52}$$

$$\frac{Fs}{2^{N+1}} \sim \frac{Fs}{2^N} \tag{8-53}$$

本实例采样频率为 50Hz，假设进行了 N 层分解，那么第一层近似系数的频率范围为 $0 \sim 12.5$Hz，第一层细节系数的频率范围为 $12.5 \sim 25$Hz，更多层分解后的近似系数和细节系数的频率范围，如表 8-5 所示。

表 8-5　小波分解的近似和细节系数的频率范围

系数	第一层分解	第二层分解	第三层分解	第四层分解	第五层分解
近似系数	$0 \sim 12.5$Hz	$0 \sim 6.25$Hz	$0 \sim 3.13$Hz	$0 \sim 1.56$Hz	$0 \sim 0.78$Hz
细节系数	$12.5 \sim 25$Hz	$6.25 \sim 12.5$Hz	$3.13 \sim 6.25$Hz	$1.56 \sim 3.13$Hz	$0.78 \sim 1.56$Hz

从表 8-5 中可以看出，第五层分解的近似系数的频率范围为 $0 \sim 0.78$Hz，人体呼吸的频率范围为 $0.17 \sim 0.6$Hz（即 $10 \sim 36$bpm），因此用第五层分解的近似系数重构呼吸信号。第四层和第五层分解的细节系数的频率范围分别为 $0.78 \sim 1.56$Hz 和 $1.56 \sim 3.13$Hz，组合的频率为 $0.78 \sim 3.13$Hz，人体心跳的频率范围为 $1 \sim 2$Hz（即 $60 \sim 120$bpm），因此用第五层和第四层分解的细节系数之和重构心跳信号。

本小节选择 Daubechies（dB）小波滤波器，是因为该小波滤波器有较好的正则性和较好的频带划分效果。以分割出的第三段呼吸心跳的 CSI 幅值信息为例，第五层分解的近似

系数重构呼吸信号，得到了第三段呼吸的幅值信息，如图 8-40(a) 所示。用第四层和第五层
分解的细节系数之和重构心跳信号，得到了第三段心跳的幅值信息，如图 8-40(b) 所示。

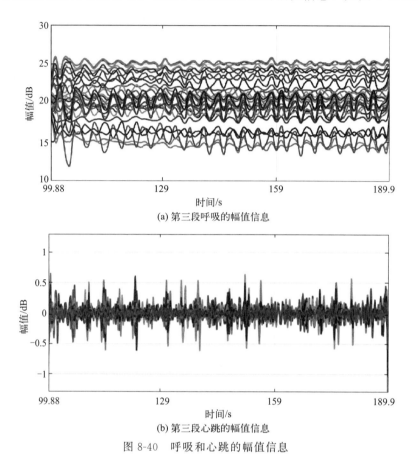

(a) 第三段呼吸的幅值信息

(b) 第三段心跳的幅值信息

图 8-40　呼吸和心跳的幅值信息

b. 呼吸和心跳的相位提取：系统接收设备接收到的 CSI 中的原始相位不能直接用来检
测，因为接收到的原始相位中有未知的相位偏移和时间延迟，而它们可能会扭曲相位信息。
出现这两个未知项的主要原因是在发送数据包之前，发送和接收设备没有精确地同步它们的
中心频率和时间。CSI 中的原始相位信息 $\widehat{\varphi}_i$ 可以表示为

$$\widehat{\varphi}_i = \varphi_i - 2\pi \frac{k_i}{N} \Delta t + \beta + Z \tag{8-54}$$

其中，φ_i 表示真实相位，Δt 是接收设备的时间延迟，它会导致相位误差，β 是一个未
知的相位偏移，Z 是一些测量噪声，i 表示子载波的个数，k_i 表示第 i 个子载波的子载波指
数（IEEE802.11n 规范中的 −28 到 28），N 为 FFT 的窗口大小。由于 Δt、β、Z 这些都是
未知的，因此无法得到真实相位 φ_i。为了得到真实相位，通过对原始相位进行线性变换来
消除这些未知项，即考虑整个频带的相位来消除 Δt 和 β，由于测量噪声很小，可以忽略。
定义 a 为相位斜率，b 为偏移量，其表示形式为

$$a = \frac{\widehat{\varphi}_n - \widehat{\varphi}_1}{k_n - k_1} = \frac{\varphi_n - \varphi_1}{k_n - k_1} - \frac{2\pi}{N} \Delta t \tag{8-55}$$

$$b = \frac{1}{n}\sum_{j=1}^{n}\widehat{\varphi}_j = \frac{1}{n}\sum_{j=1}^{n}\varphi_j - \frac{2\pi\Delta t}{nN}\sum_{j=1}^{n}k_j + \beta \tag{8-56}$$

其中，n 是子载波的个数 30，由于子载波的频率是对称的，因此索引值在 IEEE 802.11n 中是对称的，可以得到：

$$\sum_{j=1}^{n}k_j = 0 \tag{8-57}$$

$$b = \frac{1}{n}\sum_{j=1}^{n}\varphi_j + \beta \tag{8-58}$$

由原始相位减去线性项 $ak_i + b$，会得到一个真实相位的线性组合 $\widetilde{\varphi}_i$，$\widetilde{\varphi}_i$ 为图 8-39 中（b）第二段呼吸心跳数据。

$$\widetilde{\varphi}_i = \widehat{\varphi}_i - ak_i - b = \varphi_i - \frac{\varphi_n - \varphi_1}{k_n - k_1}k_i - \frac{1}{n}\sum_{j=1}^{n}\varphi_j \tag{8-59}$$

从式(8-59)中可以看出，Δt 和 β 从这两个未知项被消除了。通过对原始相位信息做线性变换成功消除了未知时间延迟和未知相位偏移，但是由于相位的递推，相位值会发生折叠，如图 8-41 所示。从图中可以看出，3 根接收天线的原始相位发生了折叠，因此在做线性变换之前，要先消除原始相位的折叠，通过判断相邻子载波之间的原始相位变化是否大于给定阈值 π，如果大于阈值则减去 2π 的倍数来恢复被折叠的原始相位值，如果小于阈值则保持原来的相位值。综上所述，相位的预处理算法步骤如下所示。

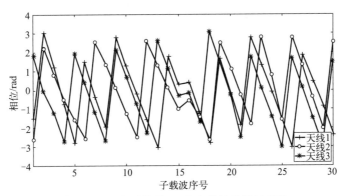

图 8-41　三个天线的 30 个在载波的原始相位

算法步骤：

1. 参数设置：原始相位值 o_ph；消除折叠之后的相位值 f_ph；线性变换之后的真实相位值 t_ph；子载波的索引值 k；2π 的倍数 mul；
2. 初始化部分参数：$mul = 0$；$f\_ph(1) = o\_ph(1)$；
3. 输入 o_ph，即 30 个子载波的原始相位值 $\widehat{\varphi}_i$；
4. 消除相位折叠：
5. for $i = 2:30$ do
6. 　　if $o\_ph(i) - o\_ph(i-1) > \pi$ then
7. 　　　　$mul = mul + 1$
8. 　　end
9. 　　$f\_ph(i) = o\_ph(i) - mul * 2 * \pi$
10. end

续表

算法步骤:
11. 得到消除折叠之后的相位值: f_ph
12. 相位斜率 a: $a=\dfrac{f\_ph(30)-f\_ph(1)}{k(30)-k(1)}$
13. 偏移量 b: $b=\dfrac{sum(f\_ph)}{30}$
14. for $i=1:30$ do
15. 　　　$t\_ph(i)=f\_ph(i)-a*k(i)-b$
16. end
17. 得到真实相位: t_ph

三根天线的各四条子载波的 100 个数据点的极坐标图，如图 8-42 所示，方块表示的原始相位随机分布在 0°～360°的各个区域中，当采用相位预处理算法处理之后，得到的真实相位即图中的圆点，集中分布在 45°～105°的区域中，消除了未知的时间延迟和相位偏移，得到真实相位。

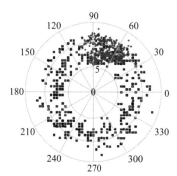

图 8-42　原始相位和相位预处理之后的极坐标图

对睡眠数据进行分割算法处理，得到了呼吸心跳的索引，通过索引获取了第三段呼吸心跳的原始相位信息，采用相位预处理算法后得到真实相位信息，对真实相位信息采用 DWT 分解重构方法分别提取呼吸和心跳的相位信息。第三段呼吸的相位信息，如图 8-43(a) 所示。第三段心跳的相位信息，如图 8-43(b) 所示。

③ 呼吸和心跳的子载波选择

a. 子载波选择方法：CSI 不同的子载波具有不同的中心频率和波长，每个子载波都有不同的信号强度和相位，因此不同子载波有不同的幅值和相位信息。而呼吸和心跳引起的 CSI 变化是周期性变化，子载波的 CSI 周期性越高，说明该子载波对呼吸和心跳信号越敏感，通过判断子载波所含信号的周期性，选择周期性较高的子载波作为检测数据。

判断呼吸信号周期性的方法是，通过计算各个子载波的呼吸信噪比。首先对呼吸数据做 FFT，然后寻找人体呼吸频率范围 0.17～0.6Hz（即呼吸速率为 10～36bpm）内的最大能量即呼吸能量，最后计算去除直流分量后的能量总和，呼吸能量和总能量的比值即为呼吸信噪比。判断心跳信号周期性的方法是，通过计算各个子载波的心跳信噪比。首先对心跳数据做 FFT，然后寻找人体心跳频率范围 1～2Hz（即 60～120bpm）内的最大能量即心跳能量，最后计算去除直流分量后的能量总和，心跳能量和总能量的比值即为心跳信噪比。BNR 和 HNR 的值越大，说明信号的周期性越高，那么该子载波包含有较好呼吸信号和心跳信号的可能性越大。BNR 和 HNR 的公式如下：

$$BNR=\frac{B\_E_{max}}{\sum_{i=1}^{n} B\_E_i} \tag{8-60}$$

$$HNR=\frac{H\_E_{max}}{\sum_{i=1}^{n} H\_E_i} \tag{8-61}$$

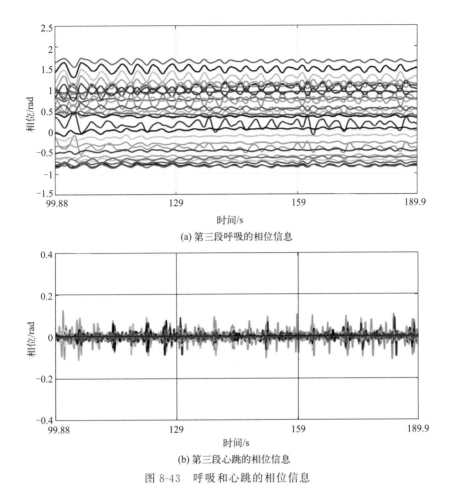

(a) 第三段呼吸的相位信息

(b) 第三段心跳的相位信息

图 8-43　呼吸和心跳的相位信息

式中，BNR 为呼吸信噪比；B_E_{max} 为呼吸能量；B_E_i 为呼吸数据做 FFT 之后的总能量；HNR 为心跳信噪比；H_E_{max} 为心跳能量；H_E_i 为心跳数据做 FFT 之后的总能量；n 为 FFT 的数据长度。

以第三段呼吸心跳数据为例，第三段呼吸和心跳幅值的 BNR，如图 8-44 所示。第三段呼吸和心跳相位的 BNR，如图 8-45 所示。从图中可以看出，呼吸和心跳数据的每个子载波的 BNR 都不一样。为了提高呼吸速率和心率的准确率，需要在呼吸或心跳的幅值和相位信息之间选择较优的三个子载波作为检测数据。

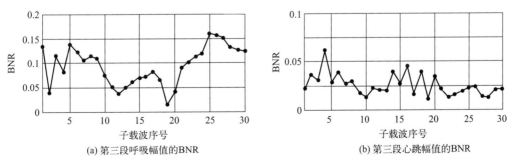

(a) 第三段呼吸幅值的BNR

(b) 第三段心跳幅值的BNR

图 8-44　呼吸和心跳幅值的 BNR

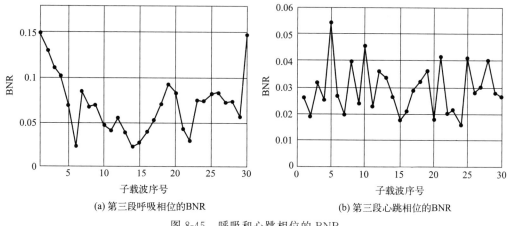

(a) 第三段呼吸相位的BNR　　　　　　　(b) 第三段心跳相位的BNR

图 8-45　呼吸和心跳相位的 BNR

　　b. 幅值和相位的子载波选择：呼吸或心跳幅值和相位的子载波选择流程框图，如图 8-46 所示。

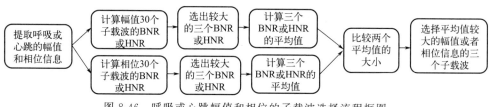

图 8-46　呼吸或心跳幅值和相位的子载波选择流程框图

　　将呼吸或心跳数据的幅值和相位信息的 30 个子载波的 BNR 或 HNR 分别计算出来。第三段呼吸幅值和相位信息的 30 个子载波的 BNR 如图 8-47(a) 所示，第三段心跳幅值和相位信息的 30 个子载波的 HNR 如图 8-47(b) 所示。

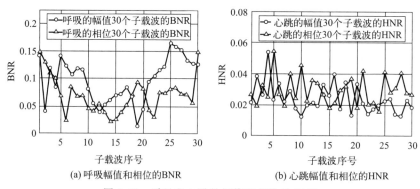

(a) 呼吸幅值和相位的BNR　　　　　　　(b) 心跳幅值和相位的HNR

图 8-47　呼吸和心跳的幅值和相位的 BNR

　　呼吸或心跳分别选择幅值和相位较大的三个 BNR 或 HNR。呼吸幅值的三个较优子载波和相位的三个较优子载波如图 8-48 所示。心跳幅值的三个较优子载波和相位的三个较优子载波如图 8-49 所示。子载波按 BNR 或 HNR 从小到大排列。

　　分别计算幅值和相位三个 BNR 或 HNR 的平均值，并比较两个平均值的大小，最后选

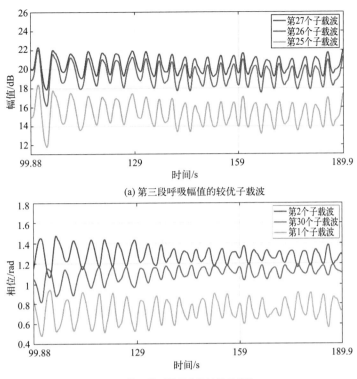

(a) 第三段呼吸幅值的较优子载波

(b) 第三段呼吸相位的较优子载波

图 8-48　呼吸幅值和相位的较优子载波

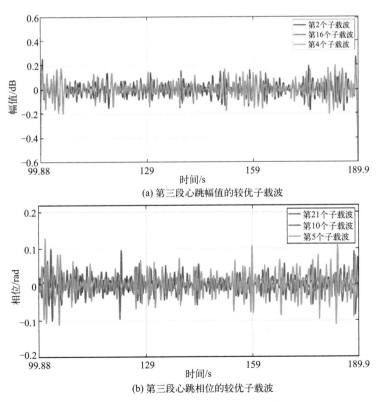

(a) 第三段心跳幅值的较优子载波

(b) 第三段心跳相位的较优子载波

图 8-49　心跳幅值和相位的较优子载波

择平均值较大的幅值或相位的三个子载波。若幅值信息 BNR 或 HNR 的平均值大，则使用幅值信息的三个子载波，反之，使用相位信息的三个子载波。

根据上述方法，第三段呼吸选择幅值信息的三个较优子载波作为检测数据，第三段心跳选择相位信息的三个较优子载波作为检测数据。将上述呼吸幅值和相位较优子载波的选择方法定义为 BNR 子载波选择法，将上述心跳幅值和相位较优子载波的选择方法定义为 HNR 子载波选择法。

（2）基于不同时长的呼吸和心跳检测

针对上文提取出的呼吸心跳数据，接下来进行呼吸和心跳检测，根据分割提取出的呼吸和心跳数据时长不同使用算法不同的需求，提出了基于不同时长的呼吸、心跳检测方法。

① 基于不同时长的检测方案　将睡眠行为和呼吸心跳分割提取后，两个睡眠行为的时间间隔有长有短，那么分割提取的呼吸和心跳数据也有长有短，将时间间隔大于等于 12s 的定义为长时的呼吸和心跳，将时间间隔小于 12s 的定义为短时的呼吸和心跳。考虑到检测的实时性，对于长时的呼吸心跳，每 30s 计算一次呼吸速率和心率。对于短时的呼吸心跳，还要考虑能检测出呼吸速率和心率的最短时间。人体呼吸速率范围为 $10\sim36$bpm，呼吸周期为 $1.67\sim6$s。人体心率范围为 $60\sim120$bpm，心跳周期为 $0.5\sim1$s，人体最慢呼吸周期和最慢心跳周期分别为 6s 和 0.5s，但是 0.5s 的时间太短，因此只考虑可以检测出呼吸速率的最短时间。由于峰值检测法至少需要两个波峰才能检测出呼吸速率，大概需要呼吸两次即 12s，FFT 检测法只需要一个呼吸周期就可以检测出呼吸速率即 6s，因此当 $6\mathrm{s}\leqslant t<12\mathrm{s}$ 时，采用 FFT 检测法检测呼吸速率。

呼吸速率的检测方法采用峰值检测法和 FFT 检测法。心率的检测方法采用 FFT 检测法，心率不采用峰值检测法是因为心率变化较快，用峰值检测法检测的峰值时间间隔不均匀，导致检测到的心率误差较大。为分析呼吸的两种检测法的算法复杂度，通过比较两种检测法运行时所使用的时间和物理内存，说明两种检测方法的时间复杂度和空间复杂度。以分割提取的第三段呼吸数据为例，分别采用峰值检测法和 FFT 检测法进行了呼吸检测，算法复杂度比较如表 8-6 所示，使用的时间分别为 0.0774s 和 4.2248s，使用的物理内存分别为 6794MB 和 6825MB。可以得出峰值检测法使用的时间和物理内存都比 FFT 检测法少。因此为了保证呼吸速率检测的实时性，当 $t\geqslant12$ 秒时，采用峰值检测法计算呼吸速率。

表 8-6　算法复杂度比较

检测法	使用的时间	使用的物理内存
峰值检测法	0.0774s	6794MB
FFT 检测法	4.2248s	6825MB

本实例采样频率是 50Hz，假设呼吸心跳的数据长度为 N，时长为 t，单位为秒，$t/30$ 的整数为 n，余数为 m。对于短时的呼吸和心跳数据，检测 ts 的呼吸速率和心率。对于长时的呼吸心跳数据时长，若在 $12\sim30$s 之间，则检测 ts 的呼吸速率和心率，若大于 30s 且

是 30s 的整数倍，则检测 n 个 30s 的呼吸速率和心率；若大于 30s 且不是 30s 的整数倍，则检测 $(n-1)$ 个 30s 和 $(30+m)$s 的呼吸速率和心率。比如一段呼吸和心跳数据的时长为 75s，可以计算两个 30s 的呼吸速率和心率，还剩下 15s 的数据，这种情况就把余下的 15s 数据加到第二个 30s 中，即这段 75s 的数据需要计算前 30s 和后 45s 的呼吸速率和心率。不同时长的检测方案如图 8-50 所示。

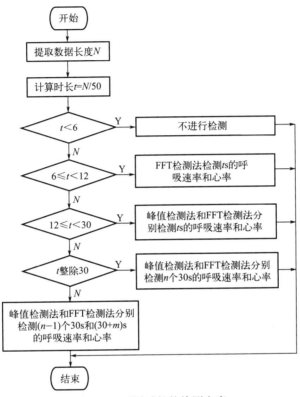

图 8-50　不同时长的检测方案

② 长时呼吸和心跳检测

a. 长时的呼吸检测：峰值检测法，根据前面的检测方案，长时呼吸用峰值检测法进行检测。峰值检测法的流程框图，如图 8-51 所示。

图 8-51　峰值检测法的流程框图

呼吸数据中 150～162s 的数据，如图 8-52(a) 所示，A 到 $peak_2$ 再到 B 表示包含吸气屏息呼气过程的呼吸周期，计算 A 到 B 的呼吸周期可以转换为计算 $peak_1$ 和 $peak_2$ 的时间间隔，即通过检测呼吸数据中的相邻两个波峰之间的时间间隔，如图 8-52(a) 中的 d1、d2 等。本实例检测的人体呼吸频率范围为 0.17～0.6Hz（即 10～36bpm），呼吸周期为 1.67～6s，完成一次呼吸最少需要 1.67s，如果 $peak_n$ 和 $peak_{n+1}$ 的时间间隔小于 1.67s，则 $peak_{n+1}$

不是呼吸周期中的波峰,将 $peak_{n+1}$ 过滤并向后继续检测峰值,因此在检测峰值的过程中,给相邻两个峰值之间的最小时间间隔设置一个阈值 1.67。但是,即使设置了阈值,检测出的峰值中还会存在不是呼吸引起的波峰,如图 8-52(b) 所示,阈值峰值检测会将 $peak_1$、O、$peak_2$、$peak_3$ 都等检测为峰值。可以看出 O 和 $peak_1$ 的时间间隔大于 1.67s。在 O 点附近,发生了上升再下降的波动,因此峰值检测会把 O 点当作峰值检测出来,实际上 O 点不是呼吸引起的波峰,将 O 点视为假峰,假峰的存在会使计算的呼吸速率不正确,因此还需要进行假峰的去除。

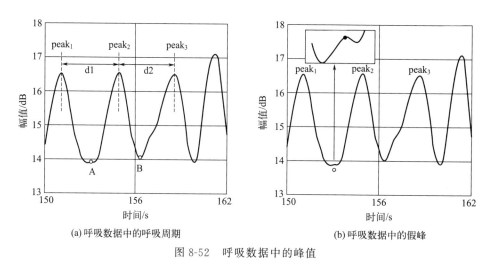

(a) 呼吸数据中的呼吸周期   (b) 呼吸数据中的假峰

图 8-52 呼吸数据中的峰值

本实例的假峰去除算法是以检测出的峰值为中心向前 0.5s 和向后 0.5s,一共 1s 的窗口,检测这个窗口内是否存在比该峰值大的数值。如果存在,则该峰值为假峰应去除,如果不存在,即该峰值为真峰应保留。图 8-53(a) 为图 8-52(b) 中假峰放大之后的图像,出现该峰值 O 的时间是 153.13s,向前 0.5s 和向后 0.5s 一共 1s 的验证窗口,即 152.63~153.63s,这个区间存在大于 O 点的值,则该峰值 O 为假峰应去除。图 8-53(b) 所示为图 8-52(b) 中的真峰放大之后的图像,出现该峰值 P 的时间是 154.86s,1s 的验证窗口,即

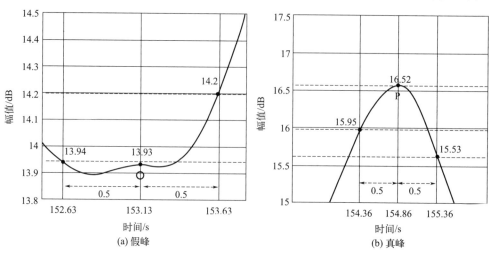

(a) 假峰   (b) 真峰

图 8-53 睡眠呼吸的假峰和真峰

154.36～155.36s，这个区间不存在大于 P 点的值，则该峰值为真峰应保留。

去除假峰之后，得到呼吸数据中所有的峰值，进而得出相邻两个峰值的时间间隔，设某一个子载波的所有峰值的时间间隔向量为 $s = \{s(1), s(2), \cdots, s(n)\}$，令：

$$y = \sum_{i=1}^{n} |x - s(i)|^2 \tag{8-62}$$

其中，当 $x = e$ 时，y 取得最小值，则 e 为该子载波的呼吸周期，即可以使 y 取得最小值的 x，这个 x 就是子载波的呼吸周期。将三个子载波的呼吸周期进行加权平均得到最终的呼吸周期。设三个子载波的 BNR 向量为 $b = \{b(1), b(2), b(3)\}$，三个子载波的呼吸周期向量为 $e = \{e(1), e(2), e(3)\}$，最终的呼吸周期 T 为

$$T = \frac{b(1)e(1) + b(2)e(2) + b(3)e(3)}{b(1) + b(2) + b(3)} \tag{8-63}$$

因此呼吸速率 $V_{\text{breathing}}$ 为

$$V_{\text{breathing}} = \frac{60}{T} \tag{8-64}$$

检测结果：为验证长时呼吸采用峰值检测法的可行性。采用 BNR 子载波选择法，选择出的是第三段呼吸幅值的三个较优子载波。检测的呼吸周期和最后的加权平均呼吸周期，如表 8-7 所示。呼吸速率和最后的加权平均呼吸速率，如表 8-8 所示。每隔 30s 计算一次，分别为 99.88～129.88s、129.88～159.88s、159.88～189.9s。

表 8-7　峰值法检测的呼吸周期

时间/s	第 27 个子载波/s	第 26 个子载波/s	第 25 个子载波/s	加权平均/s
99.88～129.88	4.4520	4.1286	4.1143	4.2126
129.88～159.88	3.6229	3.6257	3.6257	3.6249
159.88～189.9	3.4829	3.4800	3.4800	3.4808

表 8-8　峰值法检测的呼吸速率

时间/s	第 27 个子载波/bpm	第 26 个子载波/bpm	第 25 个子载波/bpm	加权平均/bpm
99.88～129.88	13.5	14.5	14.6	14.2
129.88～159.88	16.6	16.5	16.5	16.6
159.88～189.9	17.2	17.2	17.2	17.2

为验证最慢呼吸速率 10bpm 的 12s 呼吸数据采用峰值检测法的可行性。人为地控制呼吸速率大概为 10bpm 的呼吸数据，如图 8-54 所示，通过 BNR 子载波选择法，选择出的是该呼吸数据幅值的三个较优子载波。

分割提取出 8.5～20.5s 的呼吸数据，时长是 12s，其中三个子载波都出现了两个波峰。从图中可以看出，8.5～19.5s，时长是 11s，其中第 30 和第 18 个子载波只在 14s 附近出现了一个波峰，而峰值检测法最少需要两个波峰才能检测，如果使用峰值检测法检测 8.5～19.5s 的呼吸数据，则会导致失败。因此，选择时长为 12s 的呼吸数据，能够保证在人体最慢呼吸速率的情况下出现两个波峰。通过峰值检测法对 12s 呼吸数据进行检测的结果如表 8-9 所示。

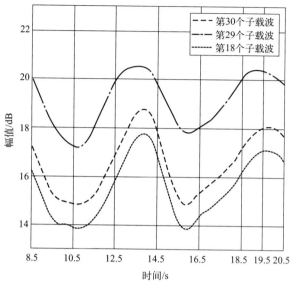

图 8-54　12s 的呼吸数据

表 8-9　12s 呼吸的峰值检测结果

子载波	呼吸周期/s	呼吸速率/bpm
第 30 个子载波	5.9701	10.1
第 29 个子载波	5.9242	10.1
第 18 个子载波	5.9836	10.0
加权平均	6.0003	10.0

　　b. 长时的心跳检测：根据前面给出的检测方案，长时心跳用 FFT 检测法进行检测。由于 FFT 检测法会对短时呼吸进行检测，因此给出呼吸和心跳进行 FFT 检测法的流程框图如图 8-55 所示。

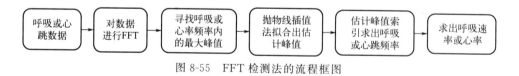

图 8-55　FFT 检测法的流程框图

　　本实例采样频率 F_s 为 50Hz，FFT 的长度为数据长度，对心跳数据进行 FFT 之后，寻找心跳频率范围 1～2Hz 内的最大峰值以及它的索引。以第三段睡眠心跳为例，采用 HNR 子载波选择法，选择出的是心跳相位的三个较优子载波，三个子载波分别进行 FFT 之后 1～2Hz 的频谱，如图 8-56 所示，可以看到其中的最大峰值。

　　采用抛物线插值法提高频率分辨率，进而提高估计心跳频率的准确率，用抛物线代替最大峰值和它相邻两个值的原有曲线。图 8-57 为图 8-56(a) 频谱中的最大峰值和它相邻的两个值拟合出的一条抛物线，抛物线的一般公式为

$$y(x) \overset{\triangle}{=\!=} a(x-p)^2 + b \tag{8-65}$$

　　式中，抛物线横坐标的点 p 是插值的位置，b 为振幅或相位，a 为曲率。

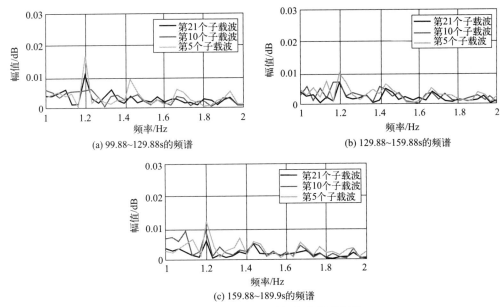

(a) 99.88~129.88s的频谱　　(b) 129.88~159.88s的频谱

(c) 159.88~189.9s的频谱

图 8-56　第三段睡眠心跳相位数据的频谱

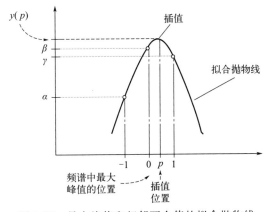

图 8-57　最大峰值和相邻两个值的拟合抛物线

插值即拟合抛物线中的最大值，通过接下来的计算得到 p。频谱中最大峰值在横轴的位置为 0，相邻两个值的位置分别为 -1 和 1，有：

$$y(-1) = \alpha \tag{8-66}$$

$$y(0) = \beta \tag{8-67}$$

$$y(1) = \gamma \tag{8-68}$$

把这三个样本写成插值抛物线的形式：

$$\alpha = ap^2 + 2ap + a + b \tag{8-69}$$

$$\beta = ap^2 + b \tag{8-70}$$

$$\gamma = ap^2 - 2ap + a + b \tag{8-71}$$

由式(8-69) 减去式(8-71) 推导出式(8-72)：

$$\alpha - \gamma = 4ap \tag{8-72}$$

由式(8-72) 推导出式(8-73)：

$$p = \frac{\alpha - \gamma}{4a} \tag{8-73}$$

将式(8-73) 代入式(8-69) 中得到式(8-74)：

$$\alpha = ap^2 + 2a\frac{\alpha - \gamma}{4a} + a + (\beta - ap^2) \tag{8-74}$$

由式(8-74) 得出式(8-75)：

$$a = \frac{\alpha - 2\beta + \gamma}{2} \tag{8-75}$$

将式(8-75) 代入式(8-73) 得出，即插值峰的位置 p：

$$p = \frac{1}{2} \times \frac{\alpha - \gamma}{\alpha - 2\beta + \gamma}, p \in \left(-\frac{1}{2}, \frac{1}{2}\right) \tag{8-76}$$

式中，k 表示频谱中最大峰值在整个数据中的索引，则 $k+p$ 为拟合抛物线中的最大值在整个数据中的索引。最后拟合抛物线的最大值作为估计峰值，求出该值对应的频率为该心跳数据的估计心跳频率，估计心跳频率为式(8-77)：

$$f = \frac{(k + p - 1)F_s}{N} \tag{8-77}$$

式中，F_s 为采样频率；N 是 FFT 的大小即采样点数（从 1 开始）。

根据上述抛物线插值法得到了心跳数据中三个较优子载波的估计峰值 p，通过式(8-77)计算得到每个子载波的心跳频率，将三个子载波的心跳频率进行加权平均值可得到最终的心跳频率。设三个子载波的 HNR 向量为 $\boldsymbol{h} = \{h(1), h(2), h(3)\}$，三个子载波的心跳频率向量为 $\boldsymbol{f} = \{f(1), f(2), f(3)\}$，最终的心跳频率 F 为

$$F = \frac{h(1)f(1) + h(2)f(2) + h(3)f(3)}{f(1) + f(2) + f(3)} \tag{8-78}$$

因此心率 $V_{\text{heartbeat}}$ 为

$$V_{\text{heartbeat}} = 60F \tag{8-79}$$

为验证长时心跳数据采用 FFT 检测法的可行性。通过 HNR 子载波选择法，选择出的是第三段心跳相位的三个较优子载波，估计心跳频率和最后的加权平均心跳频率，如表 8-10 所示。心率和最后的加权平均心率，如表 8-11 所示。每隔 30s 计算一次，分别为 $99.88 \sim 129.88s$、$129.88 \sim 159.88s$、$159.88 \sim 189.9s$。

表 8-10　FFT 检测的心跳频率

时间/s	第 21 个子载波/Hz	第 10 个子载波/Hz	第 5 个子载波/Hz	加权平均/Hz
$99.88 \sim 129.88$	1.2046	1.1988	1.1983	1.2001
$129.88 \sim 159.88$	1.1898	1.1965	1.2005	1.1964
$159.88 \sim 189.9$	1.2016	1.2016	1.2013	1.2015

表 8-11　FFT 检测的心率

时间/s	第 21 个子载波/bpm	第 10 个子载波/bpm	第 5 个子载波/bpm	加权平均/bpm
99.88~129.88	72.3	72.0	71.9	72.0
129.88~159.88	71.4	71.8	72.0	71.8
159.88~189.9	72.1	72.1	72.1	72.1

为验证 12s 的心跳数据采用 FFT 检测法的可行性。取一段 12s 的心跳数据，如图 8-58 (a) 所示，采用 HNR 子载波选择法，选择出的是该数据幅值的三个较优子载波。FFT 之后的频谱如图 8-58(b) 所示，检测结果如表 8-12 所示。

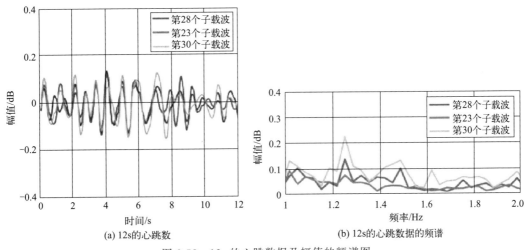

图 8-58　12s 的心跳数据及幅值的频谱图

表 8-12　12s 心跳数据的检测结果

子载波	心跳频率/Hz	心率/bpm
第 28 个子载波	1.2489	75.0
第 23 个子载波	1.2465	74.8
第 30 个子载波	1.2505	75.0
加权平均	1.2493	75.0

③ 短时的呼吸和心跳检测

a. 短时的呼吸检测：短时（$6 \leqslant t < 12$）呼吸用 FFT 检测法检测 t s 的呼吸速率。为了验证方案的可行性，考虑最慢呼吸速率的情况，在做实验的时候人为地将呼吸速率控制为大概 10bpm，如图 8-59(a) 所示，4.8~10.8s 的呼吸数据采用 BNR 子载波选择法，选择出的是该数据幅值的三个较优子载波。呼吸速率在 10~36bpm 之间的 6s 呼吸数据，采用 BNR 子载波选择法，选择出的是该数据幅值的三个较优子载波，如图 8-59(b) 所示。以上两个呼吸数据分别进行 FFT 之后的频谱如图 8-60(a)、(b) 所示。检测结果分别如表 8-13 和表 8-14 所示。

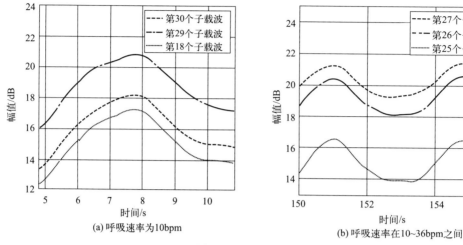

(a) 呼吸速率为10bpm

(b) 呼吸速率在10~36bpm之间

图 8-59　6s 的呼吸数据

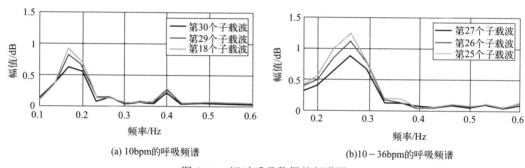

(a) 10bpm的呼吸频谱

(b)10~36bpm的呼吸频谱

图 8-60　短时呼吸数据的频谱图

表 8-13　10bpm 呼吸的 FFT 检测结果

子载波	呼吸频率/Hz	呼吸速率/bpm
第 30 个子载波	0.1692	10.2
第 29 个子载波	0.1685	10.1
第 18 个子载波	0.1679	10.1
加权平均	0.1689	10.1

表 8-14　10~36bpm 呼吸的 FFT 检测结果

子载波	呼吸频率/Hz	呼吸速率/bpm
第 27 个子载波	0.2634	15.8
第 26 个子载波	0.2678	16.0
第 25 个子载波	0.2684	16.1
加权平均	0.2659	16.0

　　b. 短时的心跳检测：短时（$6 \leqslant t < 12$）心跳用 FFT 检测法检测 t s 的心率。以 6s 的心跳数据为例，如图 8-61(a) 所示，通过 HNR 子载波选择方法，选择出的是该数据幅值的三个较优子载波，经过 FFT 后的频谱，如图 8-61(b) 所示。检测结果如表 8-15 所示。

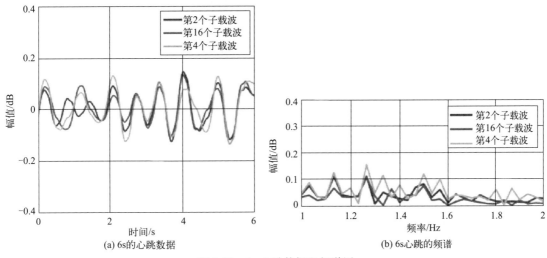

(a) 6s的心跳数据　　　　　　　　　　(b) 6s心跳的频谱

图 8-61　6s 心跳数据和频谱图

表 8-15　6s 心跳的 FFT 检测结果

子载波	呼吸频率/Hz	心率/bpm
第 2 个子载波	1.2483	74.9
第 16 个子载波	1.2488	75.0
第 4 个子载波	1.2526	75.2
加权平均	1.2501	75.0

(3) 基于 ResNet 的 Wi-Night 感知方法

接下来提出基于 ResNet 的 Wi-Night 感知方法用以识别夜间的 15 种睡眠行为。

① 睡眠行为分类　由于整个夜间睡眠过程中存在多种睡眠行为，通过对不同睡眠行为的识别，可以获取受试者的睡眠习惯，同时有助于提出健康的睡眠建议，分析睡眠质量，因此睡眠行为的识别对夜间健康监护有着重要的意义。

夜间的睡眠姿势主要有仰卧、俯卧、左侧卧、右侧卧，如图 8-62 所示。睡眠行为里有翻身活动，翻身活动是从其中一个睡眠姿势翻身到另一个睡眠姿势。以下四种睡眠姿势组合，可以有 12 种翻身活动，通过 Wi-Night 感知方法识别不同的翻身活动明确具体的睡眠姿势，以及分析不同睡眠姿势下的呼吸和心跳的检测结果，所以对于 12 种翻身活动的分类是非常必要的。

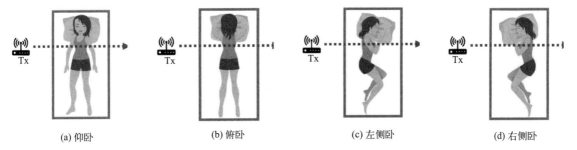

(a) 仰卧　　　　　　(b) 俯卧　　　　　　(c) 左侧卧　　　　　　(d) 右侧卧

图 8-62　4 种睡姿图

本实例将睡眠行为分为 15 种，除了以上的 12 种翻身活动，还有三个睡眠行为，分别为起床、躺下和 70% 的正常人都可能出现的腿抽筋。具体分类如表 8-16 所示。

表 8-16　睡眠行为分类

睡眠行为	名称
左侧→右侧	LR
左侧→平躺	LF
右侧→平躺	RF
起床	GU
趴着→平躺	TF
趴着→右侧	TR
趴着→左侧	TL
左侧→趴着	LT
右侧→趴着	RT
平躺→左侧	FL
平躺→右侧	FR
右侧→左侧	RL
躺下	LD
腿抽筋	LC
平躺→趴着	FL

② 睡眠行为数据集建立　本实例提出了基于 ResNet 的 Wi-Night 睡眠行为感知方法。首先给出了计算相位差的算法，然后给出了用睡眠行为的全部子载波的幅值和相位差信息构建输入特征图的方法，最后给出了 Wi-Night 感知方法的网络结构，以及网络的参数设置，并说明了 Wi-Night 感知中用到的优化方法。

a. 数据预处理：睡眠行为的识别用到了幅值和相位信息，不能直接用原始相位值，通过将两个天线的相位作差，得到的相位差是稳定的并且可以消除原始相位信息中的未知项 Δt 和 β，相位差、相位差的均值、相位差的方差公式如下：

$$\widehat{\varphi}_i = \Delta\varphi_i + \Delta\beta + \Delta Z \tag{8-80}$$

$$E(\Delta\widehat{\varphi}_i) = E(\Delta\varphi_i) + \Delta\beta \tag{8-81}$$

$$\mathrm{Var}(\Delta\widehat{\varphi}_i) = \mathrm{Var}(\Delta\varphi_i) + 2\sigma^2 \tag{8-82}$$

式中，$\Delta\beta$ 为未知相位偏移的差，是一个常数，由式(8-81)可知 $E(\Delta\widehat{\varphi}_i) - E(\Delta\varphi_i)$ 是一个常数 $\Delta\beta$、ΔZ 为噪声差，很小，可以忽略。相位差比真实相位多了一个常数 $\Delta\beta$，方差增大了 $2\sigma^2$，但并不改变睡眠行为产生的信号波动变化。因此通过将两个天线对应子载波作差，得到的相位差可去除未知时间延迟和未知相位偏移之后的相位。在做相位差之前先去除相位折叠。相位差算法如下所示。

算法步骤：

1. 参数设置：天线 1 原始相位值 o_ph_1；天线 2 原始相位值 o_ph_2；消除折叠之后的相位值 f_ph；相位差 d_ph；2π 的倍数 mul；

2. 初始化部分参数：$mul=0$；$f\_ph(1)=o\_ph(1)$；

3. 输入 o_ph，即测量的 30 个子载波的原始相位值 $\hat{\varphi}_i$；

4. 消除相位折叠：

5. for $i=2$：30 do

6. 　　if $o\_ph(i)-o\_ph(i-1)>\pi$ then

7. 　　　$mul=mul+1$

8. 　　end

9. 　$f\_ph(i)=o\_ph(i)-mul*2*\pi$

10. end

11. 得到消除折叠之后的相位值：f_ph

12. 求相位差：

13. for $i=1$：30 do

14. 　　$d\_ph(i)=\_ph_1(i)-o\_ph_2(i)$

15. end

16. 得到天线 1 和天线 2 的相位差 d_ph

---

　　b. Wi-Night 的网络参数：Input_data 是睡眠行为的训练集，形状为（batch，in_height，in_width，in_channels），分别代表输入数据的数量、高度、宽度、通道数，本实例 Input_data 的形状是（batch，30，150，6），这里的 batch 为睡眠行为训练集中的数据个数 1050。卷积核大小 k、步长 s、补零 p，决定卷积计算的结果。将第一个卷积层的卷积核设置为（3×3×64），分别代表卷积核的高度、宽度、卷积核个数，步长设置为 2，padding 补零方式有两种，分别为 VALID 和 SAME，Wi-Night 用到的 padding 方式都为 SAME，不仅可以减缓数据变小的速度，还可以防止边界信息丢失。输入数据的高 h 和宽 w，经过卷积层的输出数据高 H 和宽 W 的计算公式分别为

$$H=\frac{h+2p-k}{s}+1 \tag{8-83}$$

$$W=\frac{w+2p-k}{s}+1 \tag{8-84}$$

　　式中，h 为输入数据的高；w 为输入数据的宽；k 为卷积核大小；s 为步长。如果 padding 的方式为 SAME，$k=1$ 时，$p=0$，$k=3$ 时，$p=1$，$k=5$ 时，$p=2$，以此类推。还有一种更简便的计算方式，高 H 和宽 W 的计算公式如下：

$$H=\left\lceil\frac{h}{s}\right\rceil \tag{8-85}$$

$$W=\left\lceil\frac{w}{s}\right\rceil \tag{8-86}$$

　　式中，$\lceil\ \rceil$ 表示向上取整，睡眠行为的输入数据的高×宽为 30×150。通过上面公式计算得到，经过第一个卷积层之后的特征图尺寸为（batch，15，75，64）。

　　最大池化层中池化窗口的大小为（3×3），步长为 2，padding 为 SAME，那么经过最大池化层之后的特征图尺寸为（batch，8，38，64）。接着是 4 组残差模块，每组都有 2 个二层残差单元，每组一共 4 个卷积层。第一组残差模块中的卷积核尺寸为（3×3×64），步长都为

1，因此经过第一组残差模块之后的特征图尺寸为（batch,8,38,64）。其余三组中每组都是第一个卷积层的步长为 2，其他卷积层的步长为 1，其余三组残差模块中的卷积核尺寸分别为（3×3×128）（3×3×256）（3×3×512），因此经过其余三组残差模块之后的特征图尺寸分别为（batch,4,19,128)(batch,2,10,256)(batch,1,5,512)。另外，不同通道数之间的残差单元，通过使用 1×1 卷积进行升维，分别如图 8-63(a) 的第一个虚线连接（第四个蓝色矩形和第一个棕色矩形），分别是（3×3×64）和（3×3×128）的卷积层，它们之间使用一个卷积核尺寸为 1×1×128，步长为 2 的卷积层；第二个虚线连接（第四个棕色矩形和第一个黄色矩形），分别是（3×3×128）和（3×3×256）的卷积层，它们之间使用一个卷积核尺寸为（1×1×256），步长为 2 的卷积层；第三个虚线连接（第四个黄色矩形和第一个绿色矩形），分别是（3×3×256）和（3×3×512）的卷积层，它们之间使用一个卷积核尺寸为（1×1×256），步长为 2 的卷积层。

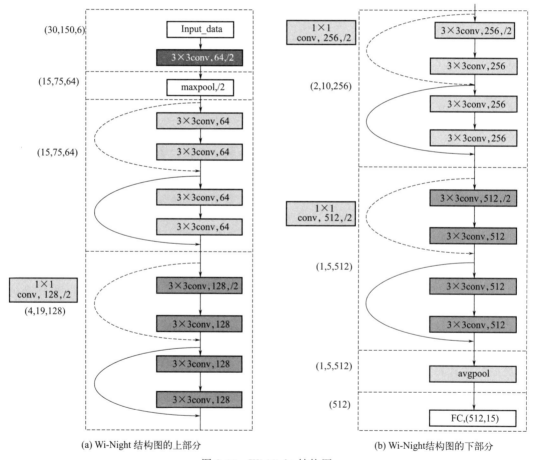

(a) Wi-Night 结构图的上部分　　　　　　(b) Wi-Night 结构图的下部分

图 8-63　Wi-Night 结构图

平均池化层中池化窗口的大小为（5×5），步长为 1，padding 为 SAME，经过平均池化层之后的特征图尺寸为（batch,1,1,512）。随着网络的深入，由最开始的输入数据（batch,30,150,6）到最后平均池化层之后的（batch,1,1,512），特征图的高度和宽度越来越小，但是通道数却越来越大，经过卷积层和池化层之后的特征图无法直接连接全连接层。在卷积层和全连接层之间使用 Flatten 层，将多维数据转换为一维的数据。最后经过全连接层，输出 15 个睡眠行为的类别标识，尺寸为（batch,15），这里的 batch 为睡眠行为训练集中的数据个数 1050。

Wi-Night 中参数量的计算，假设卷积核的大小为 $k \times k$，输入通道数为 M，输出通道数为 N，则卷积层的参数量 num_c 为

$$num_c = kkMN + N \tag{8-87}$$

假设输入神经元数为 G，输出神经元数为 H，则全连接层的参数量 num_p 为

$$num_p = GH + H \tag{8-88}$$

通过式（8-87）和式（8-88）计算得出卷积层和全连接层的参数量。

综上所述，通过特征图尺寸和参数量的计算公式，给出 Wi-Night 感知方法的特征层、卷积核个数、卷积核大小、步长、特征图尺寸、训练参数量如表 8-17 所示。

表 8-17　Wi-Night 的网络结构参数

特征层	卷积核个数	卷积核大小	步长	特征图尺寸	训练参数量
Conv1	64	3×3	2	(30,150,6)	3520
Maxpool	64	3×3	2	(15,75,64)	0
Conv2	64	3×3	1	(8,38,64)	36928
Conv3	64	3×3	1	(8,38,64)	36928
Conv4	64	3×3	1	(8,38,64)	36928
Conv5	64	3×3	1	(8,38,64)	36928
Conv6	128	3×3	2	(4,19,128)	73856
Conv7	128	3×3	1	(4,19,128)	147584
Conv8	128	3×3	1	(4,19,128)	147584
Conv9	128	3×3	1	(4,19,128)	147584
Conv10	256	3×3	2	(2,10,256)	295168
Conv11	256	3×3	1	(2,10,256)	590080
Conv12	256	3×3	1	(2,10,256)	590080
Conv13	256	3×3	1	(2,10,256)	590080
Conv14	512	3×3	2	(1,5,512)	1180160
Conv15	512	3×3	1	(1,5,512)	2359808
Conv16	512	3×3	1	(1,5,512)	2359808
Conv17	512	3×3	1	(1,5,512)	2359808
AvePool	512	5×5	1	(1,1,512)	0
FC	512			512	7695

c. PReLU 激活函数：激活函数是本实例的 Wi-Night 感知方法的重要组成部分，其作用是网络的非线性化。本实例采用 Parametric ReLU（PReLU）激活函数，该激活函数具有单侧抑制性、激活稀疏性、梯度不容易饱和、计算和求导速度快等特点，能够很好地避免梯度消失和梯度爆炸的问题，最重要的是由于本实例的睡眠行为用的是幅值和相位差信息，其

中相位差信息可能会出现全部小于零的情况，在神经网络训练过程中即使特征全部小于零，采用 PReLU 激活函数，也不会出现梯度为 0 的情况，不会导致神经元"坏死"，依然可以激活。PReLU 激活函数是对 ReLU 激活函数的改进，ReLU 激活函数的公式如下：

$$y = \max(0, x), x \in [-\infty, +\infty] \tag{8-89}$$

如果在神经网络的训练过程中，ReLU 激活函数将大于零的数保留，如果特征全部小于零，经过 ReLU 激活函数的输出就全部为零，会使训练失败。Leaky ReLU 激活函数解决了这个问题，通过将小于零的特征乘以一个很小的系数，如 0.1 或 0.01。但是某些网络中，人工设置的系数不能适应网络的需求，而 PReLU 激活函数可以在神经网络的训练过程中得到这个系数，PReLU 激活函数的计算公式如下：

$$y = a_i x, x \leqslant 0 \tag{8-90}$$

$$y = x, x > 0 \tag{8-91}$$

网络更新参数时，采用的是带动量的更新方式：

$$\Delta a_i = \mu \Delta a_i + \sigma \frac{\alpha \varepsilon}{\alpha a_i} \tag{8-92}$$

式中，μ 为动量；ε 为学习率；Δa_i 为目标函数。更新 a_i 时不施加权重衰减，因为这会把 a_i 很大程度上推向 0，从而变为 ReLU，实验中发现，a_i 很少会大于 1，a_i 的参数大多集中于 0.1～0.5 之间，本实例将 a_i 初始化为 0.25。对于 PReLU 来说，当不同通道数的卷积层使用相同的参数时，会减少参数量，因此无论是向前传播还是向后传播，由 PReLU 引起的时间复杂度都可以忽略不计。

对于 sigmoid 激活函数和 tanh 激活函数。sigmoid 激活函数使得输出范围在 0～1 之间，可以用在输出层。缺点就是：神经元输出非 0 均值，不易于模型训练；容易饱和，造成后向传播时梯度消失；前向和后向计算复杂。

tanh 激活函数，使得输出范围在 −1～1 之间，使得神经元输出为 0 均值，易于模型训练。缺点是容易饱和，造成后向传播时梯度消失，且计算复杂。

通过 PReLU 激活函数与其他激活函数的比较，再结合本实例睡眠行为的 CSI 数据特征，因此 Wi-Night 睡眠行为感知方法中选择 PReLU 激活函数。

d. Adam 优化：Adam 优化算法是对随机梯度下降法的扩展，在随机梯度下降法中，学习率在网络训练时不会发生改变，而 Adam 通过计算梯度的一阶矩估计和二阶矩估计来为不同的参数设定自适应学习率。这种自适应的学习率可以提高网络的计算效率，适用于不稳定的目标函数，并且还可以解决梯度稀疏或梯度噪声的问题。在 Adam 的更新规则中，为了综合考虑之前时间的梯度动量，在计算梯度时使用了梯度均值与梯度平方的指数移动平均数，主要对网络有两个优化目的：一是梯度的更新，使用动量方法；二是学习率的自适应性，针对不同的参数使用不同的学习率。

具体来说，算法计算了梯度的第一时刻平均值 m_t 和梯度的第二时刻非中心方差值 v_t，超参数 β_1 和 β_2 控制 m_t 和 v_t 的衰减率。m_t 和 v_t 的初始值和 β_1、β_2 的值接近于 1，因此 m_t 和 v_t 会趋近于 0。因此，首先计算带偏差的估计而后计算偏差修正后的估计，降低偏差在训练初期的影响，得到偏差纠正后的 $\hat{m}_t$ 和 $\hat{v}_t$ 如下公式：

$$\widehat{m}_t = \frac{m_t}{1-\beta_1^t} \tag{8-93}$$

$$\widehat{v}_t = \frac{v_t}{1-\beta_2^t} \tag{8-94}$$

将初始的学习率 η 乘以 $\widehat{m}_t$ 与 $\widehat{v}_t$ 的平方根之比得到参数更新，则参数更新的最终公式为

$$\theta_{t+1} = \theta_t - \frac{\eta\widehat{m}_t}{\sqrt{\widehat{v}_t}+\varepsilon} \tag{8-95}$$

式中，θ 为参数矢量。本实例将 β_1 和 β_2 设置为 0.9 和 0.999，代表指数衰减率。将 ε 设置为 0.0001。

在训练睡眠行为的时候会设置参数：学习率，通过选择不同的学习率，比如 0.001、0.0001、0.00001 分别对网络进行 Adam 优化，发现不同的学习率会影响网络的收敛速度和学习效果。经过实验表明，学习率设置为 0.0001 最适合本实例的 Wi-Night 感知方法，并且解决了收敛速度慢或损失函数波动较大等问题。

8.2.4　实验结果分析

按照上述的实验流程，选择两个实验场景分别监测了睡眠行为和呼吸心跳，如图 8-64 所示。

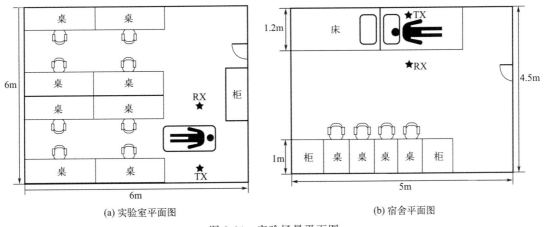

(a) 实验室平面图　　　　　　　　　　(b) 宿舍平面图

图 8-64　实验场景平面图

在实验阶段，收发设备之间没有别的干扰物，实验室的监测时间较短，宿舍环境监测时间较长。同时使用 RestOn 智能睡眠监测器 Z400TWP 监测呼吸和心跳，其检测的呼吸速率和心率作为真实值，由于该监测器检测的呼吸速率和心率是整数，因此对本实例检测的呼吸速率和心率四舍五入取整与之比较，进行准确率的评估。对于睡眠行为的训练分别采集了 15 个睡眠行为的数据，每个睡眠行为由 70 组作为训练集的数据，由 30 组作为测试集的数据。15 个睡眠行为的幅值信息如图 8-65 所示，15 个睡眠行为的其中一组相位差信息如图 8-66 所示，其中都以第 30 个子载波的数据为例。

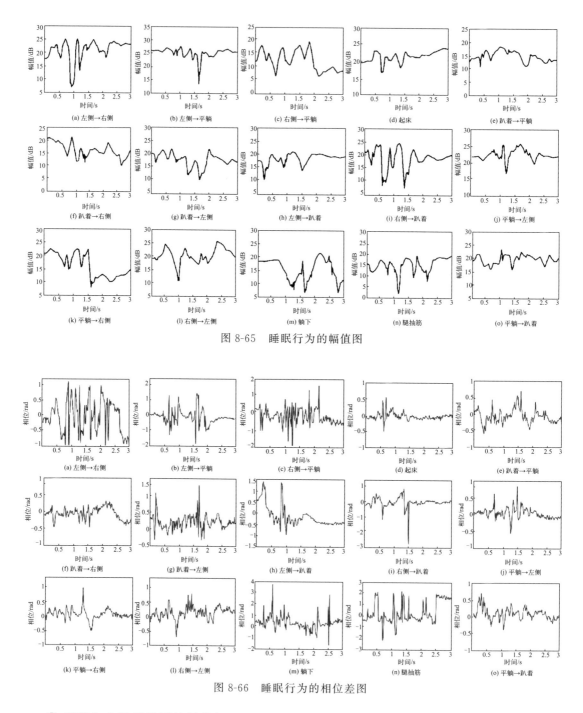

图 8-65　睡眠行为的幅值图

图 8-66　睡眠行为的相位差图

① 呼吸和心跳的检测结果分析

a. 实验场景对检测结果的影响：在两个不同的实验场景中，分别进行了长时和短时的呼吸和心跳检测的重复实验，实验场景对检测结果的影响，如图 8-67 所示，当收发设备之间的距离都为 2m 时，实验室场景中长时的呼吸和心跳的检测准确率分别是 96.1％和 95.5％。因为充分利用了 CSI 的幅值和相位信息，针对长时的呼吸检测，不仅用了阈值进行峰值检测还进行了假峰去除，提高了长时呼吸的检测准确率。针对短时呼吸和心率的检测，采用包含抛物线插值法的 FFT 检测法，将检测准确率提高了 2%。宿舍场景中长时的呼吸和心跳的检测准确率分别是 95.2% 和 94.9%，比实验室场景中的准确率低，是因为宿舍场景中容易受到其他室友以及较多杂物的干扰。

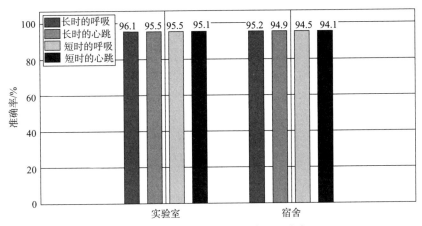

图 8-67　不同实验场景中检测准确率

实验室场景中短时的呼吸和心跳的检测准确率分别是 95.5% 和 95.1%，宿舍场景中短时的呼吸和心跳的检测准确率分别是 94.5% 和 94.1%，由于短时的检测是用更短的时间去估计一分钟的呼吸速率和心率，因此短时的呼吸速率和心率的准确率略低于长时的。经过实验表明，不管长时还是短时的实验呼吸数据，其中 90% 的估计误差小于或等于 2bpm，不管长时还是短时的实验心跳数据，其中 85% 的估计误差小于或等于 2bpm。

b. 收发设备距离对检测结果的影响：实验室场景中，在不同收发设备之间的距离下分别进行了呼吸检测的重复实验，如图 8-68 所示分别为收发设备距离是 2m、3m、4m、5m 时，仰卧睡姿下第 30 个子载波 60s 呼吸的幅值变化图。可以看出，不管近距离的 2m 还是远距离的 5m，都能提取出呼吸数据，有明显的呼吸波形。当收发设备之间的距离是 2m、3m、4m 时，呼吸的幅值波动较大，5m 时波动较小。当收发设备之间的距离是 2m 时，波动大小均匀，3m、4m、5m 时，波动大小没有 2m 时均匀，波动有大有小。

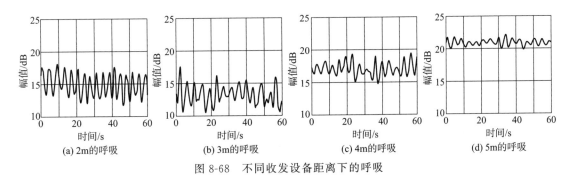

图 8-68　不同收发设备距离下的呼吸

在不同收发设备之间的距离下分别进行了心跳检测的重复实验，如图 8-69 所示分别为收发距离是 2m、3m、4m、5m 时，仰卧睡姿下第 30 个子载波 60s 心跳的幅值变化图。可以看出，不管近距离的 2m 还是远距离的 5m，都能提取出心跳数据，有明显的心跳波形。

当收发设备之间的距离是 2m、3m 时，心跳的幅值波动较大，4m、5m 时波动较小。

综上所述，随着收发设备之间的距离增加，呼吸和心跳数据的幅值波动越小，对人体的呼吸和心跳活动越不敏感，因此要合理选择收发设备之间的距离。

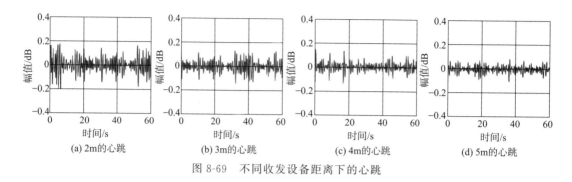

图 8-69   不同收发设备距离下的心跳

分别在收发设备之间的距离是 2m、3m、4m、5m 的情况下，受试者保持仰卧的睡眠姿势每次持续检测 5min，每 30s 输出一个呼吸速率和心率，一共重复进行了 30 次实验。收发设备之间的距离对检测结果的影响如图 8-70 所示，从图中可以看出，收发设备之间的距离是 2m 时，呼吸和心跳的检测准确率是最高的，分别为 96.1% 和 95.5%。随着收发设备之间距离的增加，呼吸和心跳的检测准确率降低，这是因为较短的距离，对人体微弱的呼吸和心跳活动能产生较强的 CSI 信号，也会有较高的呼吸和心跳信噪比。同理，较远的距离使接收到的呼吸和心跳信号较弱。当距离是 5m 时，呼吸和心跳的 CSI 波动较小会影响检测性能。

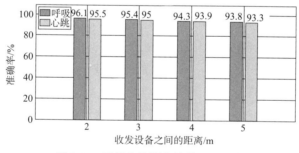

图 8-70   不同收发距离的检测准确率

c. 睡眠姿势对检测结果的影响：睡眠姿势主要有 4 种：仰卧时，人的胸部面向收发设备，发送信号经过人的胸部直接反射到接收设备；左侧卧或右侧卧时，人的胸腔侧部面向收发设备，发送信号经过人的胸部一侧反射到接收设备；俯卧时，人的背部面向收发设备，而呼吸时引起的背部变化比胸部变化小。

在不同睡眠姿势下分别进行了呼吸检测的重复实验，如图 8-71 所示分别为仰卧、左侧卧、右侧卧、俯卧睡姿下的第 30 个子载波 60s 呼吸的幅值变化图。可以看出，不管哪种睡姿都能提取出呼吸数据，有明显的呼吸波形。当睡姿是仰卧时，呼吸的幅值波动均匀，其他三个睡姿下的呼吸幅值波动不均匀。睡姿是俯卧时，呼吸幅值波动要小于其他三种睡姿下的呼吸幅值波动。

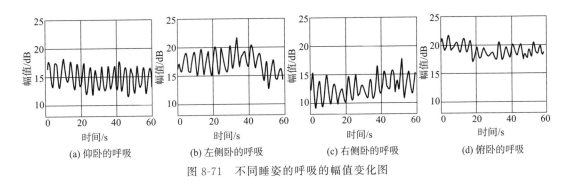

图 8-71　不同睡姿的呼吸的幅值变化图

在不同睡眠姿势下分别进行了心跳检测的重复实验，如图 8-72 所示，分别为仰卧、左侧卧、右侧卧、俯卧睡姿下的第 30 个子载波 60s 心跳的幅值变化图。可以看出，不管哪种睡姿都能提取出心跳数据，有明显的心跳波形，且波动都比较均匀。右侧卧和俯卧的心跳幅值波动小于仰卧和左侧卧的波动。

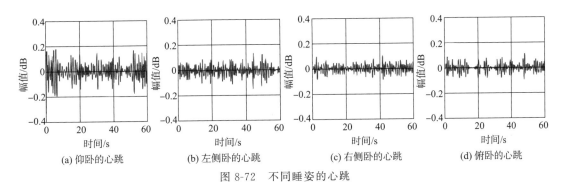

图 8-72　不同睡姿的心跳

在不同睡姿下受试者每次持续检测 5min，每 30s 输出一个呼吸速率和心率，一共重复进行了 30 次实验。不同睡眠姿势对检测结果的影响，如图 8-73 所示，可以看出，当受试者的睡眠姿势是仰卧时，呼吸速率和心率的准确率最高，分别是 96.3% 和 95.8%。左侧卧和右侧卧的睡眠姿势，比仰卧时的准确率低，而俯卧时的准确率是这四个睡眠姿势中最低的。

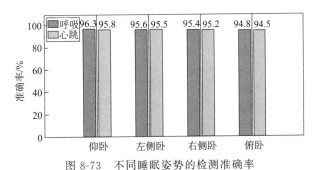

图 8-73　不同睡眠姿势的检测准确率

② 睡眠行为的识别结果分析

a. 优化参数对识别结果的影响：在两个实验场景中分别采集睡眠行为的数据，收发设备之间的距离都为 2m，不同实验场景中受试者尽量保持动作一致的睡眠行为，15 种睡眠行为，每个睡眠行为有 100 组，其中每个睡眠行为的 70 组作为训练数据，30 组作为测试数据。经过大量的训练识别发现，不同的学习率、不同的 batch_size、不同的迭代次数，都会影响训练的识别准确率，其中不同的 batch_size 和不同的迭代次数还会影响训练时间。比较了常用的三个学习率为 0.001、0.0001、0.00001，最后得出，学习率 0.0001 最适合本实例的 Wi-Night 感知方法。

在学习率都是 0.0001 和迭代次数都是 300 的情况下，不同 batch_size 对训练时间和识别结果的影响如图 8-74 所示，batch_size 越小，训练时间越长。batch_size 是 32 时，训练需要 60min，而准确率却并没有达到最高。batch_size 是 128 时，训练时间短只有 30min，而准确率是其中最低的 96.4％。batch_size 是 64 时，训练需要 40min，训练时间不是最短的，但是准确率达到了最高的 98.2％。由于 Wi-Night 只需要训练一次，训练好模型后就不再需要训练，因此本实例 Wi-Night 的 batch_size 选择 64。

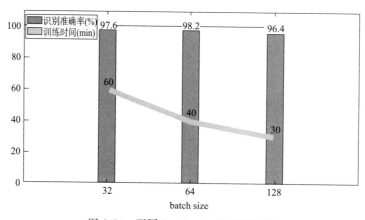

图 8-74　不同 batch_size 的识别结果

在学习率都是 0.0001 和迭代次数都是 300 的情况下，不同迭代次数对训练时间和识别结果的影响如图 8-75 所示，迭代次数越少，训练时间越短。迭代次数是 100 时，训练只需要 15min，而准确率很低只有 94.5％。随着迭代次数的增加，训练时间也在变长，但是准确率有所提高，当迭代次数是 300 时，识别准确率达到了 98.2％，之后迭代次数继续增加到 400 和 500 时，训练时间增加，而识别准确率依然还是 98.2％，因此本实例 Wi-Night 的

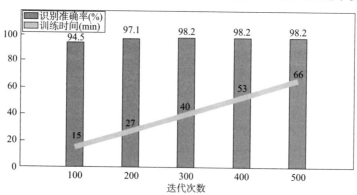

图 8-75　不同迭代次数的识别结果

迭代次数为 300 次。因此，在睡眠行为的训练过程中，将 batch_size 设置为 64，学习率设置为 0.0001，迭代次数为 300 次。

b. 实验场景对识别结果的影响：在两个实验场景中分别进行睡眠行为的识别实验，分析实验场景对识别结果的影响。如图 8-76 所示分别是实验室和宿舍场景的 15 个睡眠行为的识别准确个数。实验室的识别准确率是 98.2%，正确个数是 442，宿舍的识别准确率是 97.8%，正确个数是 440。实验室场景中的识别准确率较高，可能是因为空间较大，其他物品较少，而宿舍场景中空间较小，并且物品较多，造成的干扰也多。

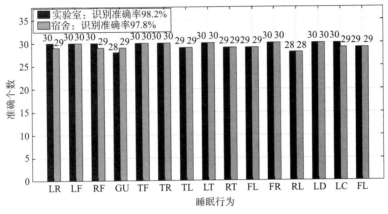

图 8-76 不同实验场景的识别结果

c. 相位信息对识别结果的影响：本实例 Wi-Night 使用睡眠行为的幅值和相位差信息，为验证相位差信息比相位线性变换后的相位信息能达到更好的效果。使用睡眠行为的幅值和相位线性变换之后的相位信息做了相关实验。不同相位信息对识别结果的影响如图 8-77 所示，分别为幅值和相位差信息的识别结果、幅值和相位线性变换后的相位信息的识别结果，可以看出幅值和相位差信息的识别结果中正确个数为 442，准确率为 98.2%，幅值和相位线性变换信息的识别结果中正确个数为 439，准确率为 97.6%，前者效果较好，因此本实例选择相位差信息而不是相位线性变换后的相位信息，不仅计算简单而且睡眠行为的识别效果

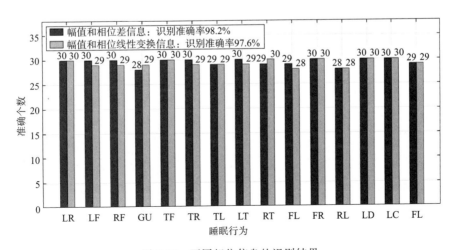

图 8-77 不同相位信息的识别结果

也好。

d. 不同识别方法对比：本实例还采用 VGG16 模型进行了睡眠行为的识别，将 Wi-Night 与 VGG16 的识别性能进行对比，都使用睡眠行为的幅值和相位差信息，batch_size 为 64，学习率为 0.0001，迭代次数为 300 次。Wi-Night 训练过程中准确率和损失函数值的变化曲线如图 8-78(a) 所示，可以看出，在训练的初始阶段，训练准确率和损失函数值一直处于波动的状态，随着迭代次数的增加和对参数的及时修正，网络逐渐收敛且收敛速度极快。在迭代 80 次的时候，训练准确率达到 100%，损失函数值收敛至 0，迭代 80 次以后训练准确率就一直保持 100%，损失函数值一直保持 0，说明本实例 Wi-Night 能够在很少的迭代次数下很快收敛，训练时间短并取得较高的准确率 98.2%。VGG16 训练过程中的准确率和损失函数值的变化曲线如图 8-78(b) 所示，可以看出，训练过程中初期参数变化剧烈，在迭代 140 次的时候有明显的较大波动，而且损失函数值没有快速收敛到 0，学习较慢，大概在迭代 170 次的时候，训练的准确率才达到了 100%，损失函数值才达到 0，识别准确率为 93.3%。Wi-Night 与 VGG16 的训练结果如图 8-79 所示。

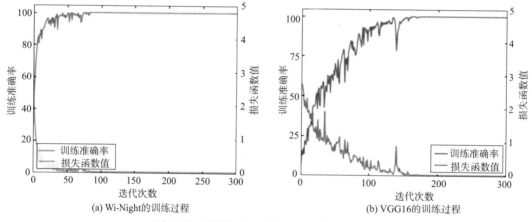

(a) Wi-Night的训练过程　　　　(b) VGG16的训练过程

图 8-78　训练准确率和损失函数值变化曲线

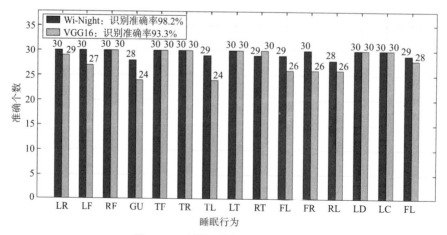

图 8-79　不同识别方法的识别结果

Wi-Night 与 VGG16 识别结果的混淆矩阵分别如图 8-80 和图 8-81 所示。从图 8-80 中可以看出，使用 Wi-Night 识别睡眠行为时，识别错误的睡眠行为会识别成其他一种睡眠行为，比如：睡眠行为 TL（趴着→左侧），其中有一个被识别成了睡眠行为 RL（右侧→左侧）；睡眠行为 LD（躺下），其中有一个被识别成了睡眠行为 GU（起床）。从图 8-81 中可以看出，使用 VGG16 的识别方法时，识别错误的睡眠行为也会识别成其他多种睡眠行为，比如睡眠行为 FR（平躺→右侧），其中有三个分别被识别成了睡眠行为 RL（右侧→左侧）、RF（右侧→平躺）、FL（平躺→左侧）。使用 VGG16 的方法训练时间长且不能快速收敛，识别准确率也低，而本实例 Wi-Night 整体性能更优。

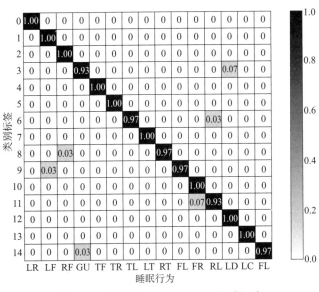

图 8-80　Wi-Night 感知方法的混淆矩阵

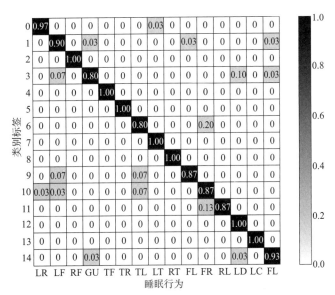

图 8-81　VGG16 识别方法的混淆矩阵

本实例提出的 Wi-Night 睡眠行为识别方法，能够取得较高的识别准确率。其他卷积神经网络的模型如 VGG16，虽然适用于种类较多的情况，但是它的收敛速度较慢，训练时间长，准确率不够高，不能满足识别精度的要求，而 Wi-Night 训练时的收敛速度快，识别准确率高，并且适用于多种类的睡眠行为。除了识别准确率外，实时性也是分类算法重要的评价指标，因此在表 8-18 中比较了这两种方法的识别性能。

表 8-18   识别方法性能的比较

分类算法	是否训练	训练时间	识别时间/s
VGG16	是	1h	0.05
Wi-Night	是	40min	0.03

从表 8-18 中可以看出，Wi-Night 和 VGG16 进行 300 次迭代训练大约分别需要 1h 和 40min，当网络训练完成后，平均识别时间分别是 0.05s 和 0.03s，不管是训练时间、准确率还是实时性，Wi-Night 的方法都表现良好，能够满足夜间健康监护中睡眠行为的识别。

本章小结

本章系统地介绍了人体行为感知系统设计和夜间健康监护系统设计两个实例，利用相关技术从人体行为和睡眠呼吸两个方面深入研究。

人体行为感知系统介绍了一种基于 CNN 的 Wi-Move 行为感知方法，使用了全部子载波中的幅值信息与相位信息，主要适用于多种类行为感知的场合。为了能够使用 CSI 的相位信息进行识别，首先使用了一种线性变换算法消除了随机相位偏移，然后阐述了基于 CNN 的人体行为感知方法，并提出了一种 CSI 输入特征图的构建方法，使 CSI 数据能够被送入神经网络。最后阐述了 Wi-Move 的网络结构和网络模型的优化方法。

夜间健康监护系统根据分割提取出的呼吸心跳的时长不同，提出了不同时长的检测方案，通过对峰值检测法和 FFT 检测法算法复杂度的分析，对于长时的呼吸采用包含假峰去除算法的峰值检测法，短时呼吸和心跳均采用包含抛物线插值法的 FFT 检测法，提高了检测准确率。本章给出了相位线性变换的方法，并且采用信号周期性的方法在呼吸或心跳幅值和相位信息之间选择出较优子载波，给出了睡眠行为的相位差计算方法，并给出了幅值和相位差信息构建成网络输入特征图的方法，之后搭建了基于 ResNet 的 Wi-Night 感知方法，给出了网络结构和网络参数。

第 9 章

无线感知技术面临的挑战和未来发展趋势

在探索无线感知技术的奥秘时，不可避免地会遭遇一系列挑战，这些挑战既包括隐私保护和数据安全的难题，以及无线感知和现有网络的共存，也涉及技术层面的限制，如实时性要求和资源限制、能量效率和功耗管理以及大规模部署和管理等问题。物联网（IoT）和5G通信技术的发展，也对无线感知技术提出了更高的要求。本章将深入讨论这些挑战，并展望未来发展趋势，包括多模态感知和融合技术、边缘计算和云计算的结合、自主感知和智能决策、新兴应用领域的发展和应用以及通信感知一体化等方向，为读者呈现一个全面的无线感知技术未来发展蓝图。

9.1
面临的挑战

9.1.1　隐私保护和数据安全挑战

随着信息感知技术的普遍应用，需要获取的信息范围也逐渐变大，隐私保护和数据安全成为了备受关注的话题。在无线感知网络中，数据传输通常是通过无线信号进行的，存在被窃听、篡改或恶意攻击的风险。当信息感知技术应用于军事、金融等领域时，就容易引起信息安全问题。因此，数据加密、密钥管理、安全协议、隐私管理等都是信息感知技术未来可能面临的挑战。确保数据的安全性和隐私保护成为了一个紧迫的问题。

隐私保护是保护用户个人信息和敏感数据的重要环节。感知设备所采集的数据可能涉及用户的位置信息、健康状况、行为习惯等敏感信息，因此，需要采取措施保护用户的隐私，防止这些信息被滥用或泄露。可以采用数据匿名化、访问控制和隐私保护协议等技术手段来实现隐私保护。

数据安全是保障无线感知技术可信度和可靠性的基础。感知设备采集的数据可能会受到各种威胁，如数据篡改、数据泄露和数据丢失等。为了应对这些威胁，需要引入有效的数据加密和完整性验证机制，确保数据在采集、传输和存储过程中的安全性。

未来网络密集分布的网元、节点等会产生海量的感知信息，在基于人工智能的信息感知过程中常使用有监督学习，虽然准确度较高，但是会依赖预先建立的识别库。随着网络规模的扩大，终端类型、业务类型等感知对象的种类必然经历不断发展与扩充的过程。此外，面对海量的无标签数据，有监督学习的数据集标记工作需要投入一定的人力，带来了成本问题。

隐私保护、数据安全面临的挑战和未来方向如图9-1所示。

在面临隐私保护和数据安全的挑战时，需要综合考虑技术、法律和伦理等多个方面的因素。技术上，可以采用加密算法、安全协议和安全认证等手段来保障数据的安全性。法律上，需要建立相关的隐私保护法规和政策，规范数据的收集、使用和共享行为。伦理上，需要倡导对用户隐私的尊重和保护，确保数据的合法、正当和透明使用。

图 9-1　隐私保护、数据安全面临的挑战和未来方向

　　总之，隐私保护和数据安全是无线感知技术发展过程中不可忽视的重要问题。只有在保障数据的安全性和隐私保护的前提下，无线感知技术才能获得用户的信任和广泛应用。因此，需要不断研究和创新，提出有效的隐私保护和数据安全解决方案，为无线感知技术的可持续发展提供有力支持。

9.1.2　无线感知和现有网络的共存挑战

　　随着无线感知技术的迅猛发展和广泛应用，无线感知设备在实际应用中需要与其他无线网络进行共存。这种共存关系既带来了一系列挑战，也为无线感知技术的未来发展提供了新的机遇。

　　无线感知和其他无线网络的共存面临的第一个挑战是频谱资源的有限性。不同的无线网络需要共享有限的频谱资源进行通信，而频谱资源却是稀缺的。这导致频谱竞争成为一个关键问题。为了实现无线感知技术的可靠传输和数据采集，需要设计智能的频谱共享机制，以提高频谱利用效率并减少干扰。这可以通过动态频谱分配、频谱感知和协作等技术手段来实现，例如引入认知无线电技术，使无线感知设备能够感知和利用未被使用的频谱空闲时间，从而最大化频谱的利用率。资源共享方法的一个更通用的用例是图 9-2 中的三个热点（A、B 和 C）由附近的所有节点共同化，其中多个具有多址技术的热点的资源由附近的其他节点（如联网车辆、周围传感器或移动用户）共享。因此，这种实施资源共享方法的部署方案可能允许增加网络节点的连通性，并通过热点之间的通用无线电管理技术避免设备之间的有害干扰。

　　共存的第二个挑战涉及网络拓扑和通信协议的设计。传统无线网络通常采用基础设施模式，包括基站、路由器和终端设备等，通过固定的网络拓扑和通信协议进行通信。而无线感知设备通常以分布式的方式部署，形成一个自组织的网络拓扑结构，包括感知节点、传感器和无线通信模块等，通过动态的网络拓扑和通信协议进行通信和感知。这种差异可能导致传

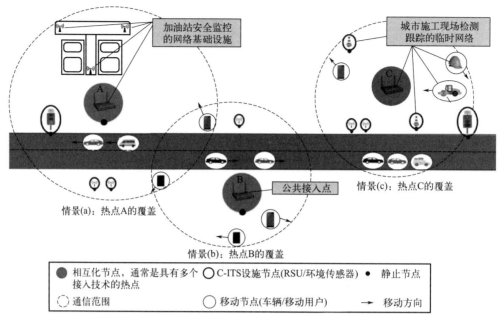

图 9-2　在典型的密集城市环境中实现资源共享方式的网络部署场景

统无线网络和无线感知设备之间的互操作性问题，如网络连接性、通信延迟和数据传输效率等。因此，如何实现传统无线网络和无线感知设备的互操作性和有效通信，是一个需要解决的问题。

在这种情况下，就需要设计适应共存环境的路由和通信协议，以确保网络的稳定性和可靠性。传统的无线网络协议可能无法直接适用于无线感知设备，因此需要针对无线感知的特点进行定制化的协议设计。这包括选择合适的路由算法、优化数据传输策略和考虑网络拓扑变化等方面。

此外，为了提高能源效率，可以采用节能的通信机制，还可以通过优化感知任务调度和资源分配，合理分配感知节点的能源消耗，延长感知设备的工作时间。同时，还可以研究和设计能量收集和能量管理技术，利用环境能量或无线充电技术为感知设备提供能源支持，减少对电池的依赖，例如通过睡眠调度和功率控制来减少无线感知设备的能耗。

无线感知技术与其他无线网络的共存还带来了协作和协同的机会。通过与其他无线网络进行协作，无线感知设备可以获得更广泛的感知信息和更全面的网络覆盖。这种协作可以通过共享感知数据、联合感知任务和跨网络资源管理等方式实现，从而提高整体的感知能力和性能。协作的关键在于建立有效的协议和机制，促进不同网络之间的信息交换和资源共享，例如可以建立跨网络的数据共享平台，使不同无线感知设备能够共享感知数据，从而提高感知的准确性和全面性。

随着 5G 和 6G 等新一代无线通信技术的推广，无线感知技术将与更多的无线网络进行融合，形成更智能和高效的网络环境。这将为实现智能城市、工业物联网和智能交通等领域的应用提供强大支持。然而与此同时，共存问题也将变得更加复杂。因此，更加需要加强对无线感知和网络共存的研究，提出新的共存机制和协议，以实现无线感知技术与其他无线网络的良好协调与融合。

总之，无线感知技术面临着与其他无线网络共存的挑战。通过解决频谱资源有限性、网络拓扑和通信协议设计以及协作机制等问题，可以实现无线感知技术与其他无线网络的良好共存。

9.1.3　实时性要求和资源限制挑战

在无线感知技术中，实时性要求和资源限制是面临的另一个重要挑战。实时性要求是指无线感知系统对感知数据的及时性和准确性的要求，而资源限制则涉及感知设备的能源、计算和存储等资源的有限性。感知系统通常需要在实时或近实时的条件下对环境进行感知并做出相应的决策。然而，由于感知任务的复杂性和资源的有限性，实现实时性要求常常面临着困难。这两个因素在无线感知技术的应用中都具有重要的影响，需要综合考虑和解决。

首先，实时性要求是无线感知技术应用中的重要考虑因素。在许多应用场景中，感知数据的实时性对于系统的性能和效果至关重要，例如：在智能交通系统中，安装在每个交叉口的传感器能够每分钟统计通过的车辆数量，并实时发送数据到交通管理中心；在环境监测中，城市各个角落的监测站每小时更新一次空气质量指数，并通过移动应用向公众报告；在自动驾驶系统中，车载摄像头实时捕捉路面情况，以毫秒级的响应时间识别行人或其他障碍物；在工业自动化中，生产线上的传感器即时检测机器的工作状态，一旦发现异常立即报警停机。然而，随着感知任务的复杂性和数据量的增加，实时性要求变得更加困难。感知系统需要在有限的时间内完成大量的数据采集、传输和处理，这对计算和通信资源提出了很高的要求。因此，无线感知系统需要能够及时地收集、处理和传输感知数据，以满足实时性要求。

另一个挑战是资源限制。感知设备通常具有有限的计算、存储和通信资源。这限制了感知设备在处理和传输感知数据方面的能力，使得感知系统在实时性要求下面临着资源的不足和浪费的问题。为了克服资源限制，可以采用数据压缩和数据筛选等技术，减少感知数据的大小和传输量，从而降低资源消耗。

为了应对实时性要求和资源限制所带来的挑战，需要采取一系列的解决方案和策略。首先，可以优化感知任务的调度和资源分配。通过合理地分配计算和通信资源，可以提高感知系统的实时性和资源利用率，例如：可以采用分布式计算和任务卸载等技术，将感知数据的处理任务分配给多个设备进行并行处理，从而提高数据处理的效率；也可以使用优先级调度算法来确保实时性要求较高的任务优先得到处理，同时合理分配计算资源和通信带宽，以满足感知任务的要求。

其次，可以采用低功耗的算法和数据处理技术。通过优化算法和模型，减少计算和通信的开销，可以降低感知系统的能耗，并延长设备的续航时间，例如：可以采用轻量级的机器学习算法和数据压缩技术，减少感知数据的传输和存储开销；同时，可以利用边缘计算和云计算的技术，将部分计算任务卸载到边缘节点或云端，减轻感知设备的负担。

此外，还可以采用能量收集和能量管理技术，以提供持续的能源供应。通过利用太阳能、热能等可再生能源，可以为感知设备提供可持续的能源供应，减少对电池的依赖，从而延长设备的工作时间。同时，可以采用能量管理技术，优化能源的利用和分配，以满足感知系统的实时性要求。

总之，实时性要求和资源限制是无线感知技术面临的重要挑战。通过采用分布式计算、任务卸载、能量管理、数据压缩和边缘计算等技术和策略，可以提高感知数据的实时性和资源利用效率。

9.1.4　能量效率和功耗管理挑战

面对网络中的海量数据，长期频繁的数据收集与处理会增加系统能耗，而有些节点或终端存在能量有限的情况。为了实现长期稳定的感知，减少感知过程的能耗，或者在感知能耗与感知效率之间取得平衡在未来也是挑战。

由于感知设备通常是由电池供电，能源的有限性成为限制无线感知系统性能和应用范围的关键因素。因此，为了提高无线感知系统的能量效率和延长感知设备的电池寿命，有效的功耗管理策略是必不可少的。

感知设备的能源供应是能量效率和功耗管理的关键问题之一。传统的无线感知设备通常依赖电池供电，而电池容量有限，限制了感知设备的工作时间。感知设备通常需要进行数据采集、处理和传输等任务，这些任务都需要消耗能量。如何在有限的能源供应下，合理分配和利用能量，以满足感知任务的需求，是一个具有挑战性的问题。

感知任务的复杂性和多样性也对能量效率和功耗管理提出了挑战。不同的感知任务对能量消耗的要求和模式可能存在差异，一些感知任务可能需要高强度的数据处理和通信，导致较高的功耗，而另一些感知任务可能只需要进行简单的数据采集，功耗较低。如何根据感知任务的特点和要求，灵活调整感知设备的工作模式、数据处理策略和通信机制，以实现能量效率和功耗管理的最优化，是一个需要解决的问题。

感知设备的环境和工作条件也对能量效率和功耗管理产生影响。感知设备可能工作在不同的环境中，如室内、室外、恶劣的天气条件等。不同的环境条件可能对感知设备的能量消耗和功耗产生影响。如何根据不同的环境条件，调整感知设备的工作模式和策略，以提高能量效率和功耗管理的适应性和鲁棒性，是一个需要解决的问题。

因此，为了提高无线通信系统的能量效率，有效控制功率消耗，需要做出一系列举措。首先，优化感知设备的能量消耗是提高能量效率的关键。感知设备在感知过程中需要进行数据采集、处理和传输等操作，这些操作都会消耗大量的能量。为了降低能量消耗，可以采用低功耗的硬件设计和优化的感知算法。例如选择低功耗的传感器和处理器，采用功耗自适应的感知算法，以根据感知任务的需求调整功耗水平。此外，还可以采用休眠和唤醒机制，使感知设备在空闲时进入低功耗状态，从而减少能量的消耗。

其次，能量回收和能量管理也是提高能量效率的重要手段。能量回收技术可以通过捕获和利用环境中的能量资源，如光能、热能等，为感知设备提供额外的能源供应。这样可以减少对电池能量的依赖，延长感知设备的工作时间。另外，能量管理策略可以根据感知任务的需求和能源供应的情况，动态地调整感知设备的工作模式和功耗水平，以最大程度地提高能量利用效率。

感知数据的压缩和数据筛选也可以降低能量消耗。感知设备通常会产生大量的感知数据，传输这些数据将消耗大量的能量。因此，可以采用数据压缩和数据筛选技术，减少感知数据的大小和传输量，从而降低能量消耗，例如可以采用数据压缩算法对感知数据进行压缩，或者使用数据筛选算法只传输感知数据中的关键信息。

总之，能量效率和功耗管理是无线感知技术面临的重要挑战。通过优化感知设备的能量消耗、采用能量回收和能量管理策略、压缩感知数据和筛选关键信息等技术和方法，可以提高无线感知系统的能量效率和延长感知设备的电池寿命。

9.1.5　大规模部署和管理挑战

随着无线感知技术的不断发展，越来越多的传感器节点被部署在广阔的区域内。这给传感器节点的管理和控制带来了巨大的挑战，例如如何有效地组织和管理大量的传感器节点，如何实时地监测和控制传感器节点的工作状态，等等。

大规模部署涉及感知设备的选择、布局和部署位置的决策。在大规模感知网络中，如何选择合适的感知设备位置，以覆盖感兴趣区域并最大程度地减少冗余，是一个需要解决的问题。在选择感知设备时，需要考虑感知任务的需求和应用场景的特点。不同的感知任务可能需要不同类型的感知设备，如传感器节点、移动设备或无人机等。布局和部署位置的决策也是关键因素，例如在智能交通系统中，选择部署位置时，可将传感器放置在易发生拥堵的路口或重要交通枢纽附近；若某桥隧口常在上下班高峰期出现拥堵，则在该处安装传感器可实时监测车流量并优化信号灯控制。对于环境监测，如在某工厂区附近常有异味投诉，可在周边布设气体传感器网以追踪污染源，及时对污染进行监测和预警。

在大规模感知网络中，感知设备的数量庞大，分布广泛，对感知设备的配置、监控和维护提出了挑战。感知设备的配置包括对设备参数和功能的设置，如感知频率、数据传输方式和功耗控制等。配置的合理设置可以提高感知设备的性能和能效。在监控方面，需要实时监测感知设备的工作状态和性能指标，以及感知数据的质量和准确性。监控可以通过远程连接和传感器网络来实现，以方便及时地监测和管理。在维护方面，需要定期检查和维护感知设备的硬件和软件，及时处理设备故障和问题。为了实现大规模的管理，可以采用远程管理和自动化管理等技术手段，通过网络连接和远程控制来管理感知设备，提高管理效率和降低管理成本。

大规模部署和管理还涉及感知数据的处理和利用。随着感知设备数量的增加，会产生大量的感知数据，如传感器数据、图像和视频数据等。而感知数据的处理涉及数据过滤、压缩、聚合和分析等方面。如何根据感知任务的需求，设计高效的数据处理算法和方法，以提高数据处理的效率和准确性，是一个具有挑战性的问题。为此，可以采用数据聚合、数据分析和机器学习等技术，对感知数据进行处理和挖掘，提取有价值的信息和知识。数据聚合可以将多个感知设备的数据进行合并和整合，减少数据传输量和处理负载。数据分析和机器学习可以对感知数据进行模式识别、异常检测和预测分析，以实现智能化的数据处理和决策支持。

随着无线感知技术的不断发展和应用场景的扩展，感知设备的数量将进一步增加，对大规模部署和管理的需求将不断增加。新兴的通信技术和网络架构，如 5G 和物联网，将支持更高效的连接和通信。人工智能和自动化技术将推动大规模部署和管理的智能化，减少人工干预，提高管理效率。

综上所述，大规模部署和管理是无线感知技术面临的重要问题。通过合理选择感知设备的部署位置和布局规划，以及采用远程管理和自动化管理等技术手段，可以实现高效的大规模部署和管理。同时，还需要研究和解决感知数据处理和利用的问题，以充分发挥大规模感知设备的潜力和价值。

9.2
未来发展趋势

当前，人工智能、物联网、大数据、云计算等前瞻技术的迅速发展，给无线感知应用的智能化解决方案带来了新的发展契机。结合目前研究现状中面临的挑战和难点，未来无线感知的发展趋势可能会呈现以下几个方面。

9.2.1 多模态感知和融合技术

多模态感知和融合技术是无线感知技术未来发展中的重要方向。随着感知设备的智能化和应用场景的复杂化，单一感知模态往往无法满足对环境信息全面、准确、可靠的需求。当前无线感知技术大多是采用单一模态的信号源实现对周围环境的感知，其感知能力的上限阻碍了更有效目标信息的获取。随着毫米波和太赫兹频段的引入，必将需要部署更加密集的网络接入点，它们可能涉及不同频段的无线信号。由于每种信号都具有各自的特点，采用多特征组合，从而提供更高的感知分辨率和感知精度。因此，利用广域覆盖的移动通信网络频段信号进行感知，不同模态信息的融合可以突破单一信号感知能力的上限。通过不同信号的特征融合，能够取长补短，同时减少冗余信息，以获取互补且鲁棒的感知结果，探究融合网络下多源信号与特征融合的新方法，是未来无线感知的热点研究方向之一。多模态网络通过整合不同类型的感知数据，为无线感知技术带来深度信息融合与智能决策能力。随着下一代（xG）无线网络的发展，将彻底改变人、设备、数据和流程的感知、通信、交互方式，并实现从智能城市到扩展现实等广泛应用。本小节将简要介绍下一代多模态网络的特点，并总结多模态感知的未来发展趋势。

（1）下一代多模态网络的特点

为了促进无缝交互操作性，下一代多模态网络需要不断发展，以适应集成通信传感技术和频谱、异构网络、信号处理趋势（统计、人工智能驱动和分布式系统）、集中式和分布式架构以及设备网络硬件资源中的多种模式。然而，为了满足高目标指标和广泛的应用范围，这些多模态网络必须有效地解决共存过程中的多方面挑战，以应对频谱稀缺以及无线实体的密度越来越大，适应动态和高维无线去中心化网络中的环境和安全。

为了实现高的目标性能指标，xG 网络设想利用多种模式。如图 9-3 所示，这些网络越来越具有以下特征：通信或感知节点具有高水平智能、自主性、交互性、异质性、适应性和可扩展性，这些节点不依赖明确可信的中央机构进行控制；拥有在具有挑战性的无线环境（由多个异构节点在难以理解的动态传播环境中交互而产生的复杂状态空间）中交互的算法。因此，在多模态 xG 网络中实现可靠的全网实用程序的可行性取决于在确保多种通信设备、技术、协议和服务的无缝集成方面解决一系列互补挑战的能力。

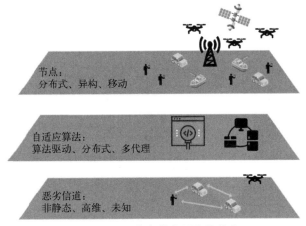

图 9-3　下一代多模态网络的特点

（2）多模态感知的未来发展趋势

多模态感知设备的发展：未来将看到更多研究和开发能够同时采集多种类型感知数据的多模态感知设备。传统的感知设备通常只能采集一种或有限种类的感知数据，而多模态感知设备可以同时采集多种感知数据，如图像、声音、温度、湿度等。通过多模态感知设备的应用，可以获得更全面、准确和多维度的环境信息。

多模态感知数据的融合和处理：多模态感知数据融合和处理算法将整合分析来自不同感知源的信息，可以提高环境信息的准确性和可靠性，并实现对环境的更深入理解和分析。

多模态感知数据的关联和语义理解：通过关联和语义理解多模态感知数据，可以识别和理解环境中的事件、行为和情境，并实现更高层次的感知和决策。

多模态感知数据的时空融合和定位：通过时空融合和定位多模态感知数据，可以实现对环境的精确定位和时空上下文的分析，进一步提高感知系统的准确性和鲁棒性。

多模态感知数据的优化传输和存储：在传输和存储多模态感知数据方面，未来将探索压缩、编码和传输数据的新方法以提高效率和性能。通过优化传输和存储多模态感知数据，探索压缩、编码和传输数据的新方法，可以减少数据传输和存储的成本，并提高感知系统的效率和性能。

多模态感知数据的智能决策和应用：通过智能决策和应用多模态感知数据，可以实现对环境的智能理解和响应，进一步提高感知系统的自主性和智能化。

综上所述，多模态感知和融合技术是无线感知技术未来发展的重要方向。通过发展多模态感知设备、融合和处理多模态感知数据、关联和语义理解多模态信息，可以实现更全面、准确的环境感知和信息提取。这将为各个领域带来更多的应用和创新，如智慧城市的智能交通系统、智能家居的环境监测和智能医疗的健康监护等。多模态感知和融合技术的发展，可促进实现更智能、高效的无线感知系统，为人们的生活和工作带来更多的便利和舒适。

9.2.2　边缘计算和云计算的结合

随着感知设备的智能化和应用场景的复杂化，对于数据处理和计算资源的需求不断增加。当应对日益复杂的无线感知应用场景时，往往离不开海量数据的支持，这就需要进行大规模 AI 训练。然而，无线网络中的终端设备很难提供大量的计算资源与储存资源的支持。为了能够充分利用大规模数据令终端提供高性能的感知服务，目前可能的解决方案是采用云边协同框架。在云端部署基于海量数据驱动的高性能模型，然后令边缘端轻量化模型继承云端模型的优良性能，从而提供高性能、低时延的感知服务。因此，如何在云端的高性能模型与边缘端的轻量化模型间建立一种快速响应的模型卸载方案，实现推理性能与感知时延之间的良好平衡，这些都是基于云边协同的无线感知算法的未来研究重点。特别是在未来车联网场景中，借助智能终端感知、云化终端感知以及基站感知，可以实现人、车、路、云、智的高效连接，可能支持的用例包括自动驾驶、车辆事故监控、天气道路监测以及交通流量及状态估计等。边缘计算和云计算作为两种不同的计算模式，各自具有优势和局限性。在本小节中，将简要介绍云计算和边缘计算并讨论它们在资源分配上的相似性和差异性，然后总结边缘计算和云计算结合的未来发展趋势。

（1）云计算中的资源分配

云计算和分布式边缘计算提供计算资源，以满足物联网和移动通信等技术发展带来的计算需求激增。两种计算范式中的集中式资源分配方法都存在单点故障、篡改、分配结果修改和有偏差的操作。

云计算按需提供计算资源、存储等计算服务。在云计算中，计算资源以虚拟化形式提供给用户，例如虚拟机（VM），它有助于在单个物理计算机上运行多个应用程序服务，这些VM 实例分配给不同的用户以执行其任务。在云计算中，多个提供商为其用户提供计算和存储服务，由于资源有限，且用户数量众多，因此必须将可用资源有效地分配给用户。在云资源分配过程中，需要考虑几个目标，例如供应商的利润、资源利用率、服务质量、用户满意度和成本。图 9-4 给出了资源分配的概述，其中云代理是集中式实体，充当用户和云服务提供商之间的接口并执行资源分配。

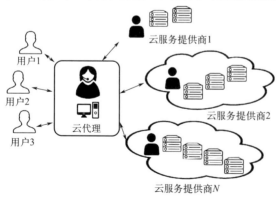

图 9-4　云计算中的资源分配

（2）分布式边缘计算中的资源分配

云计算具有计算能力和存储能力，可以满足物联网设备的需求。然而，计算服务的质量可能会受到多种因素的影响，例如云数据中心与其用户之间的距离以及连接的稳定性。特别是对延迟敏感的应用程序需要及时响应，而云计算可能无法提供。作为云计算的补充，分布式边缘计算应运而生，如雾计算、边缘计算等。在分布式边缘计算中，计算服务由边缘服务器提供，用于处理延迟、移动性和位置敏感型应用程序。在分布式边缘计算中，通常，边缘服务器的多个所有者通力合作，以最大限度地提高其资源利用率和利润。通常节点被部署为一个中心化的机构，负责运行资源分配算法，匹配服务用户和提供者，在边缘和云计算节点中选定最合适的主机等。图 9-5 概述了分布式边缘计算环境中的资源分配。

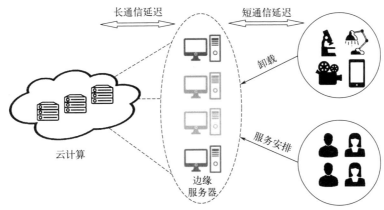

图 9-5　分布式边缘计算中的资源分配

(3) 未来计算技术的发展趋势

计算的增强和扩展：边缘计算将计算和数据处理推向网络边缘，减少数据传输和延迟，提高感知系统的实时性和响应性。未来为满足不断增长的计算需求，需要研究和应用更强大和灵活的边缘计算平台和设备，不断增强和扩展边缘计算的能力，更好地处理感知数据，并实现更高效的感知和决策。

云计算的优化和协同：云计算将计算和数据处理集中在云服务器中，具有强大的计算和存储能力。未来需要研究和应用更高效和可扩展的云计算平台和算法，以满足大规模数据处理和计算的需求。同时，云计算还可以与边缘计算协同工作，通过将部分计算任务卸载到边缘设备上，减少数据传输和延迟，并提高感知系统的性能和效率。

边缘计算和云计算的协同优化：边缘计算和云计算具有不同的优势和局限性，如边缘计算具有低延迟和高实时性，而云计算具有强大的计算和存储能力。未来需要探索如何智能分配任务及优化边缘和云计算的协作，以便高效地处理感知数据。

边缘计算和云计算的安全和隐私保护：在边缘和云计算环境中，保护感知数据的安全和隐私将是研究和应用新技术的重点。未来需要不断研究设计轻量级的安全机制，强化物理层安全技术，推动隐私保护技术发展，并制定相关的法律法规和政策，加强感知数据的安全和隐私保护。

边缘计算和云计算的资源优化和能源管理：边缘计算和云计算的结合也涉及资源优化和能源管理的问题。未来的发展趋势是研究和应用资源优化和能源管理技术，实现感知任务的优化调度和资源的高效利用。通过优化感知任务的调度和资源的分配，可以降低能源消耗，延长感知设备的续航时间，并提高感知系统的能源效率。

边缘计算和云计算的算法和模型优化：边缘计算和云计算需要高效的算法和模型来处理感知数据，且需要可靠、高效的通信网络来支持感知数据的传输和计算任务的协同工作。因此，未来需要开发适应边缘计算和云计算需求的网络架构和通信协议，以及能够提高网络的带宽、可靠性和安全性的低功耗、高性能的算法和模型，以满足感知系统对通信的要求。

综上所述，边缘计算和云计算的结合是无线感知技术未来发展的重要趋势。通过将一部分数据处理任务从云端转移到边缘节点上进行，可以减少数据传输的延迟和能耗，并提高系统的响应速度和性能。同时，云计算可以为边缘节点提供强大的计算和存储资源，以支持更复杂的数据处理和应用需求。并且通过增强边缘计算和云计算的能力、实现边缘和云的协同工作、优化数据管理和迁移、加强安全和隐私保护、优化算法和模型等方面的努力，可以推动无线感知技术的应用和发展，为各行业带来更多的创新机遇。未来，无线感知技术将更加注重边缘计算和云计算的结合。

9.2.3 自主感知和智能决策

随着感知设备的智能化和应用场景的复杂化，如何实现感知设备的自主感知和智能决策成为了一个关键问题。对于目前大量基于模型训练的无线感知方法，若希望扩展后实现对新增类别的识别，一种直观的解决方法是在添加新类别时，利用新增类别以及之前所有旧类别的数据样本对模型进行重新训练。但考虑到实际应用中感知终端设备的存储空间和计算资源的限制，部署后的设备不易存储大量旧类别的训练数据。此外，要求使用者提供大量的新增类别数据样本也会影响用户体验。因此，如何开发一种能够在旧类别和新增类别样本均不足的情况下，准确识别全部类别的可扩展性感知系统至关重要，可以实现更加智能和方便的人机（或智能体之间等）智能交互，从而广泛应用于虚拟现实、智能家居、智能手机（非接触式控制手机）等领域。本小节将探讨自主感知和智能决策在无线感知技术中的未来发展趋势。

感知设备的自主感知能力：未来的感知设备将具备更强的自主感知能力，能够自主地感知和采集数据，减少对中心节点的依赖，并实现分布式感知和决策。传统的感知设备通常需要由中心节点或云服务器进行指令控制和数据处理，这限制了感知系统的实时性和可扩展性。未来的感知设备将具备自主感知的能力，能够根据环境变化和任务需求主动感知和采集数据，减少对中心节点的依赖，并实现分布式感知和决策。

感知数据的智能处理和分析：感知设备采集到的数据通常是海量和复杂的，如何高效地处理和分析这些数据成为了一个挑战。未来的感知设备将应用智能的数据处理和分析技术，如机器学习、深度学习和边缘计算等，以实现对感知数据的智能处理和分析。通过在感知设备本地进行数据处理和决策，可以减少数据传输和延迟，并提高感知系统的实时性和可靠性。

感知任务的自适应调度和资源分配：感知设备通常需要执行多个感知任务，并且这些任务的资源需求和优先级可能不同。未来的感知设备将研究和应用自适应的任务调度和资源分配算法，以实现感知任务的优化调度和资源的高效利用。通过根据任务的重要性和资源的可用性进行动态调度和分配，可以提高感知系统的效率和性能。

感知设备的智能决策能力：感知设备不仅需要具备自主感知能力，还需要具备智能决策的能力。未来的感知设备将具备智能决策的能力，通过结合机器学习、推理推断和知识表示等技术，根据实时的感知数据和预设的决策策略，自主地做出决策并执行相应的操作。

感知系统的协同和协作能力：感知系统通常由多个感知设备组成，它们之间需要进行协同和协作，以实现更复杂的感知任务和决策。未来的感知系统将研究和应用感知设备之间的协同和协作机制，实现感知数据的共享和融合，以及任务的分工和协同执行。通过感知设备之间的信息交换和协作，可以提高感知系统的整体性能和效率。

人机交互和用户参与：在自主感知和智能决策过程中，人机交互和用户参与起着重要的作用。未来的人机交互技术将更智能、自然和可信赖，使用户能够直观地与感知设备进行交互和指导，并参与到感知和决策过程中。通过用户的参与和反馈，可以提高感知系统的适应性和用户体验。

综上所述，自主感知和智能决策是无线感知技术未来发展的重要方向。通过提升感知设备的自主感知能力、智能处理和分析感知数据、自适应调度和资源分配、智能决策能力、协同和协作，可以实现更智能、高效的无线感知系统。

9.2.4　新兴应用领域的发展和应用

人工智能、机器学习、物联网、5G、大数据、云计算等的高速发展正在为智能生活铺平道路，这些新兴技术带来巨大的范式转变和信息产业化。随着无线感知技术的不断发展，新兴应用领域正成为该技术的重要发展方向，这将为无线感知技术带来新的挑战和机遇。本小节将重点探讨无线感知技术在新兴应用领域的发展趋势。

（1）智慧城市

智慧城市的基本特征包括高度的技术集成和信息资源的广泛利用。无线感知技术在智慧城市中的应用非常广泛。通过感知设备和传感网络，可以实时监测交通流量、空气质量、噪声水平等城市数据，为城市规划和运营提供决策支持。此外，无线感知技术还可以用于智能交通系统、智能停车管理、智能能源管理等方面，提高城市的可持续性和居民的生活质量。

（2）智能交通系统

智能交通系统是无线感知技术的一个重要应用领域。随着城市化进程的加速和交通拥堵问题的日益严重，智能交通系统成为了提高交通效率和减少交通事故的重要手段。无线感知技术可以通过感知车辆、行人和道路条件等信息，实现交通信号的智能优化、交通流量的实时监控和交通事故的预警等功能。未来，随着无线感知技术的进一步发展，智能交通系统将更加智能化和高效化，为城市交通管理带来巨大的改变。

（3）智能环境监测

随着环境污染和气候变化的日益严重，智能环境监测成为了保护环境和人类健康的重要手段。无线感知技术可以通过感知环境中的温度、湿度、空气质量等参数，实时监测环境的变化，并将数据传输到监测中心进行分析和处理。未来，随着无线感知技术的进一步发展，智能环境监测将实现更高精度的数据采集和分析，为环境保护提供更有力的支持。

（4）智能农业

智能农业是无线感知技术的另一个重要应用领域。随着全球人口的不断增长和农业资源的有限性，智能农业成为了实现农业可持续发展的关键。无线感知技术可以通过感知土壤湿度、气象条件、作物生长状态等信息，实现农田的精细管理和农作物的智能化种植。未来，随着无线感知技术的进一步发展，智能农业将实现更高效的资源利用和农作物产量的提高，为粮食安全和农业可持续发展作出贡献。

（5）智能健康监护

智能健康监护是无线感知技术的另一个重要应用领域。随着人们对健康的关注度不断提高，智能健康监护成为了实现个性化医疗和健康管理的关键。无线感知技术可以通过感知人体生理参数、运动状态和环境条件等信息，实时监测个体的健康状况，并提供个性化的健康建议和预警。未来，随着无线感知技术的进一步发展，智能健康监护将实现更准确的健康数据采集和分析，为人们的健康管理提供更好的支持。

综上所述，无线感知技术在新兴应用领域的发展和应用具有巨大的潜力，智慧城市、智能交通系统、智能环境监测、智能农业和智能健康监护等领域的发展将为无线感知技术带来新的挑战和机遇。

9.2.5　通信感知一体化

无线通信和雷达传感（C&S）已经并行发展了几十年，但交集有限。其实，它们在信号处理算法、设备以及一定程度上的系统架构方面有许多共同点。这激发了相关人员对两种系统共存、合作和联合设计的重大研究兴趣。无线通信和雷达传感融合可以在一个系统中实现通信感知一体化（integrated sensing and communication，ISAC），即两种系统的共存。一方面，整个通信网络可以作为一个巨大的传感器，网元发送和接收无线信号，利用无线电波的传输、反射和散射，更好地感知和理解物理世界。通过从无线信号中获取距离、速度、角度信息，提供高精度定位、手势捕捉、动作识别、无源对象的检测和追踪、成像及环境重构等广泛的新服务，实现"网络即传感器"（network as a sensor）。另一方面，感知所提供的高精度定位、成像和环境重构能力可以帮助提升通信性能，例如波束赋形更准确、波束失败恢复更迅速、终端信道状态信息追踪的开销更低，实现"感知辅助通信"。感知同时也是对物理世界、生物世界进行观察、采样，是其连接数字世界的"新通道"。

在过去的十年中，通信和雷达系统的共存已经得到了广泛的研究，接下来的重点是开发有效的干扰管理技术，以便两个单独部署的系统能够在不相互干扰的情况下顺利运行。虽然雷达和通信系统可能位于同一位置，甚至在物理上集成，但它们传输的是在时间或频率域重叠的两种不同信号。它们通过合作共享相同的资源来同时运行，目标是尽量减少对彼此的干扰。然而，有效的干扰消除通常对节点的移动性和节点之间的信息交换有严格的要求。因此，频谱效率的提高在实际应用中是有限的。

　　由于共存系统中的干扰是由传输两个独立信号引起的，人们自然会问，是否可以使用单个传输信号同时进行通信和雷达探测。雷达系统通常使用专门设计的波形，例如短脉冲和调频脉冲，这些波形能够实现高功率辐射和简单的接收处理。然而，这些波形对于雷达探测并不是必需的。无源雷达或无源探测是探索多样化无线电信号用于探测的一个很好的例子。原则上，任何功率足够的无线电信号都可以用于"照亮"待探测物体，例如电视信号、WiFi信号和移动通信（蜂窝）信号。这是因为无线电信号的传播总是会受到环境动态因素的影响，比如收发器的移动、周围物体的移动和轮廓变化，甚至是天气变化。因此，环境信息会被编码到接收到的无线电信号中，并可以通过使用无源雷达技术提取出来。然而，无源探测存在两大主要限制。首先，在无源探测中，发射器和接收器之间的时钟相位并未同步，且发射和接收信号之间始终存在未知且可能随时间变化的时间偏移。这导致探测结果中的时间和距离存在模糊性，同时也增加了将多个测量值进行联合处理的难度。其次，探测接收器可能不知道信号的结构。因此，无源探测缺乏干扰抑制能力，无法从不同发射器分离出多用户信号。当然，无线电信号并没有以任何方式进行优化以适应探测需求。

　　传统雷达正在向更通用的无线电传感方向发展。由于其通用性和全面性，人们更喜欢无线电传感一词而不是雷达。这里的无线电传感可以广泛地认为从接收到的无线电信号中检索信息，而不是从发射机调制到信号的通信数据中检索信息。它可以通过测量与位置和移动速度相关的传感参数来实现，例如时间延迟、到达角、出发角、多径信号的多普勒频率和幅度，以及使用无线电信号的物理特征参数（例如设备、物体或活动的固有模式信号）。本书将这两种相应的处理活动分别称为感知参数估计和模式识别。从这个意义上讲，无线电传感更多的是指使用无线电信号的一般传感技术和应用，如使用视频信号的视频传感其涉及更多样化的应用，如物联网、WiFi和5G网络中的物体、活动和事件识别。

　　联合通信和雷达无线电传感（joint communication and radar/radio sensing，JCAS）正在成为一种将通信和传感集成到一个系统中的有吸引力的解决方案。它共同设计并使用单个传输信号进行通信和传感，这意味着大多数发射机模块可以由C&S共享。

　　大多数接收器硬件也可以共享，但是接收器处理，特别是基带信号处理，对于C&S来说通常是不同的。通过联合设计，JCAS还可以潜在地克服上述被动传感的两个限制。这些特性使得JCAS与现有的频谱共享概念（如认知无线电、共存的通信-雷达系统以及使用分离波形的"集成"系统，其中通信和传感信号是分离的）在时间、频率和代码等资源中有很大不同。尽管这两种功能可以在物理上结合在一个系统中。表9-1简要比较了分离波形C&S、共存C&S、被动感知、认知无线电和JCAS五种系统的信号格式和主要特征、优缺点。

表 9-1　C&S 与分离波形、共存 C&S、被动感知、认知无线电和 JCAS 的比较

系统	信号格式和关键特性	优点	缺点
具有分离波形的 C&S	C&S 信号在时间、频率、编码和/或极化上被分离；C&S 硬件和软件部分共享	相互干扰小；几乎独立的 C&S 波形设计	频谱效率低；低阶积分；复杂的发射机硬件

系统	信号格式和关键特性	优点	缺点
共存 C&S	C&S 使用分离的信号,但共享相同的资源	更高的频谱效率	干扰是一个主要问题; 通常需要节点协作和复杂的信号处理
被动传感	接收到的无线电信号用于在通信系统外部的专门设计的传感接收器上进行传感; 发射机无联合信号设计	无需对现有基础设施进行任何更改; 更高的频谱效率	需要专用的感应接收器; 时间模糊; 没有波形优化; 当信号结构复杂和未知时,非相干传感和有限的传感能力,例如,无法从不同的发射机中分离多用户信号
认知无线电	二次系统通过感知频谱空洞或通过干扰减缓与主系统共存	提高频谱效率; 对主系统运行的影响可以忽略不计	二次系统的性能无法保证。由于对频谱感知和潜在干扰抑制的要求,它们也具有较高的复杂性
JCAS	共同设计了一种用于 C&S 的公共传输信号	最高的频谱效率; 完全共享的发射器和大部分共享的接收器; 波形、系统、网络的联合设计与优化; "相干传感"	要求与发射机同址的接收机具有全双工或同等能力; 发送端与接收端分离而无时钟同步时的感知歧义

(1) 感知移动网络(PMN)的潜在传感应用

JCAS 具有将无线电传感集成到大规模移动网络中的潜力,从而创建感知移动网络(PMN)。"感知"即通过无线电视觉和对现有移动网络的推断来感知环境的附加能力,这种感知可以远远超越定位和跟踪,使移动网络能够"看到"和理解环境。从目前的移动网络发展而来,PMN 预计将作为无处不在的无线电传感网络,同时提供高质量的移动通信服务。它可以建立在现有的移动网络基础设施之上,不需要对网络结构和设备进行重大改变。它将释放移动网络的最大能力,并避免建设单独的广域无线电传感网络的过高基础设施成本。

PMN 能够提供同步通信和无线电传感服务,并且由于其更大的宽带覆盖范围和强大的基础设施,它可能成为无线电传感的普遍解决方案。其联合和协调的通信和传感能力将提高社会的生产力,并促进创造和采用大量现有传感器无法有效实现的新应用。

PMN 具有比 WiFi 传感更先进的基础设施,包括更大的天线阵列、更大的信号带宽、更强大的信号处理以及分布式和协作基站。特别是通过大规模多输入多输出(MIMO),PMN 相当于拥有大量用于传感的"像素"。这使得无线电设备能够一次解析多个物体,并以更好的分辨率获得传感结果。

PMN 可以实现的一些传感应用如图 9-6 所示。它们可以分为几个主要领域,如智能交通、智慧城市、智能家居、工业物联网、环境传感和传感辅助通信。表 9-2 列出了这些应用程序的更具体的实例。

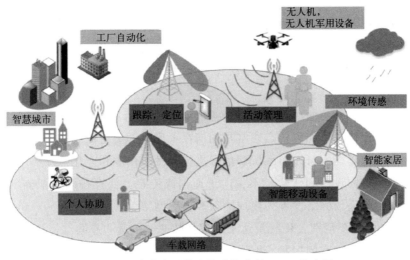

图 9-6　具有集成通信和传感能力的 PMN 的应用

表 9-2　PMN 的潜在传感应用

应用领域	案例与实例
智能交通	实时全市车辆分类和跟踪； 车辆速度测量； 路边停车位侦测； 自动驾驶的传感辅助； 无人机监控和管理
智能城市	广泛监控街道及露天地方的保安及安全； 低成本自动街道照明系统； 管理大型活动和紧急疏散的人群； PMN 和智能移动设备提供的综合个人导航和安全服务
智能家居	(穿墙)定位和跟踪； 人类行为识别和跌倒检测； 监测呼吸模式等生物医学信号； 人类存在探测和无线电围栏
工业物联网	车辆、设备和工人的定位和跟踪； 监视和近距离探测； 对象识别和认证； 设备操作的手势识别
环境遥感	工厂排放和污染监测； 雨量监测及水浸预测； 监测动物迁徙； 监测候鸟和昆虫
敏感辅助通信	无线电信号传播测绘和现场调查； 波束跟踪和预测波束形成； 感应种子加密通信； 传感辅助通信资源优化

（2）3 种类型的 JCAS 系统

为了实现通信感知一体化，本小节研究了不同类型的 JCAS 系统，并探索它们在实际应用中的潜力。

根据设计优先级和底层信号格式，当前 JCAS 系统可分为以下三类。

以雷达为中心设计：在一次雷达系统中实现通信功能（或将通信集成到雷达中）。

以通信为中心的设计：在主通信系统中实现无线电雷达传感功能（或将雷达集成到通信中）。

联合设计和优化：不受底层系统和信号约束的技术。

在前两类中，设计和研究的重点通常是如何在不显著影响主系统的原则下，根据主系统的信号格式实现其他功能，可以对系统和信号进行轻微的修改和优化。最后一类考虑信号波形、系统和网络架构的设计和优化，不偏向于通信或传感，仅旨在满足所需的应用。PMN 属于第二类，旨在将通信网络发展为集成通信和传感网络。

① C&S 信号的主要区别：传统雷达系统包括脉冲波雷达和连续波雷达，如图 9-7 所示。在脉冲雷达系统中，大带宽的短脉冲要么单独发射，要么成群发射，然后有一段静默期用于接收脉冲的回波。连续波雷达会持续发送波形，例如调频脉冲，通常扫描一大段频率范围。无论是哪种系统，波形通常都是非调制的。这些波形既用于单输入单输出（SISO）雷达系统，也用于多输入多输出（MIMO）雷达系统，MIMO 雷达中则使用正交波形。

在大多数雷达系统中，低峰值平均功率比（PAPR）是发射信号的理想特性，它可以实现高效率的功率放大器和远程工作。发射波形还需要有一个主瓣陡窄的模糊函数，即接收到的回波信号与本地模板信号的相关函数。这些波形旨在实现雷达接收机中的低复杂性硬件和信号处理，用于估计关键传感参数，如延迟、多普勒频率和到达角。然而，它们对于估计这些参数并不是必不可少的。脉冲雷达接收机通常以两倍于发射脉冲带宽的高采样率对信号进行采样，或以期望的延迟（测距）分辨率相对较低的采样率对信号进行采样。而连续波雷达的接收器，例如调频连续波雷达，通常以比扫描带宽小得多的速率采样"拍"频率的信号，与期望的最大延迟检测能力成正比。在这里，拍频等于回波信号的频率与发射信号的频率之差，该信号被用作接收机本地振荡器的输入，并包含距离信息。由于其特殊的信号形式和硬件，雷达系统通常不能支持非常高的通信，除非对波形或接收器结构进行重大修改。

相比之下，通信信号的设计是为了最大限度地发挥信息承载能力。它们通常是调制的，调制信号通常在数据包中附加非调制的间歇训练信号，如图 9-7 所示。其中 Tx 代表发射机，Rx 为接收方，PRI 为脉冲重复间隔，BPF 用于带通滤波器。为了支持不同的设备和通信需求，通信信号可能非常复杂，例如它们在时间和频率域上可能是不连续的和碎片化的，具有高 PAPR，由于在时间、频率和空间域中应用了先进的调制而具有复杂的信号结构。

虽然在设计时没有考虑到传感的需求，但通信信号有可能被用来估计所有关键的传感参数。然而，与传统的信道估计不同的是，感知参数估计需要提取信道组成，而不仅仅是信道系数。这种详细的信道组成估计在很大程度上受到硬件能力的限制。复杂的通信信号与传统雷达有很大不同，需要新的传感算法。在通信系统中也存在实际的限制，如全双工操作和发送节点与接收节点之间的异步，这需要开发新的传感解决方案。另外可以注意到信号结构的详细信息，如时间、频率和空间的资源分配，以及传输的数据符号，对于传感是至关重要的，例如信号结构的知识对于相干检测是很重要的。相比之下，大多数无源雷达感知只能对

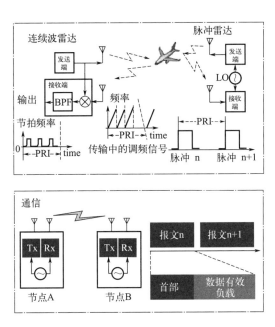

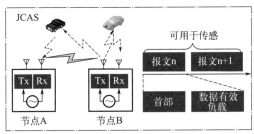

图 9-7　基本脉冲和连续波雷达、通信系统和 JCAS 系统的说明

未知信号结构进行非相干检测，因此只能从接收到的性能下降的信号中提取有限的感知参数。

　　② 以雷达为中心的设计：实现一次雷达系统通信　雷达系统，特别是军用雷达，具有非凡的远程作战能力，最远可达数百公里。因此，在雷达系统中实现通信的一个主要优点是实现远程通信的可能性，与卫星通信相比具有更低的延迟。然而，由于雷达波形的固有限制，这种系统的可实现数据速率通常是有限的。雷达系统通信的实现传统上是基于脉冲或连续波雷达信号。因此，信息嵌入是主要的挑战之一。

　　③ 以通信为中心的设计：在初级通信系统中实现传感　考虑到通信网络的拓扑结构，这类系统可以分为两类：即在点对点通信系统中实现传感的系统，特别是在车载网络中的应用；以及在移动网络等大型网络中实现传感的系统。根据发射器和传感接收器的空间分布方式，在传感方面，这些系统类似于传统的单静态、双静态和多静态雷达。

　　将传感集成到通信中的两个基本问题是：如何在传感接收器和发射器位于同一位置的单静态设置中实现全双工操作；以及如何消除双静态或多静态设置中由于空间分离的发射器和（传感）接收器之间通常解锁的时钟而造成的时钟异步影响。这里的全双工意味着接收器和发射器在同一频段上同时工作。对于单静态雷达，脉冲雷达通过暂时分离发射时隙和接收时隙，避免了全双工工作，导致近场传感出现盲点。对于 FMCW 雷达，它是通过使用发射信号作为本地振荡器的输入来抑制来自发射机的泄漏信号来实现的，这导致了差频信号的输出，而发射信号的信息很少。现代通信系统主要传输连续波形，并将未调制的正弦信号作为振荡器的输入。因此，这两种雷达方法在通信系统中都是不实用的，除非一个专用的传感接收器硬件类似于 FMCW 雷达被集成。从长远来看，全双工技术已成为主流广泛调查通信，将是一个理想的单静态传感解决方案。

④ 没有底层系统的联合设计：虽然第三类技术和系统与前两类之间没有明确的界限，但前者在信号和系统设计方面有更多的自由。也就是说，JCAS 技术可以不受现有通信或雷达系统的限制而发展。从这个意义上说，它们可以通过考虑通信和传感的基本要求来设计和优化，从而可能在两种功能之间提供更好的权衡。

毫米波和（次）太赫兹 JCAS 系统是促进这种联合设计的好例子。虽尚未被广泛部署，但正在兴起，其具有大带宽和短波长，为高数据通信和高精度传感提供了巨大的潜力。

另一个例子是多通道 JCAS 系统，其一次使用一个或多个通道，并且在信号传输的一段时间内占用多个通道。跳频系统就是一种多通道 JCAS 系统，典型如现有的蓝牙系统，其工作频率通道在不同的数据包上改变。多通道系统可以在不增加瞬时通信带宽的情况下，为传感提供整体大的信号带宽。这可以在很大程度上降低硬件成本，也可以很好地与通信系统的频谱使用相匹配。

（3）JCAS 系统的优点

JCAS 系统具有统一集成的通信和传感功能，预计具有以下优势。

频谱效率：通过完全共享可用于无线通信和雷达的频谱，可以理想地将频谱效率提高一倍。

波束形成效率：波束形成性能可以通过利用由传感获得的信道结构来提高，例如对信道动态的快速波束适应和波束方向优化。

降低成本/尺寸：与两个分离的系统相比，联合系统可以显著降低收发器的成本和尺寸。

与 C&S 的交互：通过集成，C&S 可以相互受益。通信链路可以为多节点之间的感知提供更好的协调；感测可以为通信提供环境感知。

（4）通信感知一体化网络演进挑战

然而，要实现通信感知一体化的愿景，必须克服一系列的挑战。传统无线网络专注于连接和管理，6G 通信感知一体化无线网络需要增加感知、智能、算力、数据处理、安全增强等能力，如何将这些能力与现有网络结合极具挑战性。同时，6G 通信感知一体化无线网络也要适应未来业务场景的多样化、信息和通信技术（operation，data，information and communication technology，ODICT）的融合、商业的极致性能、持续发展的社会责任等需求。因此，6G 通信感知一体化无线网络的复杂程度进一步增加，其演进也面临巨大挑战。

在通感方面，实现 6G 通信感知一体化无线网络需要融合通信和感知两种典型功能，因此需要充分考虑核心网、空口等网元或者资源在感知和通信资源的业务化均衡。在空口方面，比较典型的是如何采用合适的波形、帧结构或者多入多出技术实现感知功能，尤其是在感知精度要求较高的情况下，如何提升感知精度。在网元和架构设置方面，需要综合考虑通信和感知需要的时延、业务处理能力等，进行架构的合理化设置。

在智能化方面，实现 6G 通信感知一体化无线网络面临数据采集、处理、存储的挑战，数据使用安全方面的挑战，模型训练算力资源不足的挑战，以及模型使用泛化性、稳定性的挑战等。此外，不同行业和场景中的智能服务对网络的需求千差万别，模型评估及智能化服务质量指标尚无成熟的量化评估方式，如何评估智能化服务质量也是一个重要挑战。

在算力方面，实现 6G 通信感知一体化无线网络存在算力部署、感知、调度、编排、安全等问题，未来 6G 网络对算力需求巨大，多维算力资源广泛分布在大量的异构网元节点中，在各个网元节点可能都有算力部署。因此，如何高效利用算力资源以及分布式算力协同将是未来需要解决的问题。

（5）通信感知一体化的关键技术

为了应对这些挑战，需要研究和开发一系列的关键技术，通信感知一体化的关键技术如下：

① 通感融合技术　因通信与感知具备类似的网络架构和频段，通感融合能够将通信、感知、算力等因素基因化再进行智能基因重组，实现智能化、融合化、低碳化、高效能化的全新无线架构，通感一体化无线网络也是未来网络发展的必要目标。通感融合不仅要考虑通信的指标，还要考虑感知的指标。因此在 6G 通感融合中，需要打造基因工程，打通通信与感知的关键指标、判别标准和关键技术，并以 AI、机器学习等智能化技术进行多维基因片段的高效重组和结合。通感一体化研究是一个循序渐进的过程，需从架构、关键技术和评价指标等方面进行研究，可以有效提升通信质量，也可以实现无接触感知，是未来较有潜力的发展场景。通感融合将面临来自场景需求、政策和技术等多方面影响，但是其对资源的深度集成化，将极大地节省部署成本，为未来的通感融合技术构建一个开放互助、良性发展的全行业生态圈。

通感融合研究可分为 5G-A 阶段和 6G 阶段，这两个阶段的通信感知一体化架构将有较大的差异性。5G-A 阶段主要考虑与现有 5G 网络的协调性，与网络架构的向下兼容性。6G 阶段主要考虑新技术、新业务的融入，新架构的开发以及原有架构的深度调整。以下对面向通感发展的业务和功能进行详细介绍。

5G-A 阶段主要考虑使用 5G 服务感知的阶段。该阶段主要使用复用 5G 架构和低粒度的修订网元实现感知的功能，并不会过度要求感知对通信的优化。在此阶段，通信、感知、算力和智能化的关系可以简单归纳为：通信辅助感知，实现一机多用；算力作为感知处理的基础，高效协同感知处理资源；智能化作为融合的初步引擎，实现高精度感知。

6G 阶段在考虑高精度感知的情况下，还需考虑如何使用感知提升通信性能。此阶段将是通信、感知、智能和算力强力融合的阶段，业务的耦合化和技术的深度内生加持❶将成为通感融合的特色。通信、感知、算力、智能化的关系可以归纳为：精细化感知辅助高效能通信，实现无线资源的合理调度；算力作为通信和感知协同的底座，实现分布式、高效化、低

---

❶　深度内生加持：指网络本身具有智能化的特性，能够自我优化、自我配置，并自动适应不断变化的需求和条件。

时延的通感融合网络；智能化作为内生网络❶的大脑，实现高质量通信与感知。

② 智能化技术 AI 为 5G 和 6G 无线网络的运行提供了众多潜在功能，是无线网络发展的加速器。基于图 9-8 的架构来看：目前无线网络智能化主要在网管侧应用域实现，如智能节能、故障原因分析等；控制域的意图解析等还在探索阶段；资源域的高层 AI（如智能编排等）已进行部分商用部署；物理层 AI、智能超表面等受算力及效果的限制，尚处于探索阶段。下面从技术演进及模型分级部署两方面介绍网络智能化演进情况。

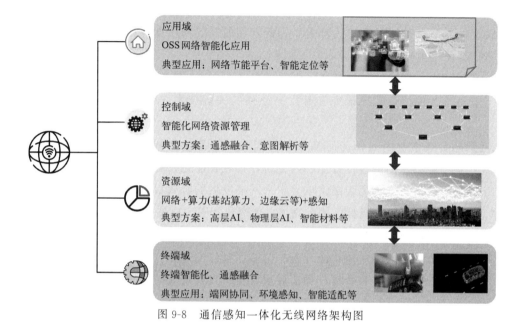

图 9-8　通信感知一体化无线网络架构图

a. 网络智能化技术演进特征：随着无线网络的演进，智能化的发展将从 AI4NET（AI for Network）到 NET4AI（Network for AI）的阶段转变，要求移动通信网络不仅是传输管道，更要将智能服务所需的多维资源与网络功能、协议和流程进行深度融合设计。

到 6G 阶段，无线网络将向智能内生方向演进，在网络架构内部提供数据采集、数据预处理、模型训练、模型推理等 AI 工作流全生命周期的运行和管理，将 AI 服务所需的算力、数据、算法、连接与网络功能、协议和流程进行深度融合设计，支持将 AI 能力按需编排，为高水平网络自治和多样化业务需求提供智能化所需的基础能力。

6G 无线网络将向云化与分布式的方向发展，需要考虑分布式网元节点间多维异构资源的协调性以及智能服务对性能的差异化需求。6G 网络中智能服务的质量，需要综合考虑智能服务对通信、计算、数据和存储资源的不同需求。

b. 网络智能化模型分级部署：从网络智能化实现及部署的角度来看，现阶段可将 AI 简单分为模型训练和模型推理功能。根据所处位置和算力能力的不同，AI 适用于不同的应用案例和场景。

---

❶ 内生网络：指网络的设计和操作都考虑到了内在的智能化需求，智能化成为网络的内在属性，即网络本身具备智能化的能力。

目前，5G 基站侧只支持小模型的推理，随着基站算力的增强、基站云化技术的应用，到 6G 阶段，基站将支持智能内生，可进行小规模 AI 训练和 AI 推理，其他大、中模型根据场景需求可分别部署在移动边缘计算（mobile edge computing，MEC）或操作制成系统（operation support system，OSS）中。

如图 9-9 所示，在网管应用域，网管设备为通用服务器，可扩展性强，数据采集时延大于 15min，支持非实时智能化预测分析，具备大模型训练能力。在边缘云资源域层面，MEC 为通用服务器，部署位置更靠近基站，支持近实时（＞1s）智能化预测分析，具备中模型训练能力，支持大、中模型推理。

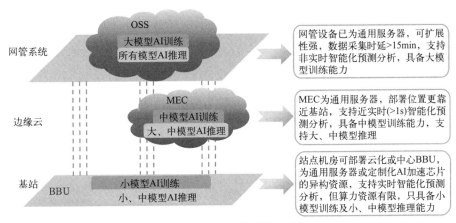

图 9-9　分级智能化部署示意图

在基站设备层面，如站点机房级，可支持部署云化或中心室内基带处理单元（building baseband unit，BBU），可作为通用服务器或定制化 AI 加速芯片的异构资源，支持实时智能化预测分析。但基站算力资源有限，只具备小模型训练及小、中模型推理能力。

c. 算力技术：算力一般定义为设备通过处理数据实现特定结果输出的计算能力，常用每秒浮点操作数（floating-point operations per second，FLOPS）作为度量单位。数字经济时代，算力是多技术融合、多领域协同的重要载体，作为生产力支撑数字经济发展的坚实基础。算力发展历经三个阶段：早期单点式计算通过使用一台大型计算机或一台个人计算机独立完成全部计算任务；随着计算需求的增加，单点式计算逐渐呈现算力不足的趋势，如网格计算等分布式计算架构开始出现，分布式计算可将巨大的计算任务分解为众多小型计算任务并交由不同的计算机完成；随着信息化和数字化的不断深入，各行各业表现出对算力的强烈需求，云计算技术应运而生。云计算技术可看作分布式计算的新范式，其本质是将大量的零散算力资源进行打包、汇聚，实现更高可靠性、更高性能、更低成本的算力。

面向通信感知一体化无线网络架构演进，算力基础设施将与基站基础设施深度融合，形成算力资源池，满足感知和智能化带来的大量计算需求。无线网络通过在算力上搭载智能化应用，实现对网络资源和性能的优化。算力编排中心通过对网络状态、能力、需求，以及算力分布的感知，实现算力资源的高效利用。

在 6G 通信感知一体化无线网络中，不同的计算功能对算力的需求也不同，例如：物理层计算对实时性要求高，采用中央处理器串行计算的方式无法满足实时性需求；网络级智能化在网管层进行训练、推理，对算力要求高，对实时性要求低，采用专用集成电路（application specific integrated circuit，ASIC）进行计算，不仅灵活性差，算力受限，且成本较高。因此无线网络在向通信感知一体化演进中，需要部署 CPU、图形处理器、ASIC 和现场可编程门阵列等多维异构算力资源，实现算力和网络功能协同。

（6）应用场景

通信感知一体化主要应用在感知与通信业务耦合场景，包括基于智能体交互的无人化业务、基于人机交互的沉浸式业务和基于虚实空间交互的数字孪生业务。这类业务中感知行为和内容与通信行为和内容具有不同层次与程度的相关性。本书以智能体交互为例，阐述无线感知通信一体化的具体应用思路。

智能体是指具有环境感知、交互与响应能力的实体，如机器人、无人车及无人机等。智能体感知能力通常来自于摄像头、各类雷达和各类传感器。交互能力通常基于感知与通信实现，响应能力来自于智能体的学习（包括推理、决策）和执行能力。由于智能体软硬件资源不同，其无线感知、通信、学习、计算能力各有差异。因此，智能体交互具有不同层次的目标。

① 协同感知　为了完成目标任务，智能体需要交互数据与信息，例如在车联网场景中，车车或车路之间以通信方式交换感知数据，通过数据融合以提高感知维度、深度和精度。这里的交互数据可以是原始数据或训练集数据。

② 协同训练　协同训练是智能体合作训练模型的过程。具体有三种情况：一是智能体算力不均衡，较强算力的智能体帮助其他智能体完成模型训练；二是相关智能体分工完成本地模型训练，再汇总形成完备的区域模型；三是智能体交互各自训练模型，帮助测试和优化性能。

③ 协同推理　协同推理是智能体合作求解问题的过程。通常目标任务会被定义为若干优化问题，每个问题可分解成子问题并分配给智能体局部求解。智能体基于自身的资源和模型对分配的问题进行推理，并将局部推理结果发送给其他智能体进行参考或修正，或者发送给网络合成整体推理结论。最终推理结论可能需要多次推理结果的更新迭代才能确定。多个智能体通过交互形成推理网络，需要精心设计推理架构来优化其推理能力。

④ 协同决策　协同决策是智能体达成一致行动约定的过程。这些行动约定以命令的形式下发到智能体的执行单元，推动任务流程或响应任务外的突发事件。

数据融合问题贯穿上述 4 个智能体交互层级，可以进行数据级、推理级或决策级融合。如摄像头和毫米波雷达感知信息的融合，可以综合利用目标形状、距离及速度等感知信息，实现对物体的精准定位与识别。

无线感知通信一体化可以应用在上述 4 个智能体交互层级，支持数据融合、数据降维，提升感知精度。主要应用思路是围绕目标任务，充分利用基于通信的合作感知方式，降低感知数据量，对于非合作目标，充分利用任务先验信息和合作感知获取的先验信息，降低感知计算量。同时，根据目标任务的全生命周期等先验信息，通过无线感知通信一体化，减少下一步流程中不必要的感知与通信行为。

本章小结

　　本章深入探讨了无线感知技术在发展过程中所遇到的挑战以及未来的发展趋势。首先，总结了该领域面临的主要挑战：隐私保护和数据安全、无线感知与现有网络的共存问题、实时性要求与资源限制、能量效率与功耗管理以及大规模部署和管理的问题。应对并解决这些挑战对于无线感知技术的进一步发展和应用至关重要。接着，本章展望了未来可能的发展方向，包括多模态感知和融合技术的进步、边缘计算与云计算结合的趋势、自主感知和智能决策算法的提升、新兴应用领域的发展，以及通信感知一体化的探索。这些趋势不仅为无线感知技术的未来提供了广阔的前景，同时也指出了研究和应用的新机遇。总的来说，尽管存在挑战，无线感知技术仍然有着巨大的发展潜力，预计在未来将在多个领域产生重大影响。

参 考 文 献

[1] Ma Y，Zhou G，Wang S. WiFi sensing with channel state information：A survey［J］. ACM Computing Surveys，2019，52（3）：1-36.

[2] Tan S，Ren Y，Yang J，Chen Y，et al. Commodity WiFi sensing in ten years：Status，challenges，and opportunities［J］. IEEE Internet of Things Journal，2022，9（18）：17832-17843.

[3] 阮成礼. 毫米波理论与技术［M］. 成都：电子科技大学出版社，2001.

[4] Iannizzotto G，Milici M，Nucita A，et al. A perspective on passive human sensing with bluetooth［J］. Sensors，2022，22（9）：3523.

[5] 米志强. 射频识别（RFID）技术与应用［M］. 北京：电子工业出版社，2015.

[6] Mao W，Wang M，Qiu L. Aim：Acoustic imaging on a mobile［C］. Proceedings of The 16th Annual International Conference on Mobile Systems，Applications，and Services，2018：468-481.

[7] 高威，王可东. 基于 WiFi 的 RSSI 指纹定位方法［C］. 中国卫星导航系统管理办公室学术交流中心. 第十一届中国卫星导航年会论文集——S10 PNT 体系与多源融合导航. 北京航空航天大学，2020.

[8] 万群，郭贤生，陈章鑫. 室内定位理论、方法和应用［M］. 北京：电子工业出版社，2012.

[9] Adib F，Katabi D. See through walls with WiFi［C］. Proceedings of the ACM SIGCOMM 2013 Conference on SIGCOMM，2013：75-86.

[10] 宋铮，张建华，黄冶. 天线与电波传播［M］. 西安：西安电子科技大学出版社，2011.

[11] 钟顺时. 天线理论与技术［M］. 北京：电子工业出版社，2011.

[12] 李建业，李兆洋. 综合无线传播模型［M］. 刘青格，译. 北京：电子工业出版社，2015.

[13] 谭泽富，聂祥飞，王海宝. OFDM 的关键技术及应用［M］. 成都：西南交通大学出版社，2005.

[14] 林云，何丰. MIMO 技术原理及应用［M］. 北京：人民邮电出版社，2010.

[15] 黄韬，袁超伟，杨睿哲，等. MIMO 相关技术与应用［M］. 北京：机械工业出版社，2007.

[16] 莫利斯著. 无线通信：第 2 版［M］. 田斌，帖翊，任光亮，译. 北京：电子工业出版社，2015.

[17] Theodone S. Rappaport，Robert W. Heath Jr，Robert C. Daniels；谢拥军，王正鹏，诸葛晓栋，等译. 毫米波无线通信 信息与通信技术［M］. 北京：电子工业出版社，2023.

[18] 梁久祯，陈璟. 无线传感与定位新技术［M］. 北京：科学出版社，2017.

[19] Hernandez，Steven M，Eyuphan Bulut. WiFi sensing on the edge：Signal processing techniques and challenges for real-world systems［J］. IEEE Communications Surveys & Tutorials，2022：46-76.

[20] He Y，Chen Y，Hu Y，et al. WiFi vision：Sensing，recognition，and detection with commodity MIMO-OFDM WiFi［J］. IEEE Internet of Things Journal，2020：8296-8317.

[21] 张炜，王世练，高凯. 无线通信基础［M］. 北京：科学出版社，2014.

[22] Goldsmith A. Wireless communications［M］. Cambridge，United Kingdom：Cambridge University Press，2005.

[23] Durgin G D，Rappaport T S，De Wolf D A. New analytical models and probability density functions for fading in wireless communications［J］. IEEE Transactions on Communications，2002，50（6）：1005-1015.

[24] DavidTs. Fundamentals of wireless communication［M］. Cambridge，United Kingdom：Cambridge University Press，2005.

[25] Zhangjie Fu，Jiashuang Xu. Writing in the air with WiFi signals for virtual reality devices［J］. IEEE Transactions on Mobile Computing，2018，18（2）：473-484.

[26] Bo Tan，Qingchao Chen. Exploiting WiFi channel state information for residential healthcare informatics［J］. IEEE Communications Magazine，2017，56（5）：162-178.

[27] Shuyu Shi. Accurate location tracking from CSI-Based passive device-Free probabilistic fingerprinting［J］. IEEE Transactions on Vehicular Technology，2018，67（6）：5217-5230.

［28］ Johnston M，Modiano E. Wireless scheduling with delayed CSI：When distributed outperforms centralized ［J］. IEEE Transactions on Mobile Computing，2018，17（11）：2703-2715.

［29］ 周言. 室内无线信道状态信息的室内无线定位技术研究 ［D］. 杭州：浙江工业大学，2015.

［30］ 苏巴斯·钱德拉·穆克帕德亚著. 智能感知 无线传感器及测量 ［M］. 梁伟，译. 北京：机械工业出版社，2016.

［31］ 荆丽丽，黄睿，刘凌云. 无线电通信技术与信号处理 ［M］. 北京：中国纺织出版社，2016.

［32］ 周素华. 数字信号处理基础 ［M］. 北京：北京理工大学出版社，2017.

［33］ 李勇，赵健，程伟. 数字信号处理原理与应用 ［M］. 西安：西北工业大学出版社，2016.

［34］ 安颖，崔东艳，刘利平. 现代信号处理 ［M］. 北京：清华大学出版社，2017.

［35］ 张旭东，崔晓伟，王希勤. 数字信号分析和处理 ［M］. 北京：清华大学出版社，2014.

［36］ Ma Y，Zhou G，Wang S. WiFi sensing with channel state information：A survey ［J］. ACM Computing Surveys，2019，52（3）：1-36.

［37］ Wang J，Varshney N，Gentile C，et al. Integrated sensing and communication：Enabling techniques，applications，tools and data sets，standardization，and future directions ［J］. IEEE Internet of Things Journal，2022，9（23）：23416-23440.

［38］ Patwari N，Wilson J. Spatial models for human motion-induced signal strength variance on static links ［J］. IEEE Transactions on Information Forensics and Security，2011，6（3）：791-802.

［39］ Zhang D，Zhang F，Wu D，et al. Fresnel zone based theories for contactless sensing ［J］. Contactless Human Activity Analysis，2021：145-164.

［40］ 牛凯，张扶桑，吴丹，等. 用菲涅尔区模型探究 WiFi 感知系统的稳定性 ［J］. 计算机科学与探索，2021，15（1）：60-72.

［41］ Wang X，Niu K，et al. Placement mattersUnderstanding the effects of device placement for wifi sensing ［J］. Proceedings of the ACM on Interactive，Mobile，Wearable and Ubiquitous Technologies，2022，6（1）：1-25.

［42］ Bertoni HL. Radio propagation for modern wireless systems ［M］. Pearson Education，1999.

［43］ Zeng Y，Wu D，Gao R，et al. FarSense：Pushing the range limit of WiFi-based respiration sensing with CSI ratio of two antennas ［J］. Proceedings of the ACM on Interactive，Mobile，Wearable and Ubiquitous Technologies，2019，3（3）：1-26.

［44］ 姚永伦. 基于 WiFi 位置指纹的室内定位技术研究 ［D］. 大连：大连理工大学，2023.

［45］ 操文昌. 基于 WiFi 信号的手势识别研究 ［D］. 武汉：武汉理工大学，2019.

［46］ 张宝昌编著. 机器学习与智能感知 ［M］. 北京：清华大学出版社，2023.

［47］ Matthew Kirk. 机器学习实践：测试驱动的开发方法 ［M］. 段菲，译. 北京：人民邮电出版社，2015.

［48］ 马修·柯克. Python 机器学习实践 测试驱动的开发方法 ［M］. 段菲，译. 北京：机械工业出版社，2018.

［49］ 赵志勇. Python 机器学习算法 ［M］. 北京：电子工业出版社，2017.

［50］ 米罗斯拉夫·库巴著；机器学习导论 ［M］. 王勇，仲国强，孙鑫，译. 北京：机械工业出版社，2016.

［51］ 焦李成，尚荣华，刘芳，等. 稀疏学习、分类与识别 ［M］. 北京：科学出版社，2017.

［52］ 里彻特，（美）科埃略著. 机器学习系统设计 ［M］. 刘峰，译. 北京：人民邮电出版社，2014.

［53］ 安德烈·朱萨尼. 人工智能开发与实战丛书 Python 机器学习实践 ［M］. 余卫勇，刘强，译. 北京：机械工业出版社，2023.

［54］ 梁桥康，秦海，项韶. 机器人智能视觉感知与深度学习应用 ［M］. 北京：机械工业出版社，2023.

［55］ 邓力，俞栋. 深度学习 方法及应用 ［M］. 谢磊，译. 北京：机械工业出版社，2015.

［56］ 伊恩·古德费洛. 深度学习 ［M］. 赵申剑，黎彧君，符天凡，等，译. 北京：人民邮电出版社，2017.

［57］ 焦李成，赵进，杨淑媛，等. 深度学习、优化与识别 ［M］. 北京：清华大学出版社，2017.

［58］ 杨云，杜飞. 深度学习实战 ［M］. 北京：清华大学出版社，2018.

［59］ 龚超，王冀，袁元作. 视觉感知 深度学习如何知图辨物 ［M］. 北京：化学工业出版社，2023.

［60］ 斋藤康毅．基于 Python 的理论与实现［M］.陆宇杰，译．北京：人民邮电出版社，2018.

［61］ 宋万达．基于神经网络的 WiFi 室内定位研究［D］.南京：南京邮电大学，2023.

［62］ 闫博．基于 CSI 的非入侵式人体行为感知方法研究［D］.天津：天津科技大学，2020.

［63］ 胡斌．基于无线信号感知的夜间健康监护系统设计［D］.天津：天津科技大学，2021.

［64］ Zhang R，Wang Z，Li G，et al. Hybrid subcarrier selection method for vital sign monitoring with long-term and short-term data considerations［J］.IEEE Sensors Journal，2022，22（23）：23209-23220.

［65］ 章广梅．基于 AI 的无线网络感知技术研究综述［J］.电讯技术，2022，62（5）：686-694.

［66］ 潘成康，王爱玲，刘建军，等．无线感知通信一体化关键技术分析［J］.无线电通信技术，2021，47（2）：143-148.

［67］ 祁贤业，王中平．基于物联网的无线感知技术研究［J］.中国高新科技，2023，（4）：30-32.

［68］ 钟怡，毕添琪，王菊，等．面向通信感知一体化的无线跨域感知研究综述［J］.信号处理，2023，39（6）：951-962.

［69］ 李露，李福昌，马艳君，等．6G 通信感知一体化无线网络技术研究［J］.信息通信技术与政策，2023，49（9）：7-12.

［70］ Rao P M，Deebak B D. A comprehensive survey on authentication and secure key management in internet of things：Challenges，countermeasures，and future directions［J］.Ad Hoc Networks，2023：103159.

［71］ Baranwal G，Kumar D，Vidyarthi D P. Blockchain based resource allocation in cloud and distributed edge computing：A survey［J］.Computer Communications，2023.

［72］ Mamadou A，Toussaint J，Chalhoub G. Survey on wireless networks coexistence：resource sharing in the 5G era［J］.Mobile Networks and Applications，2020，25（5）：1749-1764.

［73］ Careem M AA. Architecting future multi-modal networks coexistence，generalization & testbeds［D］.State University of New York at Albany，2023.

［74］ Zhang J A，Rahman M L，Wu K，et al. Enabling joint communication and radar sensing in mobile networks—A survey［J］.IEEE Communications Surveys & Tutorials，2021，24（1）：306-345.